国家社会科学基金重大项目
"东北区域环境史资料收集、整理与研究"
（项目号：18ZDA174）中期成果

东北环境史
专题研究

滕海键 等 著

中国财经出版传媒集团

经济科学出版社

Economic Science Press

·北 京·

图书在版编目（CIP）数据

东北环境史专题研究/滕海键等著. －－北京：经
济科学出版社，2024.6
ISBN 978 - 7 - 5218 - 5745 - 0

Ⅰ.①东…　Ⅱ.①滕…　Ⅲ.①环境－历史－研究－东
北地区　Ⅳ.①X－092.3

中国国家版本馆 CIP 数据核字（2024）第 066495 号

责任编辑：刘战兵
责任校对：李　建
责任印制：范　艳

东北环境史专题研究
DONGBEI HUANJINGSHI ZHUANTI YANJIU
滕海键　等著
经济科学出版社出版、发行　新华书店经销
社址：北京市海淀区阜成路甲 28 号　邮编：100142
总编部电话：010 - 88191217　发行部电话：010 - 88191522
网址：www.esp.com.cn
电子邮箱：esp@ esp.com.cn
天猫网店：经济科学出版社旗舰店
网址：http://jjkxcbs.tmall.com
北京季蜂印刷有限公司印装
710×1000　16 开　20.25 印张　296000 字
2024 年 6 月第 1 版　2024 年 6 月第 1 次印刷
ISBN 978 - 7 - 5218 - 5745 - 0　定价：80.00 元
（图书出现印装问题，本社负责调换。电话：010 - 88191545）
（版权所有　侵权必究　打击盗版　举报热线：010 - 88191661
QQ：2242791300　营销中心电话：010 - 88191537
电子邮箱：dbts@ esp.com.cn）

目　录

第四部分　东北环境史专题实证研究

第一部分

环境史的体系架构和理论方法

环境史——历史研究的生态取向[*]

滕海键

对于环境史，不同学者给予了不同称谓和不同解释。国内学界大体有三种意见：一称"环境史"[①]；二称"生态史"；三称"生态环境史"[②]。不同称谓有着不同的解释角度。称之为"环境史"在国内学界有更多认同。作为一门学科的环境史兴起于美国，它以生态危机和生态学为时代背景和理论基础，这一点在学界有较多共识。"环境史"简言之就是对历史进行"生态阐释"或"生态分析"，可称其为"历史研究的生态取向"。具体地说，就是将生态理念引入历史研究，将人类社会系统与自然生态系统纳入一个更大的系统中，来考察其内部各要素之间的复杂关系及动态演变史。

一、历史研究的生态转向及其时代背景和思想渊源

环境史学[③]的兴起以"生态危机"为背景。"生态危机"指"生态系

---

* 本文以《环境史——历史研究的生态取向》为题发表于《中南大学学报（社会科学版）》2021 年第 1 期，编入本书时内容略有修改。

① "环境史"是英文 environmental history 的中文直译，从事外国环境史研究的学者多用此称谓，国内有较高的认同率。这一称谓也有其局限，从字面意义上容易给人一种"环境变迁史"的印象，而且带有人类中心主义色彩。环境是相对人类而言的，人是中心，围绕主体的人之外的世界为环境。

② 侯甬坚认为在学术研究和社会实践的技术操作层面上，以"生态与环境"的表达为宜。参阅侯甬坚：《"生态环境"用语产生的特殊时代背景》，载于《中国历史地理论丛》2007 年第 1 辑。

③ 应该对"环境史"与"环境史学"加以区分。客观的"环境史"自有人类社会就已存在，而有明确学科意识的"环境史学"的兴起则是在 20 世纪 70 年代。

统"内部结构、秩序和功能出现了紊乱,失去了"平衡"与"稳定"。生态危机不单单是环境的某一方面出了问题,而是地球生态系统整体出现了危机,比如全球气候变化就是生态危机的一种典型表现。在美国,生态危机首次爆发于20世纪30年代,那时干旱、洪涝、尘暴并发且持续肆虐,造成了严重的土壤侵蚀等问题。20世纪六七十年代,生态危机在美国愈发严峻。大致在同一时期,生态学在美国获得了广泛的传播和发展,在20世纪30年代形成了一种"顶级群落"理论,经奥尔多·利奥波德等人的阐释,生态学在二战后的美国得到了广泛普及。20世纪六七十年代,美国爆发了史无前例的现代环保运动,在当时不同学科都对这场运动做出了回应,并从生态学视角思考这种"社会现象"①,由此形成了环境法学、环境哲学、环境伦理学等诸多交叉学科。作为一门现实关怀很强并以生态眼光观察、思考历史和现实中的人与自然关系的新史学,环境史学由此而产生②。

自环境史学诞生以来,美国学界发表了大量实证研究成果,其中大部分都有很强的生态意识,都自觉或不自觉地运用生态学的理论、观念和方法来研究历史上人与自然环境的关系。应该说,生态观念在美国是有历史渊源的。19世纪尤其是19世纪中叶以来,在美国出现了不少自然主义者、思想家,例如众所周知的马什、爱默生、梭罗、缪尔、卡逊、康芒纳、奥德姆、埃利希等,他们都从不同视角思考人与自然的关系,都带有浓厚的生态意识。20世纪上半叶,生态学家克莱门茨发展了生态学理论,通过研究大平原植物群落的演替,他提出了影响深远的"顶级群落"理论。韦布和马林也从生态视角来分析大平原的历史。20世纪中叶,利奥波德明确提出了"土地共同体"范畴。二战后,魏特夫的研究已触及了人与土地之间辩证的生态关系③,生态科学家蕾切尔·卡逊以寓言的方式讲述了人类生

---

① 唐纳德·沃斯特称:"简直可以把我们的时代称为'生态学'时代了。"唐纳德·沃斯特:《自然的经济体系——生态思想史》,侯文蕙译,商务印书馆1999年版,前言,第13页。

② 卡洛琳·麦茜特说:"20世纪70年代的妇女运动与生态运动对我的著作产生了重要影响,它们引导我从这些运动和问题的根源入手,重新确定学术研究方向。"转引自高国荣:《美国环境史学研究》,中国社会科学出版社2014年版,第115页。

③ 引自高国荣:《美国环境史学研究》,中国社会科学出版社2014年版,第11页。

态濒危的"故事","揭示了植物与动物之间相互关联以及与自然环境之间相互关联的各种复杂方式"①。二战后生态学在美国的发展和普及并非偶然。

在美国学界,许多历史领域,包括农业史、经济史、社会史、城市史、全球史等,都出现了生态转向的趋势。其中,农业史研究的生态转向颇为典型。美国环境史学家唐纳德·沃斯特曾发表了一篇倡导将生态系统概念引入农业史研究的专文《农业史研究的生态视角》;他的另一部专著——《尘暴——20世纪30年代美国南部大平原》是以生态视角研究资本主义文化背景下美国西部土地开发导致生态悲剧的典范之作。另外两个比较典型的领域是城市环境史和全球环境史。城市环境史是环境史研究的"后起之秀",鉴于城市系统的复杂性及多元性,城市史研究中生态理论的运用显得更为必要。诸如城市有机体理论、城市发展的生态理论、混沌理论等都被用于城市史研究。全球环境史研究的代表有克罗斯比和麦克尼尔等。克罗斯比撰写的《生态扩张主义——欧洲900~1900年的生态扩张》和《哥伦布大交换——1942年以后的生物影响和文化冲击》两书以全球视野和生态视角重新解释欧洲的兴起及其殖民扩张,提供了一种诠释世界历史的生态脚本②。另一位环境史家贾雷德·戴蒙德的《枪炮、病菌与钢铁——人类社会的命运》与《崩溃——社会如何选择成败兴亡》两书以宏大的视野,从生态史视角揭示了自然对人类文明进程的重大影响。唐纳德·休斯的《世界环境史——人类在生命群落中变化着的作用》一书从世界的宏观视野考察了人类社会与生态系统的相互关系、人类活动导致的环境变化及其反作用于人类的方式。

国外许多著名环境史学家都肯定和强调将生态学的思想、理念和方法运用于历史研究的必要性和重要价值。早在20世纪40年代,奥尔多·利奥波

---

① 唐纳德·沃斯特:《自然的经济体系——生态思想史》,侯文蕙译,商务印书馆1999年版,中译本序,第9页。

② 刘文明:《从全球视野与生态视角来考察历史——克罗斯比治史方法初探》,载于《史学理论研究》2011年第1期。

德就倡导以"生态的角度解释历史",认为生态学是一种"宝贵的分析工具和一种新的哲学概念或世界观"①。威廉·克罗农强调历史叙事必须"具备生态意识"②。艾尔弗雷德·克罗斯比指出,"环境史学者的思想观念是扎根于生态学的"③。约翰·奥佩认为环境史是"用生态科学的新视角来看待我们周围的世界"。唐纳德·沃斯特强调,"要谈论人与自然的关系而不涉及'生态学',已经是不可能的了"④。唐纳德·休斯指出,环境史"在生态语境中解释人类文明的起源和演进","以浓厚的生态意识来更新历史学叙事范式"⑤。环境史作为一种方法,"是将生态学的原则运用于历史学","生态分析是理解人类历史的一个重要手段"⑥。

国内也有很多学者都强调将生态学理论、理念和方法运用于历史研究的重要性。王利华指出,应"将现代生态学的理论方法应用于历史研究,以生态学及其分支学科——人类生态学(生态人类学)、人口生态学、社会生态学和文化生态学等,作为观察和解释历史的思想导引和分析工具"⑦。夏明方和王利华出于同样的考虑都主张采用"生态史"而非环境史这一称谓。夏明方强调生态史是一种新的视野和方法,拥有生态意识,或者说拥有"辩证的生态史观",乃是推动当今史学发展、形成史学新范式的重要条件⑧。余新忠认为,"环境史展现的不仅仅是一种新的研究领域,也是一种新的视

① 唐纳德·沃斯特:《自然的经济体系——生态思想史》,侯文蕙译,商务印书馆1999年版,中译本序,第10页。

② 引自唐纳德·休斯:《什么是环境史》,梅雪芹译,北京大学出版社2008年版,第1页。

③ Alfred W. Crosby, "The Past and Present of Environmental History", *The American Historical Review*, Vol. 100, No. 4, Oct., 1995, pp. 1177 – 1189.

④ 唐纳德·沃斯特:《自然的经济体系——生态思想史》,侯文蕙译,商务印书馆1999年版,前言,第13页。

⑤⑥ 梅雪芹:《什么是环境史——对唐纳德·休斯的环境史理论的探讨》,载于《史学史研究》2008年第4期。

⑦ 王利华:《中国生态史学的思想框架和研究理路》,载于《南开学报(哲学社会科学版)》2006年第2期。

⑧ 夏明方:《历史的生态学解释——21世纪中国史学的新革命》,引自《新史学》第六卷,中华书局2012年版,第21~43页。

角、新的意识，一种时时处处将生态纳入考量的生态意识"①。高国荣认为，"环境史深受生态学的影响，其研究对象也可以说是特定时空尺度下的各种生态系统，包括森林、草地、农田、水系、城市等各类生态系统"②。侯甬坚、梅雪芹、付成双等都从各自研究领域和角度，多次谈及和论述了环境史研究引入生态学理论、生态意识和生态学方法的价值。

迄今，国内学界已发表了大量以生态视角研究历史的成果。侯甬坚认为国内学界"已有一批相当优秀的生态史专著可供观摩学习"，他提到了王建革的《农牧生态与传统蒙古社会》、王子今的《秦汉时期生态环境研究》、李玉尚的《海有丰歉——黄渤海的鱼类与环境变迁（1368－1958）》等几部专著，强调环境史研究应当"自觉熟悉自然界和生态学，并运用生态学思想来解读中国生态史上的问题"③。高国荣近年来发表了多篇从生态角度解读历史的文章，包括对"农业生态史"和"草地生态史"的研究等④。植物考古学家赵志军对中国北方旱作农业起源机理的分析也颇为典型，他将环境、人、植物结合起来，通过探讨当地生态环境的特点和历史变迁、栽培作物及其野生祖本的生物特性和演化趋向、人类文化发展阶段和行为转变模式，以及这三者的相互关系，得出旱作农业源于当地的结论。

历史研究出现"生态转向"的趋势，除了前面提及的时代背景外，也是有多方面的思想渊源的。概括来说，当下中国的生态思想有三大源流：一是来自西方的生态学；二是马克思主义有关"人与自然"关系的辩证思想；三是中国古代流传下来的传统生态思想和文化。现代生态学无论是概念还是话语体系主要源于西方，目前在中国已经形成为一门独立学科，其生态理念对包括历史在内的诸多学科产生了很大影响，这是毋庸置疑的。认真阅读马

① 余新忠：《医疗史研究中的生态视角刍议》，载于《人文杂志》2013 年第 10 期。
② 高国荣：《关于草地生态史研究的若干构想》，载于《河南师范大学学报（哲学社会科学版）》2017 年第 4 期。
③ 侯甬坚：《"环境破坏论"的生态史评议》，载于《历史研究》2013 年第 3 期。
④ 高国荣：《浅析农业史与环境史的联系》，载于《中国农史》2018 年第 2 期；《生态、历史与未来农业发展》，载于《史学月刊》2018 年第 3 期；《关于草地生态史研究的若干构想》，载于《河南师范大学学报（哲学社会科学版）》2017 年第 4 期。

克思、恩格斯经典原著，我们会发现马克思辩证唯物主义历史观包含着一种
生态思维。对于马克思主义蕴含的生态思想，学界已经做了很多研究，国外
学界甚至出现了研究"生态马克思主义"的热潮①。中国古代的"天人观"
和"天人合一"等思想蕴含着朴素的生态思维和生态观。古代史学的功用
不仅要"通古今之变"，还要"究天人之际"。天人关系是远古以来先民孜
孜不懈、苦苦求解的问题。王利华认为："中国传统史学原本博综天人，正
史多设天文、地理、灾异等志，而地学著作多归史部庋藏，卷帙浩大的地方
史志更是综括天、地、生、人。"② 追求人与自然的和谐一直是中国古代思
想文化的重要内涵，古代的"堪舆学"就包含着生态思想。无论就文化源
流还是史学传统而言，生态思想和生态意识在中国并非无源之水。

二、历史研究生态转向的内涵和寓意及其认识论价值

生态学（ecology）③一词是由德国动物学家恩斯特·赫克尔于 1866 年
提出来的，本意与家园有关，有人解释为"地球是我们的家园"。生态学最
初是研究生物与其栖息地或生境的关系的一门学科，后来被划分为个体生态
学、种群生态学、生态系统三部分④。生态学的思想源头可追溯到达尔文那
里。1909 年丹麦植物学家瓦尔明发表的《植物生态学》使其成为一门独立
学科。1927 年英国动物学家埃尔顿提出了"食物链"的概念。20 世纪 30 年
代美国生态学家克莱门茨提出了"生物群落"范畴和"顶级群落"理论。

---

① ［美］詹姆斯·奥康纳：《自然的理由——生态马克思主义研究》，唐正东、臧佩洪译，南京大学出版社 2003 年版。梅雪芹：《马克思主义环境史学论纲》，载于《史学月刊》2004 年第 3 期。马万利、梅雪芹：《和谐社会视野的生态马克思主义述评》，载于《重庆社会科学》2008 年第 6 期。马万利、梅雪芹：《生态马克思主义述评》，载于《国外理论动态》2009 年第 2 期。彭曼丽：《马克思生态思想发展轨迹研究》，湖南大学博士学位论文，2014 年。

② 王利华：《历史学家为何关心生态问题——关于中国特色环境史学理论的思考》，载于《武汉大学学报（哲学社会科学版）》2019 年第 5 期。

③ 生态与环境是不能划等号的，生态强调生物系统之间的关系状态，而环境强调相对某一主体的外部状态。

④ H. 雷默特：《生态学》，庄吉珊译，科学出版社 1988 年版。

1935 年英国生态学家坦斯利提出了生态系统（ecosystem）概念。20 世纪下半叶，生态学将研究对象从生物与环境的关系转向人与环境的关系，从而形成了"人类生态学"这门学科①。

　　历史研究的生态取向就是将生态学的概念和范畴、观念和意识、理论和方法引入历史研究，用生态学的理念和话语体系来诠释和研究人类史。生态学中的许多概念和理论，比如生态系统，种群和群落，生产者、消费者、分解者，食物链和食物网，物质循环和能量流动，以及相应的生态意识和生态规律，例如整体意识、竞争与协作、共存共生、多样性与复杂性、平衡与稳定等，都可以成为历史研究的重要范畴，在此基础上形成一种以生态理念为主旨的历史观、认识论和方法论，一种生态思维或生态史观。

　　由生态学引入的重要范畴是"土地共同体"和"生态系统"。"土地共同体"于 20 世纪 40 年代由美国生态科学家奥尔多·利奥波德提出，此概念具有广泛的容纳性，不仅把土地上的动植物及水系空气等都纳入进来，还把人类视为这一共同体中的一员。"生态系统"是指一定区域内生物个体和群落（biotic community）与环境之间形成的不可分割、相互影响和相互依赖、竞争与协作共存、互利共生的整体，尤指系统中的个体、群落和系统之间的物质转换与能量流动的生态过程及关系状态。"生态学描述的自然是由具有诸多部分并相互作用的复杂系统所组成的，其中突出的是生物群落和生态系统，前者指的是相互作用的有机体组织，后者指的是生物群落与其无机环境的结合。"② 在美国，生态系统概念在 20 世纪 50 年代后期被广为接受，并成为分析现实环境问题的一种重要的理论工具。

　　广义上，生态系统由自然生态系统与人类社会系统构成。自然生态系统又由生物系统和非生物系统构成。生物系统包括陆生生物系统与水生生物系统；非生物系统包括能源和自然资源（土地、矿物、水等）。从地球圈层角

---

① 人类生态学研究人类与生境的关系，在研究对象上与后来的环境史契合。
② 梅雪芹：《什么是环境史——对唐纳德·休斯的环境史理论的探讨》，载于《史学史研究》2008
年第 4 期。

度看，生态系统由岩石和土壤圈、生物圈、水圈、大气圈等构成。从资源角度，有土地生态系统、森林生态系统、草地生态系统、河流湖泊生态系统。就物理和化学性质而言，有无机物系统和有机物系统。对于生态系统内部个体、群落和系统的关系及其命运，以及生态系统整体的重要性和价值，美国生态学家罗尔斯顿曾做过非常精当的表述①。

生态学中的"土地共同体"和"生态系统"概念意味着一种"统一性"和"整体性"，"土地共同体"和"生态系统"内部各要素之间存在和充满着错综复杂的有机关联，彼此影响和相互作用，共同构成一个协同演化的整体，其中蕴含的是一种系统观，体现在历史研究中就是一种整体意识，即在认识论上将众生和众多要素都纳入统一体，对历史从整体上给予阐释，环境史由此带有整体史的特点，因而被称为"整体史"。唐纳德·沃斯特指出："生态学所描绘的是一个相互依存的以及有着错综复杂联系的世界。"② 它"以一种更为复杂的观察地球的生命结构的方式出现：是探求一种把所有地球上活着的有机体描述为一个有着内在联系的整体的观点，这个观点通常被归类于'自然的经济体系'"。"这个短语产生了一整套思想"，这"对地球生命家族的研究打开的不是一扇门，而是许多扇门"③。余新忠认为，生态意识就是人们对自然环境整体性规律的认识，主要内容之一就是关于生态系统是有机整体，其各种因素普遍联系和相互作用的意识④。

"人类生态系统"是另一个非常重要的范畴，它将人类社会（社会组织、知识和技术、人工建筑等文化创造）与自然环境视为一个具有内在联系的多层次的统一体——"生态复合体"。环境史的任务，就是要探究"人类社会系统"的结构和功能、发展演变的"生态过程"及其动力机制等。王

---

① 参阅侯甬坚：《"环境破坏论"的生态史评议》，载于《历史研究》2013 年第 3 期。

② 唐纳德·沃斯特：《自然的经济体系——生态思想史》，侯文蕙译，商务印书馆 1999 年版，中译本序，第 10 页。

③ 唐纳德·沃斯特：《自然的经济体系——生态思想史》，侯文蕙译，商务印书馆 1999 年版，前言，第 14 页。

④ 余新忠：《医疗史研究中的生态视角刍议》，载于《人文杂志》2013 年第 10 期。

利华提出环境史就是以"人类生态系统"的动态演变为研究对象①。将人类社会纳入整个生态系统，去探究人类在这一系统中的角色和作用、生态系统对人类的制约，这超越了以往将人类排除在生态系统之外的自然与社会两分的做法，对长期以来"分科治学"的学术传统来说，这是一种革命性的转向。这意味着在历史研究中要突破简单的线性思维，在特定时空范围内将人类社会与自然环境诸多要素联系起来，进行综合考察，这是一种生态学上的"整体意识"。侯文蕙指出："整体意识是指在一定的时间和空间内，人和自然是互相作用互相依存的一个整体，它们的发展是一个复杂的、动态的和不可分割的历史过程。"②王利华强调，生态学"将人类社会与生态环境视为一个广泛联系、互相作用、彼此反馈、协同演变的整体"③。

　　从人类的视角看，"生态系统"的核心是"生命"，因而也可以称其为"生命共同体"。"生命共同体"范畴具有多重寓意。地球与其他星球的根本区别在于其存在生命。所有生物包括动植物乃至微生物都是生命体④。生态学是研究生命体之间、生命体与有机和无机环境之间关系的一门学科，在研究对象上，生态学与环境史是有重叠之处的。王利华提出环境史应以"生命关怀"为中心，这一提法寓意深刻。"生命共同体"的第一个寓意是以生命为关注和研究中心。"生命共同体"的现实寓意在于，人类要"敬畏生命"，"要以更加谦恭的态度对待（尊重）自然"⑤，在人类社会与其他自然存在之间建立起一种伦理规范。"生命共同体"的第三个寓意是共同体内所有成员是休戚相关的命运共同体，彼此依赖，共存共生。"生命共同体"的衍生寓意是，自然是有生命的，因而有其自身的价值和权利。人类属于自然，但自

---

　　① 王利华对"人类生态系统"这一范畴曾做过专门论述。参阅王利华：《生态环境史的学术界域与学科定位》，载于《学术研究》2006年第9期。

　　② 侯文蕙：《环境史和环境史研究的生态学意识》，载于《世界历史》2004年第3期。

　　③ 王利华：《中国生态史学的思想框架和研究理路》，载于《南开学报（哲学社会科学版）》2006年第2期。

　　④ 生命体由个体、种群和群落构成。个体是生命单元；种群是指在一定时间内占据一定空间的同种生物的所有个体；生物群落是指生活在一定环境中的具有复杂的种间关系的所有生物种群的总和。

　　⑤ 唐纳德·沃斯特：《自然的经济体系——生态思想史》，侯文蕙译，商务印书馆1999年版，中译本序，第9页。

然并不属于人类。环境史研究的主旨之一，就是深刻认识自然所具有的多重价值，改变将自然视为仅具有经济和工具价值的观念。自然也是有权利的，人类并不具有高于其他自然存在的特殊地位和权利。将这些观念贯彻到历史研究中，会得出与以往的"文明史观"完全不同的认识。

环境史关注的生命以拥有高级智慧和文化创造能力的人类为主体，其他生物因其与人类发生了直接或间接关系并与人类共同创造和演绎了历史才被纳入叙述范围。环境史学者提出的"生命关怀"，是关怀和研究人类这一种群与众生及其环境之间的关系。环境史要坚持认识论上的"人本主义"，不然会陷入"泛化"困境，且不能突出环境史的历史学科特点。

"生态系统"和"生命共同体"的重要特征是"有机性""多样性""复杂性"。生命共同体是由包括人在内的众生万物构成的有机体。生命有机体意味着生物与周遭环境之间有着血肉相连、不可分割的联系，生命的存在须臾离不开环境。生物体与环境之间不断发生着物质转换与能量循环的过程。中国古代的自然观是有机的，只是到了近代伴随着西方科技革命的兴起，机械论自然观东渐并冲击着有机论自然观，人与"自然"的关系才渐行渐远。"生命共同体"概念的提出意味着自然观的转换，即由机械论自然观转向系统有机论的生态自然观。

"生态系统"和"生命共同体"概念的第二个特征是"多样性"。在生命共同体概念下，包括人类在内的众生万物都登上了"历史大舞台"，这个舞台上的"演员"多种多样，既有人类也有其他动植物乃至微生物，既有生物也有非生物，既有自然存在也有文化创造。将众多"演员"和"要素"纳入历史叙述，历史及历史书写就变得更加丰富多彩。不仅如此，这些"演员"和"要素"在"历史大舞台"上扮演的角色和发挥的作用也各不相同，这就决定了历史研究论题的多样性，以及观察和研究历史的视角和维度的多样性。生态学意义上的"多样性"对现实生态问题的认识和解决也颇有启示价值。多样性有助于维持"生态稳定"，这是我们保护自然和生物多样性的主要目的之一。当然，保护多样性还取决人类对自然多重价值的认知水平。

　　"生态系统"和"生命共同体"概念的第三个特征是"复杂性"。这种复杂性体现在生态系统的内在结构、诸多要素之间的关系以及运行机制的复杂性和不确定性等方面。作为有机体,生态系统比机器构造和机械运动要复杂得多。其认识论意义是在历史研究中应避免线性思维和简单因果律,要超越机械决定论、地理环境决定论和文化决定论等,以"系统论"和"整体史观"作为历史研究的指导思想。其现实意义是要充分认识到环境问题的复杂性,生态系统比人类现有认识复杂得多,因此对科技的运用及其他针对自然的人类活动要保持高度警惕。在认识论上,人与自然并非各自独立、彼此封闭隔离的,环境史研究不能局限于人与自然互动的界面上,而应将人与人的关系和人与"自然"的关系结合和综合起来考察。因为自然的变化有人类因素,人与人的关系反映着人与自然的关系①。

　　"生态系统"和"生命共同体"并非静止不动,而是不断演化的。所谓"生态演替"指的就是这种演化的过程。照唐纳德·休斯的话来说,这是一种"生态过程"。他说,在许多重要方面,人类社会已经发生和继续发生着的,就是一种生态过程;历史学必须考虑生态过程的重要性和复杂性。在他看来,"历史提供了证明生态过程重要的许多例证"②。导致"生态演替"的因素有人为的也有非人为的,有来自系统内的也有系统外的,是多因素综合作用的结果,包括系统内诸要素之间的竞争与协作,王利华称其是人与自然的"因应—协同",推动着生态系统的"演进"。"生态演替"的认识论意义是要历时性地考察人与环境的关系不断演化的过程。

　　由"生态系统""生命共同体"概念引申出来的一个重要认识是:人类只是生命共同体中的一员,是生态系统中的一个子系统,是生命群落中的一个种群,不能把人类从"生命共同体""生态系统""生命群落"中抽离出来。就生理和生物特性而言,人与其他哺乳动物没有本质区别,只不过人拥

---

　　① 参阅夏明方:《历史的生态学转向》,载于《中国人民大学学报》2013 年第 3 期。
　　② 梅雪芹:《什么是环境史——对唐纳德·休斯的环境史理论的探讨》,载于《史学史研究》2008 年第 4 期。

有高级智慧、具有抽象思维和语言表达及较高的社会组织能力，以及工具制造和科技创造能力，人类对生态系统能够进行一定的改造。然而，人类毕竟只是地球进化史中的一个物种，是自然的一部分。我们的血肉和头脑都属于自然界，存在于自然界。人类物种处在生命网络之中，靠食物、水、矿藏和空气的循环以及与其他动植物的持续相互作用而生存①。人体本身就是一种自然现象，人对生态系统有完全的依赖性，人离不开自然"生态系统"。

利奥波德说过，人只是生物共同体的一员，这使我们有理由把协作的伦理扩大到整个生态系统②。休斯指出："人类是生命群落的一部分，它通过与其他物种的竞争、合作、模仿、利用和被利用，而在群落内进化。人类的持续生存有赖于生命群落的存在。"③人类既然是地球生态系统的一部分、生命共同体的成员，就有责任和义务与地球生态系统及生命群落中其他成员及种群保持协作，共同维护地球生态系统和生命共同体的健康、平衡与稳定。

人与自然环境的关系具有两面性。一方面，人类的生存和发展以自然环境为基础，自然是人类的衣食之源、生存之母，人靠自然过活，以自然为生。人生活于特定的环境中，因而无时无刻不受自然环境的影响和制约。另一方面，人类对自然环境有反作用，凭借文化、技术和知识，人类对自然不仅能够适应而且能够改造，这种改造对自然环境和生态系统会产生不同的影响和效应，这种影响和效应最终又反馈给人类。在认识论和叙事范式上，应摆脱"衰败论"，超越"开发—破坏"的僵化范式。对文化的认识也当如此：一方面，无论技术有多强大，人类在大自然面前永远是渺小的，并不能完全掌控自己的命运；另一方面，人类的确是地球历史上迄今唯一有能力毁灭地球生命家园的物种，因此人类对地球生态负有道德上的责任。

唐纳德·沃斯特曾指出，生态学提出了一种新的道德观：人类是其周围

---

① ③　引自唐纳德·休斯：《什么是环境史》，梅雪芹译，北京大学出版社 2008 年版，第 11 页。

②　唐纳德·沃斯特：《自然的经济体系——生态思想史》，侯文蕙译，商务印书馆 1999 年版，中译本序，第 10 页。

世界的一部分，不能不受大自然的制约①。其引申意义就是人要尊重"自然"，遵循"自然规律"，"顺应自然""以自然为师""道法自然"，等等。生态学范畴对当前的生态文明建设有很强的启示意义。生态文明建设要以尊重生态规律为前提，要按照生态规律来安排人类活动。"生命共同体""生态系统"的概念使我们认识到，人类史其实是自然史的一部分。在历史研究中，应摈弃人与自然分离的二元论以及传统的人类中心主义，而以生态系统平等一员的身份来看待人类史，在现实中改变那种征服自然、控制自然的傲慢自大的自我意识，实现人与自然持久和谐的生态目标。

三、从人的生物性出发来研究人类活动 并据此构建环境史的学科体系

"生态系统"和"生命共同体"范畴的核心概念是"生命"，环境史首先要"以生命为中心""以生命关怀为主旨"②，要研究生命与"生境"的关系，探究生命活动和"生命的意义"。其次要"以人的生物属性、生存条件和生活需要为逻辑起点重新讲述人类的故事"，从人的生物性出发去考察人类的物质生产和精神文化活动。因为，"尽管人类拥有其他物种所不具备的文化能力，但并不能摆脱其生物属性，仍要服从自然生物规律的支配"③。

环境史叙事的主体依然是作为高级生物且拥有文化创造能力的人类，虽然包括其他生物在内的众多环境要素也会被纳入环境史家笔下，但主角依然是有生命的人类。环境史的主旨是研究历史上具有生物与社会双重属性的人类为了生存和发展而从事的各种活动，探求实现生命存续和生命质量改善的

---

① 唐纳德·沃斯特：《自然的经济体系——生态思想史》，侯文蕙译，商务印书馆1999年版，中译本序，第10页。

② 王利华：《学名·义理·骨架——中国特色环境史学理思考之一》，载于《社会科学战线》2019年第9期；王利华：《探寻吾土吾民的生命足迹——浅谈中国环境史的"问题"和"主义"》，载于《历史教学》2015年第12期。

③ 王利华：《作为一种新史学的环境史》，载于《清华大学学报（哲学社会科学版）》2008年第1期。

最佳途径。作为自然的一分子，人具有自然生物属性，历史研究如果忽视了这一点，就不能真正理解历史，也不能很好地认识和解决现实中的生态问题。长期以来，在人们的观念和意识中，人似乎超离于自然，历史研究只关注人的社会性，只研究社会关系，而忽视自然生态。其实，人首先是一种生物，即自然意义上的人，然后才是社会意义上的人。而且，人的生物性决定着社会性，社会性是生物性的反映。以往的历史研究将人的自然属性即生物性从历史中抽离出去了，环境史研究是要回归人的本性——生物属性。生物性不仅决定着人与生态系统中其他存在的关系，也决定着人与人的社会关系。人的生物性与社会性是统一的，不是割裂的。在环境史研究中，既不能单从人的社会性出发，也不能片面地从人的生物性出发，而应将两者统一起来，去考察和研究人类活动，进而构建环境史学的研究体系。

环境史以人类的生命活动为研究内容。人类活动包括物质生产活动、制度创制活动、精神文化活动，从生态学角度看，它们都是生命活动。无论是物质生产活动还是精神文化活动，都与自然环境存在着密切的关联。

为了维持生命的存在与延续以及生活质量的改善，人类需要从事不同的生产活动：一是生活资料的生产；二是人类自身的再生产，即生命的再生产；三是生产资料的再生产。这三种生产活动都属于"生命活动"。作为一种生物，人首先要生存。生计是人类的第一要务和头等大事。因此，满足基本生活需的物质生产活动是排在首位的生命活动。马克思指出，一切历史的第一个前提条件是：人类为了能够"创造历史"，必须能够生活①。第一个历史活动就是满足人类物质生活资料的生产活动。为了生存与获得基本的生命保障，人类社会自诞生之日起就不断地探索开发利用环境和资源的各种方式，一部人类史在很大程度上就是一部自然环境（包括能源）开发利用史。从物质转换和能量流动角度来看，人与环境血脉相连。人要生活，必须从事生产活动，通过生产活动，人与自然之间发生物质转换和能量流动。人类生计离不开特定环境，通过劳动和技术，人类不断从环境中获取生命存续

---

① 《马克思恩格斯选集》，人民出版社 2012 年版，第 158 页。

所需的物质和能量。

但是，人类并不满足于仅仅维持生命的存在，他还要谋求发展，这就决定了人类生产活动的不断发展和扩大。生命和生活质量的改善提高是自古以来人类不懈努力孜孜以求的目标。近代以来，随着科技进步与生产力水平的不断提高，人类社会的物质生产活动以前所未有的规模和速度展开，人类活动对环境资源形成了巨大的压力，排放到环境中的废物、废水和废气的总量也急剧增加，结果导致了严重的资源枯竭、能源短缺和环境污染等众多环境问题，最终又形成了制约经济发展的生态瓶颈。二战后在美国，伴随着物质文明水平的大幅度提升，人们开始由追求"生活水准"（standard of living）转向"生活质量"（quality of life），更加关注空气和水质等环境质量，人类追求的目标也由温饱转向了富足、舒适和安全。

人类谋求存续和发展乃至改善物质生活条件的生产活动，是环境史研究的首要维度和主要内容。王利华讲的"生命维持系统"的历史就是这一层面的内容。他认为环境史要从人类的基本需要和生存实践出发，研究生命维持和改进生活的物质条件的经济活动——研究生命维持和生活质量改善系统的历史。以人类的生存和发展为主线，从人的生存需要出发来讨论人与环境的关系并重新认识历史，进而探究人类社会的"生生之道"，不但符合生态学的基本理念，也与马克思主义有关人与自然关系的辩证思想契合。

生活在地球环境中的人类，始终面临着来自各方面的威胁，包括来自人类社会内部及外部环境的各种威胁。人类为应对和规避来自环境的各种风险和威胁而采取了种种"护卫"生命的活动，以保护人类的性命安全、身体健康与种群延续。历史上的"救灾""荒政""医疗"乃至"护生""养生"等，都是人类"自我保护"的生命活动。包括人在内的动物都有自我保护意识，自我保护是一种生物本能，研究人类出于安全自保的生物需求而进行的"护生"活动，也是环境史研究的重要维度和内容。

人类为了生计和生存、种群延续和发展而进行的各种生命活动，将人与环境"联结"起来，演绎了丰富多彩的人与环境的互动史，进一步又衍生出了错综复杂的社会关系史，从而谱写了一部斑斓绚丽的历史画卷。"人类在这一过程中不断认识自然、适应环境，并创造了各种生产方式、观念知识、社会组织乃至政治体制。"① 环境史就是把人类活动置于生态系统和生命共同体中去考察，历时性地思考和研究人类生命活动的轨迹。

人类社会在与自然环境"打交道"的过程中发生了各种社会关系，这些社会关系在很大程度上直接或间接地反映了一种利益关系，而制约这种利益关系的是人的生物属性。人与人、人与社会的关系反映着人与环境的关系。大量环境史研究成果讨论的都是围绕资源开发和保护、环境权利和义务的分配而发生的错综复杂的社会关系，以及人类为此进行的制度创制，包括社会组织、法律制度、政策实践等。生物性的局限和特点，决定着文明和制度创制的必要。这一层面的研究内容，就是王利华所讲的"生态—社会组织的历史"，它"包括互相作用的两个方面：其一，人类如何通过一定的观念、知识、制度和技术，将各种生态资源组织起来，构成自身生存条件的一部分；其二，人类在适应环境、利用资源的过程中又是如何组织自己的群体，形成了怎样的体制和规范"②。我们可以用"制度创制"来概括这一维度的研究内容，以往大多单纯从社会角度研究人类社会的制度史，从环境史角度，就需要将人的生物性纳入考量，尤其要侧重考察和研究那些因环境问题而衍生的社会矛盾，以及为解决这些矛盾而进行的制度创制。

自古以来，在与自然环境交往互动的过程中，人类一直在思考人与自然的关系，由此形成了一系列有关自然环境及人与环境关系的思想和认识，这种思想和认识反映在神话、宗教、文学、艺术、哲学和民俗中。中国有着深厚的生态文化历史积淀，这是环境史研究的重要内容之一。此即王利华所讲的"生态认知系统"的历史，可称之为"环境思想史"。环境思想是人类精神活动的成果，是人对自然的映像、反映和文化建构，蕴含着人类对自然的情感和体悟。从人的生物性出发，将人类对自然环境的观察、认识和思考视

① 王利华：《浅议中国环境史学建构》，载于《历史研究》2010 年第 1 期。
② 王利华：《中国环境史学建构的几点设想》，载于《中国社会科学报》2009 年 9 月 22 日，第 B02 版。

为一种生命活动，便是环境思想史所要研究的内容。

以生态学的理念思考和评价人类的"生命活动"，就有了与以往完全不同的标准和尺度。近代以来，受西方古典经济学和物质至上主义影响，经济增长一直是评估人类活动的主要标准和尺度。生态学的兴起对此提出了挑战。早在20世纪40年代，生态科学家奥尔多·利奥波德就提出了"土地伦理"，即以是否有利于"土地共同体"的"和谐、稳定和美丽"为正确与否的标准。他将"土地共同体"视为一个有机的"生命体"，并倡导将伦理由人类社会扩展到人类与土地中间去。20世纪80年代，美国环境史学家塞缪尔·海斯出版了《美丽、健康与持久——1955~1985年美国的环境政治》一书。书名中的"美丽、健康与持久"几个词体现了海斯对评价人类活动标准的一种认识。国内学者提出的"生态生产力"概念反映了同样的思考和认识。可以说，以生态理念或生态观来评价人类活动，传统的以经济增长和物质文明为单一标准的做法就需要摈弃，而应引入生态标准，也就是以生态系统整体的健康、稳定和持久为标准尺度。作为个体种群的人类，其命运取决于地球生态整体的健康。地球生态系统整体的健康关系着栖息于这颗星球上的所有生物的命运，包括人类的命运。人类活动不能超越地球生态系统的承载极限，人类有责任保护地球生态的多样性、复杂性和稳定性。

将生态学中的"生态系统"和"生命共同体"范畴引入历史研究，从人的生物性出发来考察人类社会的"生命活动"，重新诠释人类社会与自然环境的互动关系史，使我们获得了与以往那种以文明和进步为主线的完全不同的历史书写范式。以生态理念为指导来研究历史具有重要的认识论价值，它有助于形成一种新的历史观——生态史观，这也是对马克思主义有关人与自然关系辩证思想的回归。

环境史以生命为中心，以生命关怀为主旨和终极目标，这便与生态文明联系起来，环境史研究由此也具有了很强的现实意义。生态学的价值主要体现在生态理念上，这种生态理念不仅可以作为指导我们认识和研究历史的一种历史观，还可为当下的生态文明建设提供系统的价值观。生态问题的根本在于我们的价值观出现了问题，人类迷失了目标和前进的方向，因此，生态文明建设首先要树立一种新的生态文明观。近代以来，以科学革命为背景，人类将自然的构造视同机器，将自然的运行视为一种机械运动，无论是历史研究还是对现实问题的观察都忽视了人的生物性。受古典经济学和人类中心主义影响，片面追求物质文明，增长成了评估人类活动"放之四海而皆准"的标准，现代文明走向了悖论。自工业革命以来，人类凭靠日益强大的科技力量，最大限度地从自然中攫取物质财富，对生态系统产生了史无前例的干扰和破坏，不但严重背离了人类的"生生之道"，最终也偏离了人类追求的根本目标——提高人类的福祉。我们还看到，近代源于欧洲的资本主义经济观盲信和迷恋市场的作用，没有充分认识到"看不见的手"在解决环境问题中的局限性，奉行自由放任政策，结果导致了严重的生态灾难。

生态理念指导下的生态文明观包含着十分丰富的思想内涵。生态文明观的主旨是要改变人类的思想观念和行为，调控人类前行的方向，以维护生态系统的"健康、稳定与持久"。生态文明关切的根本问题，是人类未来的命运，进一步说就是人类生命共同体的健康存续和永续发展问题，为此首先需要更新世人有关人类社会与自然环境及其相互关系的许多传统观念和思想认识。其一，"生态系统"和"生命共同体"范畴使我们认识到，地球生态系统是一个拥有生命的有机体，是一个充满内在复杂联系的系统，这个有机体和系统具有自我调适的功能，有自身的运行机制和演化规律，人类行为不能背离而只能遵循这些规律。评估人类行为的标准不是单向度的经济增长和物质文明与进步，而是生态系统整体是否健康与稳定。自然本身具有自我净化、自我修复的功能，人类应尽可能减少那些背离生态规律的行为，生态修复必须遵照生态规律。其二，重新思考自然具有的多重价值，除了经济价值外，自然还具有生态价值、科学价值、审美和精神价值、教育价值等。其三，在思想深处将自然视为生命体，将伦理由人类社会扩展到人与自然中间，切实尊重自然。鉴于人类拥有强大的文化力量，在这个人类科技飞速发展的"人类世"时代，人类应承担起维护地球生态稳定的"道德责任"。其四，修正长期以来盛行的片面的发展观，超越经济至上的功利主义和过分看重物质文明及消费主义文化，倡导一种更具可持续性的消费观念和一种精神富足的生活方式，减轻对地球资源的压力。其五，辩证地认识科技的作用，在继续发挥科技造福人类的作用的同时，尽可能减少科技运用对自然生态系统造成的损害。其六，充分认识到生态文明建设中的公民义务与国家责任，除了市场手段外，还要充分发挥国家责任与"看得见的手"的作用。

环境史的研究框架和研究体系[*]

滕海键

对于何为环境史，国内外学者提出了许多解释①。对环境史的多种解释并未影响环境史研究的发展，环境史研究一直如火如荼地进行着。如今，作为一门学科的环境史已经获得了学界的普遍认同。一般而言，环境史有四个研究维度：一是自然环境对人类的影响；二是人类社会对自然环境的反作用，这种作用引起的环境变化反过来对人类产生的影响；三是环境思想史；四是因环境问题衍生的社会关系。既有成果关涉的主题和内容大多可归入上述四个维度，可以考虑按以上四个维度来建构环境史的研究体系②。

---

* 本文以《环境史的研究内容和体系建构及相关问题刍议》为题发表于《贵州社会科学》2019 年第 10 期，编入本书时内容略有修改。

① "环境史"是一个外来词，迄今已为国内学界普遍采用。"环境史"既非自然史也非"环境"变迁史。

② 关于环境史究竟应探讨和研究哪些主题和内容，学界已提出了一些相关意见。梅雪芹在《环境史研究叙论》一书中讨论了该问题。参见梅雪芹：《环境史研究叙论》，中国环境科学出版社 2011 年版，第 18～20、120～124 页。包茂红将中国环境史研究的主要内容概括为环境思想文化史、农业环境史、古代城市环境史、自然景观变迁史、疫病史、灾荒史、西部环境史、森林和环境保护史、环境史资料整理。参见包茂红：《环境史学的起源和发展》，北京大学出版社 2012 年版，第 162～177 页。"台湾中央研究院"刘翠溶建议就以下课题做更深入的研究：人口与环境，土地利用与环境变迁，水环境的变化，气候变化及其影响，工业发展与环境变迁，疾病与环境，性别、族群与环境，利用资源的态度与决策，人类聚落与建筑环境，地理信息系统的运用。参见刘翠溶：《中国环境史研究刍议》，载于《南开学报（哲学社会科学版）》2006 年第 2 期。王利华提出环境史要研究"生态支持系统""生命护卫系统""生态认知系统""生态 - 社会组织"的历史。参见王利华：《浅议中国环境史学建构》，载于《历史研究》2010 年第 1 期。伊懋可设想环境史研究包括以下方面：一是以技术为中心，从气候、地貌、海洋、植物、动物等各方面的脉络探讨环境变化的形态；二是从宗教、哲学、艺术与科学角度来认识自然；三是透过不同的社会焦点观察社会（如官僚体系、封建采邑、部落、村落、家庭、有限公司、集体组织等）所做出的影响环境的决策，以及环境对社会的反馈机制；四是从经济史角度认识中国环境史。参见王利华：《生态史的事实发掘和事实判断》，载于《历史研究》2013 年第 3 期。

一、自然环境变迁及其对人类造成的多方面影响

环境史要研究人与自然的互动关系史，这已为国内外学界公认[①]。环境史的研究对象决定了不但要研究人类社会的发展史，还要了解和研究自然环境的变迁史。这样，环境变迁史就进入了环境史家的视野。

环境史研究的环境变迁史不同于自然科学研究的自然史，环境史偏重于人类作用下，与人类社会发生关系的环境变迁史。环境史中的环境相对于人类而言，是人类生存和繁衍、从事生产活动和生活的客观条件和场景。

自然科学也研究自然变迁史，但它往往并不专注于人类在其中发挥的作用。王利华认为："目前的环境史考察似乎分属于两个不同的学术阵营和学科范畴：一是自然科学家对环境史的研究，可以视为地球科学中地球史或者自然史的一部分；二是我们通常所说的环境史，乃是历史学的一个新兴领域。"前者所研究的问题，其时间尺度远大于后者，往往只关注大自然的自行演变，并不重视甚或不考虑人类因素；后者则以人类诞生为起点，以认识环境与人类的相互关系和双向作用为目的，即使具体课题是关于自然生态的历史变迁，也特别强调人类活动的作用以及这些变迁之于人类社会的影响[②]。

[①] 包括历史地理学在内的一些学科也以人与自然环境的关系为研究对象，但从环境史角度研究人与自然环境的关系是有其独特性的。钞晓鸿认为环境史是从历史的语境和生活环境来考察人与自然的互动和历史联系。参见钞晓鸿：《环境史研究的理论与实践》，载于《思想战线》2019 年第 4 期。以环境史视角研究人与自然环境的关系，强调人类对自然环境的思想认识和社会能动；环境史与其他相关学科区别的一个主要方面，是环境史要考察和研究因环境问题衍生的社会关系，这是环境史研究的社会—人文取向；环境史将生态学的分析范式引入历史，在"生态语境中"阐释历史。王利华指出："学科判分不能仅根据它们的研究对象，还应当根据其理论基础。环境史与历史地理学虽在研究对象上存在着很大的重叠，但两者的理论基础显然不同：环境史的理论基础是生态学，因此它又被称为'生态史'；历史地理学的理论基础则是地理学。"王利华：《浅议中国环境史学建构》，载于《历史研究》2010 年第 1 期。

[②] 王利华：《作为一种新史学的环境史》，载于《清华大学学报（哲学社会科学版）》2008 年第 1 期。唐纳德·沃斯特提出环境史要研究三个层面的内容：过去的自然环境；人类的生产模式；概念、意识形态和价值观。环境史聚焦在三套相互作用的变化上：地球的各种系统（气候、地理、生态系统）伴随时间发生的变化，从这些系统中谋求生计的生产模式的变化，以及文化态度的变化及其在艺术、意识形态、科学和政治中的表现。参阅唐纳德·沃斯特：《环境史研究的三个层面》，侯文蕙译，载于《世界历史》2011 年第 4 期。

环境史家研究的环境变迁包含的内容十分广泛，诸如地形地貌、水系植被、气候生物等诸多自然要素的变迁，均可纳入考察范围。若研究某个地区的环境史，首先必须搞清楚那个地区的环境变迁史，没有这个前提和基础，对人与自然的互动关系史的研究就无从谈起。研究某个地区的环境变迁史（包括自然环境的结构、性状及其演变）的目的是为了更好地理解自然本身，以达到更客观、更科学、更全面地阐释人与自然的互动关系。

在此前提下，环境史要重点研究人与自然的互动关系，首先要考察自然环境对人类社会的影响，以探讨"自然在人类生活中的地位和作用"。

自然环境诸要素中，气候是最活跃的，也是引发环境变迁的主要诱发因子。气候变迁包括气温和降水的变化，以及由此导致的自然生态系统的变化和变异，包括温湿度、植被、生物和水系等方面的变化，这些变化会对人类的生产和生活产生复杂的影响，尤其是对农牧业等生产活动会造成重大影响，并且往往还会引发社会波动。由此，气候变迁与人类社会的关系就引起了学界的高度关注，这便是气候环境史研究的内容。近几十年来，我国学界掀起了一个研究史前及历史时期气候变迁的高潮，考古学、历史地理学、生态学、生物学、气候学、农学等学科的学者纷纷从本学科角度，借助现代科技手段及研究成果，来探析气候变迁及其对人类历史的多方面影响。既往研究中单纯地探讨和研究气候变迁的成果较多，未来应更多地以环境史范式研究气候史，把气候变迁及由此引发的自然生态系统的变化与人类社会的互动关系作为重心。除了气候变迁与文化的兴衰、气候变迁与文明的起源、气候变迁与农牧业起源的关系等主题外，研究内容还应进一步拓展[①]。

灾害史在传统上属于社会史研究范围。"灾"的发生或源于社会因素，或源于自然因素，或者源于两者的交织作用。自然因素有地球各圈层的变化、太阳和其他天体活动等。那些主要因自然的"变异"而导致的"灾"

---

① 这方面的成果可举一两例：［美］狄·约翰、王笑然主编：《气候改变历史》，王笑然译，金城出版社 2014 年版；崔建新：《气候与文化》，科学出版社 2012 年版。

多被称为"自然灾害"①。历史上的中国多灾多难,中国古代史籍对灾害的记录颇多。在中国历史上,影响生计的水旱洪涝蝗等自然灾害的频度最高,灾害往往引发粮荒,进而导致社会动荡。中国的灾荒史研究在近几十年中发展最快。传统上的灾荒史研究偏重于社会层面,侧重研究灾荒发生的社会背景和成因、灾荒史梳理、灾荒的社会经济后果和影响、民间和政府的应对等。将自然与社会因素综合起来,以环境史视角开展研究有待强化。将环境史与灾荒史结合起来,无疑能够推进灾荒史研究走出"范式困境"。

疾病和瘟疫作为一种自然力量,其发生往往超出了人类的"控制",其成因很大程度上因自然所致,并对人类社会造成重大影响,对生命的威胁、对社会和人的精神以及对经济的影响极为重大。作为一种自然"变异",疾病和瘟疫应纳入环境史研究范畴。近些年来,疾病和瘟疫史研究在包括中国在内的许多国家十分兴盛,不过,其中有相当多的成果将研究局限在"技术"层面。国外的相关研究为我们提供了可资借鉴的范例。比如众所周知的美国环境史家威廉·麦克尼尔著的《瘟疫与人》一书对瘟疫与人类社会的关系做了一种宏阔的考察;另一位美国环境史家艾尔弗雷德·克罗斯比在《哥伦布大交换》一书中提出了"生物旅行箱"理论,并且从生物学的角度阐释了旧大陆能够征服新大陆的原因,这些研究都颇具启发意义。

自然环境的变化会对人类社会造成多方面的影响,这些变化和影响正是环境史要重点研究的。唐纳德·休斯写道,关于自然环境对人类历史之影响的研究包括这样一些主题:气候和天气、海平面的变化、疾病、野火、火山、洪水、动植物的分布和迁徙,以及其他在起因上通常被视为非人为、至少主要部分不是人力所致的变化②。在中国,1949 年之后很长一段时间内,对环境变迁的研究多在自然科学领域内进行,研究旨趣主要在于认识和把握

---

① 灾害可能发生在地球不同圈层,由此可分为天文灾害、气象灾害、生物灾害、水文灾害、地质灾害等。

② 唐纳德·休斯:《什么是环境史》,梅雪芹译,北京大学出版社 2008 年版,第 4 页。

自然环境本身的变迁及其规律①。与此不同，环境史学者不但要了解和学习自然科学的相关研究成果，还要把这些成果与人类史关联起来；不但要研究环境变迁史，更要研究环境变迁对人类社会的影响。

二、人类的生产和生活对自然环境造成的影响

人类的生产和经济活动乃至生活方式都会对自然环境产生影响，在自然界中留下印迹，引起环境变化，这种变化又会反作用于人类社会。王利华指出，人类系统与自然系统的互动，首先表现为物质能量的运动和交换。这种能量的运动和交换，主要是通过人类的生产和经济活动进行的。人类为了生计、生存和发展而开展的各种"活动"被称为"文化的核心"，围绕这个核心，人类与自然发生了各种形式的联系，并且将人类社会组织起来。这一层面的主题和内容，是环境史学者首先而且是要重点研究的。休斯指出，根据环境史家撰写的著作数量来看，无疑在环境史中居首位的主题是评价人类活动引起的变化在自然环境中的影响，以及反过来人类社会及其历史所受到的影响②。环境史要研究生产方式对自然环境的多方面影响。沃斯特认为，环境史的研究对象之一是生产方式，包括技术、生业及其组织形式，比如采集和狩猎、捕捞和放牧、灌溉经济和工业资本主义等③。

人与自然的互动以生产活动为中介，人类通过生产和经济活动对自然产生影响。从经济形态上说，人类社会经历了几次重大革命：一次是原始农业和牧业的发生，另一次是近代的工业化。相对于史前社会的采集和渔猎，农业的产生对自然环境的影响要大得多。在许多地区，通过放火烧荒、清除森林，来获得耕地耕种作物，由此导致了植被破坏和水土流失等环境问题。并且，土地的农业开发不仅导致人与自然关系的变化，也导致社会组织和思想

---

① 梅雪芹：《中国环境史研究的过去、现在和未来》，载于《史学月刊》2009 年第 6 期。

② 唐纳德·休斯：《什么是环境史》，梅雪芹译，北京大学出版社 2008 年版，第 4～5 页。

③ 转引自王利华：《"生态认知系统"的概念及其环境史学意义——兼议中国环境史上的生态认知方式》，载于《鄱阳湖学刊》2010 年第 5 期。

观念发生了变化。传统的农史研究的重心一是技术，二是农业生产关系和生产组织形式，而对农业与土地等环境要素的关系及由此形成的社会关系关注不够。有必要明确提出包括农史在内的经济史研究的生态转向问题，国内学界开始了这方面的研究尝试[①]。农业是人类的第一生计，即便在工业化取得巨大进展的现代，农业也一直是人类重要的经济活动，农业环境史是最具学术发展空间的研究领域之一。美国南部的烟草和棉花种植及其对环境的影响以及由此引发的各种复杂的社会关系，美国西部干旱区资本主义农牧业的开发，清至民国时期中国东北地区的移民与土地开发（包括蒙地开发等）以及由此衍生的人地关系，就是农业环境史研究的典型问题。

工业化是近代以来最具革命性的变革，这种变革涉及的范围非常广泛。工业革命首先是一种能源革命，即在能源开发利用上开启了一个新的时代——由主要利用薪柴转为主要利用煤炭。伴随工业革命的发生和发展，煤炭成为主要能源，煤炭的广泛使用导致了近代最严重的环境问题——煤烟和空气污染。后来，围绕空气污染衍生了复杂的社会关系，公众的环保意识在觉醒，环保运动和环境政策随之兴起。19世纪末出现的第二次工业革命高潮以石油的开发和利用为主要内容之一，这是人类历史上一次新的能源革命。伴随着内燃机的发明和使用、以内燃机和石油为主要动力的交通运输工具的普及，加上石化工业的发展，石油又成为空气污染的主要源头之一，同时也导致了其他各种环境问题。人类开发利用能源的历史以及由此引发的人与环境的关系的变化即"能源史"[②]。能源史研究人类开发利用能源的历史中发生的人与自然的关系及因此衍生的社会关系，是重要的环境史研究主题。

工业生产排放的"三废"，因现代科技的发展及其在生产领域的应用而产生的有毒、有害和危险物质，成为19世纪以来尤其是二战后最严重的环

---

① 李根蟠：《环境史视野与经济史研究——以农史为中心的思考》，载于《南开学报（哲学社会科学版）》2006年第2期；王星光：《中国农史与环境史研究》，大象出版社2012年版。

② 例如，参见阿尔弗雷德·克罗斯比：《人类能源史——危机与希望》，王正林、王权译，中国青年出版社2009年版。

境污染源，这些污染对公众的健康造成了严重危害，这些问题及其影响正是当代环境史家较早关注的，也是环境史初兴阶段重要的研究主题。

科学技术是现代社会生产力的核心。近代以来，科学理论的重大突破和技术创新层出不穷，科学技术应用于生产领域极大地提高了社会生产力，创造了空前的物质文明，也大幅度提升了人类的生活水平。但是，科学技术也是一把双刃剑，在造福人类的同时，也埋下了种种隐患，比如战后核能和平利用为人类提供了高效清洁的能源，促进了医疗技术的进步，但也存在着核辐射、核污染等高风险。化学杀虫剂在二战后极大地提高了农牧业的产量和产值，大幅度降低了生产成本，然而，化学杀虫剂的普遍使用也导致了严重的化学污染，对土壤、水体、人类健康造成了持久的危害和隐患。这些都被生态学家指出并警示，有关现代科技的环境风险因此成了环境史学者关注的主题。美国生态学家康芒纳在《封闭的循环》一书中对现代科学技术的负面影响及其文化根源做了深刻分析，此书亦可视为一部环境史著述。随着环境政策包括环境立法的制定与实施，科学技术的政治化趋向日益突出，这为环境史增加了新的研究内容，在美国，这方面的著述所占比重很大。

开发和利用自然资源是人类生产和生活的基础，这种对资源的开发利用是导致资源短缺以及其他生态问题的根源之一，这是以往环境史研究关注比较多的主题。自然资源包括土地及土地上的森林、草原及其他生物和水体等。在美国，森林史和水利史是两个比较传统的领域，后来环境史引入其中并为其提供了新视角。北美原本是森林资源十分丰富的地区，白人大量移民北美之前，印第安人就通过放火烧荒清空林地而导致森林生态发生变化。欧洲人来到北美大陆后，将森林视为一种能够带来巨大利润的资源，进行肆无忌惮的掠夺式开发，不但导致森林在短期内大量减少，而且引发了水土流失等各种生态问题，这在东北部的新英格兰非常突出，这种因开发森林而导致的人地关系的变化成为环境史学家关注的主题。水利开发的情况大致相同。在北美因水系多为南北走向，最初是修筑运河，后来主要是开发利用水资源来发电和灌溉，特别是在西部干旱地区，胡佛水坝颇具代表性，这是人类力量改造自然的壮举，但在生态上却导致了意想不到的后果。二战后，在美国兴起了一股以保护生态为主旨的"反坝运动",由此引发了错综复杂的利益冲突和社会政治关系,这种历史现象也进入了环境史家的视野①。

矿业开发会导致地表形态和景观发生变化,同时也会引起土壤侵蚀和水土污染等各种环境问题,因采矿而发生的人与环境关系的变化以及由此衍生的各种利益冲突也是美国环境史研究的重要内容。在我国清至民国时期东北地区的淘金潮也很典型,淘金热对东北地区的生态环境造成了很大破坏。美国西部的矿业开发以及由此引发的各种环境和社会问题也较早进入了环境史学家的视野,其中以淘金热和金矿开采及其造成的环境影响最典型也最具代表性,在美国学界已发表了许多相关成果。矿业开发虽然很早就已发生,但大规模的矿业开发是伴随着工业革命的发展而展开的,它与工业化和城市化密切关联,矿业实际上是现代工业的衍生产业,可以纳入工业化引发的环境及社会问题中去考察。以往对资源开发的研究侧重于技术层面及资源开发对环境的影响,未来可拓展视野,从文化、社会和环境多重角度开展研究,深入探讨因自然资源开发衍生的各种社会及生态关系。

自人类诞生以来,构筑安全、保暖和舒适的栖居之所一直是人类孜孜以求的目标,由此也改变了地表景观,在地球上留下人类的印迹。从史前北方的半地穴式房屋和南方的干栏式建筑,到后来的农业定居村落,再到近代的城镇和都市,都可纳入聚落考察的范围。聚落涉及人类对栖息之地的地理环境的认识和利用。聚落是人类改造自然环境的物化形态。构筑聚落需要石材和木料等,建造城镇和都市需要消耗大量能源和原料,这对自然资源构成了巨大压力。由此,探究聚落与环境的关系就成为环境史研究的重要内容。

依据人类对自然环境的干预和改造程度,可将其划分为"荒野"或原生态的自然、乡村和城市②。研究"荒野"、乡村和城市与自然环境的关系分别被称为"荒野史""乡村环境史""城市环境史"。"荒野"作为环境史

① 美国经历了建造水坝热到二战后反对建造水坝运动,反映了"保护主义"和生态观在美国的历史演变,发表和出版了许多以"反坝"历史为研究内容的环境史著述。
② 高国荣:《美国环境史学研究》,中国社会科学出版社2014年版,第37页。

的一个重要范畴源于欧洲和美国，在美国，所谓"荒野史"就是以欧洲现代资本主义文明对北美人陆荒野的开发和征服以及因此发生的文明与荒野的关系为研究对象，包括白人对荒野的认知态度的历史变化，以及这种变化的"荒野观"如何影响美国人对"荒野"的行为。由于美国城市化的快速发展以及由此引发的严重的城市环境问题，城市化中人与环境的关系日益复杂，城市环境史就成了美国环境史研究的重要内容①。

历史地看，有关人类社会对自然环境的作用和影响的研究主题最丰富，比如人工取火技术的发明对自然环境的影响，派因的《火之简史》一书就是一部颇具特色的研究人类用火技术与自然环境关系的著述。再如人类的生活方式、风俗习惯对自然环境的影响，人口增长、移民对自然环境的影响，历史上的军事活动对自然地理环境的影响等（军事环境史）。

以上都是人类对自然环境的开发利用、人类对自然的能动。与传统的文明史不同，很多环境史论著研究和揭示了人类活动对自然环境造成的多方面的生态影响，特别是负面影响，这被称为"衰败论"叙事。但这并非环境史的全部，环境史学者也研究历史上人类如何保护和改造自然环境，研究一个社会如何通过污染控制和实施保护措施来加强人类对环境的积极影响并限制消极影响，这是美国传统的"保护史"重点关注和研究的主题②。

三、历史上人类对自身与周遭环境之关系的认识和思考

不同地区和不同国家，不同历史时期，不同民族和不同文化，对自然环境及人与自然环境的关系的认识不尽相同，这便是"环境思想史"所要研

---

① 荒野史研究最具代表性的成果是罗德里克·纳什所著的《荒野与美国思想》，侯文蕙、侯钧译，中国环境科学出版社 2014 年版。

② 在美国，环境史兴起于一个"文化反省"的时代，环境史著述带有很强的批判色彩，但随着时代变迁和环境史本身的发展，环境史研究的重心已转向了人与自然之间广阔的互动关系，环境史的研究内容和主题越来越丰富，环境史也远非环境"破坏史""保护史"所能涵盖。沃斯特讲道：美国"环境史源于一种道德目的，其自身也负有强烈的政治使命；但是，伴随它的成熟，它又成为一项学术事业"。唐纳德·沃斯特：《环境史研究的三个层面》，侯文蕙译，载于《世界历史》2011 年第 4 期。

究的内容。唐纳德·休斯指出:"环境史的第三类主题是对人类有关自然环境的思想和观念的研究,包括自然研究、生态科学,以及诸如宗教、哲学、政治意识形态和大众文化等思想体系如何影响人类对待自然的各个方面。"①他所著的《北美印第安人的生态》一书就是这种研究的尝试,该书对美洲印第安人的自然环境观进行了历史考察。唐纳德·沃斯特认为,环境史的研究对象之一是思想观念,包括感知、思想意识和价值观,涉及宗教、神话、哲学、科学等。他指出,环境史"必须包括美学与伦理、神话与民俗、文学与景观园林、科学与宗教等方面的研究,必须包括人类心灵努力理解自然意义的所有方面"②。他的《自然的经济体系——生态思想史》一书追溯了美国生态思想的发展史,该书是研究美国生态思想史的典范。

王利华指出,人类对周遭世界各种自然事物和生态现象的感知和认识方式,以及所获得的经验、知识、观念、信仰、意象乃至情感等,构成了人类的"生态认知系统"。中国传统的生态认知方式大体可归纳为"实用理性认知""神话宗教认知""道德伦理认知""诗性审美认知"。他认为开展对历史上人类生态认知的系统考察,意味着环境史研究进一步走向深入,即由物质层面向精神领域推进。环境史研究者面临着新的也许是更加艰巨的任务:不仅要从物质和行为上,而且要深入到思想观念、经验知识和精神信仰层面,深刻揭示人与自然之间的历史关系③。

人类对于自然的行为决定于其对自然的认知和态度。许多环境史家认为,就人们如何对待自然而言,他们的思想和信仰是一种原动力。北美的历史颇为典型。在欧洲的白人来到北美大陆的最初阶段,他们将莽莽荒野视为文明的障碍,从而开足马力以文明征服荒野。到了19世纪,随着边疆的收缩和荒野的消失,荒野在美国人心目中转而成为需要珍爱和保护的对象,荒

---

① 唐纳德·休斯:《什么是环境史》,梅雪芹译,北京大学出版社2008年版,第6页。
② 转引自王利华:《"生态认知系统"的概念及其环境史学意义——兼议中国环境史上的生态认知方式》,载于《鄱阳湖学刊》2010年第5期。
③ 王利华:《"生态认知系统"的概念及其环境史学意义——兼议中国环境史上的生态认知方式》,载于《鄱阳湖学刊》2010年第5期。

野在此时被视为民族自豪感和民族文化的源泉，由此兴起了保护荒野的自然保护主义和运动。20 世纪 60 年代，在生态学普及的背景下，美国国会通过了世界历史上第一部《荒野法》，将荒野纳入法律保护下并建立了国家荒野保护体系。罗德里克·纳什于 1967 年出版的《荒野与美国思想》是一部考察美国人荒野史的名著，该书也是研究美国环境思想史的代表性著述。

20 世纪 70 年代以后，伴随着现代环保运动和环境史的兴起和发展，西方学界从更为广阔的视阈来探讨生态危机的历史文化根源，从而促进了环境思想文化史研究内容的拓展和深化。传统的人类中心主义、资本主义文化、近代西方的机械论自然观、传统片面的以经济增长为主旨的发展观、进步和文明史观等，都成了反思和批判的对象。在西方，有人甚至将生态危机追溯到基督教那里。林恩·怀特在《我们生态危机的历史根源》一文中明确提出基督教应对现代生态危机负责，在他看来，基督教不仅在人与自然之间建立了一种二元论，而且坚持认为人为了自己的目的剥削自然是上帝的旨意，认为基督教是世界历史上人类中心色彩最浓厚的宗教。

在反思和批判西方近代思想文化的同时，部分环境史家将目光投向了印第安人的环境伦理乃至东方的生态智慧，试图从中寻找摆脱生态危机的途径。这种研究虽然带有很强的功利性，但在客观上推动了对一些民族国家和地区的环境思想史的研究。在美国有关印第安人的环境伦理的研究成果大量问世。在中国，在生态危机的大背景下，学界加强了对中国古代环境思想的研究，不但进一步探讨诸如"天人合一"和"三才理论"这样的较为抽象的传统话题，而且出现了许多微观实证研究，包括对道家、儒家等蕴含的环境思想和伦理以及不同时代不同社会阶层的环境思想的研究。

虽然不同国家和不同地区、不同时代和不同文化乃至不同社会群体的自然观有很大区别，但人类社会作为一个整体，其自然观的演变有其共性，是有规律可循的。人类社会大体上经历了古代的有机论自然观、近代的机械论自然观、现代的系统论自然观。但这仅是一个宏观上的脉络，具体历史要复杂得多，需要对这一层面的主题做更为深入具体的梳理和研究。

相对来说，学界对环境思想史的研究不足。事实上，这方面的研究更为重要。人与其他动物的根本区别，不仅在于人能够制造工具，还在于人有抽象思维能力。自人类诞生以来，感知、认识和思考周遭世界一直是人类最重要的心理和思想活动，这也影响和决定着人对自然的行为，形成了丰富的历史记忆和记录，对这些记忆和记录进行整理和研究，是环境史研究者的重要使命之一，应大力加强对环境思想史或"人类生态认知系统"的研究。

四、因自然资源的开发和利用以及其他环境问题衍生的社会政治关系

除了以上谈及的三个层面外，环境史研究的重要主题之一，就是因环境问题衍生的社会关系史，包括政治关系、社会关系以及文化关系等，这就是环境史研究的社会—人文取向，也是环境史区别于其他相关学科的一个重要方面。没有这一维度，环境史研究很容易流于浅显而无法深化。

美国学界在这方面的研究主要包括"环境政治史"和"环境社会史"等。"环境政治史"研究因各种环境问题衍生的政治关系史，特别是围绕环境政策和环保法律的制定和实施衍生的政治关系史。休斯指出，环境史研究的一个重要方面，"是揭示人类社会不同利益集团之间围绕自然环境而展开的较量"①。美国环境政治史的研究内容十分宽泛，既涉及与环境问题相关的组织、管理和制度等，也包括各行为体围绕环境政策、环境权利和环境目标而在公共政治领域展开的利益博弈、发生的矛盾和斗争等。

美国环境史家塞缪尔·海斯被尊为环境政治史领域的先驱，他撰写了几部颇有影响的环境政治史著作，如《资源保护与效率原则——进步主义资源保护运动（1890－1920）》《美丽、健康与持久——美国环境政治（1955－1985）》《1945年以来的环境政治史》，考察的是20世纪尤其是二战后美国环境政治史的兴起和发展。另一位著名环境政治学家是沃尔特·罗森鲍姆，《环境政治与政策》是其代表作，该书以政治学视角考察环境问题，是将环

---

① 唐纳德·休斯：《什么是环境史》，梅雪芹译，北京大学出版社2008年版，译者序，第8页。

境问题与政治学结合的尝试。此书系统考察了美国的环境政治与政策，将几乎所有环境政治议题都纳入研究视野。该书被一些学者视为全面了解美国环境政治与政策的最好著作，罗森鲍姆本人也因此被誉为该领域的先驱。

在美国，许多知名环境史学家的有关论述都把环境政治史纳入环境史研究范围。麦克尼尔认为环境史包括物质、思想和文化、政治三个维度，其中环境政治史把法律和国家政策视为它与自然世界的关联。泰特认为环境史研究应当包括四个方面，其中第四个层面就是公众对有关环境问题的辩论、立法、政治规定，以及对"旧保护史"中大量文献的思考。克罗农认为环境史应包括三个研究范围，其中第三个就是对环境政治与政策的研究。

"环境社会史"研究因各种环境问题衍生的狭义上的社会关系，具体到美国，包括族裔、族群与环境，性别与环境等。20世纪80年代初在美国兴起了一场争取环境权利公平分配的社会运动——环境公正运动，这场运动的主要推动力量来自有色人种、女性、社会底层和弱势群体，他们认为在美国存在着环境不公正现象，甚至提出了"环境种族主义"概念，要求政府采取措施消除环境不公正，形成了一场声势浩大的社会运动。这一历史现象为环境史家关注，并与美国历史上的种族主义和民权运动相联系，在学科上与社会史相关联，形成了极富特色的"环境社会史"研究。

还有一些环境史家从性别角度入手来研究环境史，并提出了"生态女性主义"这一范畴。生态女性主义是环境主义与女性主义结合的产物。生态女性主义认为统治自然和统治女性都是男性中心和霸权的结果，生态女性主义的目标是从历史、语言、宗教、政治、经济和社会等方面对父权制及与此相关的理性、二元论、进步发展观等进行全方位的颠覆，进而达到人与自然、男性与女性的和谐共生。环境史家开始研究历史上的女性与自然的关系、科学革命造成的人与自然的二元分离。在这方面做出突出贡献的是美国生态女性主义史学家卡洛琳·麦茜特，她在《性别与环境》一文中将两者在理论上进行了整合①。生态女性主义史成为美国环境史的一个颇具特色的研究主题。

---

① 参阅包茂红：《环境史学的起源和发展》，北京大学出版社2012年版，第39~40页。

　　美国学界对因环境问题衍生的社会关系的研究就考察时段来看主要集中于近现代，尤其是二战后，这是美国环境史研究的一大特点。中国的环境史研究成果集中于古代，近现代环境史研究相对薄弱；而且研究主题多关注诸如人口、移民、农业与环境、灾荒史等，对于因环境而衍生的社会关系的研究不足，今后应大力加强近现代环境史研究，尤其要加强研究因环境问题衍生的各种复杂的社会关系。一方面这样的研究更具现实意义；另一方面近现代环境史文献资料相对来说比较容易查找，研究条件更充分。

五、环境史研究框架和研究体系的建构

　　以上以环境史研究的四个维度为线索，主要对中国和美国学界以往研究涉及的主题和内容进行了梳理。编撰环境史，可以考虑以上述四个维度为主轴来构建研究框架。由此，我们从几个方面提出一些粗浅的认识。

　　环境史虽然关涉很多学科，但其学科归属还是历史。书写环境史还是要以时间为线索，来追溯和考察人与自然环境的互动关系。时间是编撰和书写环境史的主线，环境史叙事依然要以时间为纵轴。环境史要研究人与自然关系的历时性变化，必然涉及历史分期问题。与以往的历史尤其是文明史不同，环境史要以人与自然互动关系的历时性变化及其时代特点为依据进行历史阶段划分，既不能单纯以物质进步和社会经济形态演变为标尺，也不能单纯以环境变迁为依据，而应将社会与自然结合起来，对特定时空范围内的环境史进行阶段划分。这里涉及一个重要问题，即环境史书写和编排的原则不再是传统意义上的文明、发展和进步，而是人与自然的关系，由此决定了环境史著述与以往有很大不同①。在宏观上，人类与自然环境的互动关系大体经历了三个历史阶段：第一个阶段是工业革命发生之前的漫长历史时期，这一时期人与自然的关系虽然在局部地区时而紧张，但远非工业化时代那样严重；第二个阶段是工业革命发生至二战结束，该时期人与自然的关系持续紧

---

① 休斯提出要以环境史的核心概念"生态过程"作为世界史的编排原则。

张，除了因过度开发而导致自然资源加速耗竭外，诸如空气和水体污染等环境问题日渐加重；第三个阶段为二战以来，伴随着高科技革命和经济总量的迅速发展和急剧膨胀，环境问题集中爆发，形成一种"生态危机"，由此引起了世界各国的高度重视，环境治理也普遍展开。有关环境史的历史分期，迄今学界讨论很少，很有必要加强对这一问题的深入探讨。对环境史进行历史分期的目的之一，是找出人与自然关系演变的阶段性特征，这具有非常重要的学术价值，应加强对不同空间尺度下的环境史分期研究。

从空间维度来看，以往研究既有宏大的世界环境史著述，也有中观层面的区域环境史和国别环境史论述，还有微观层面的地方环境史研究①。不同空间尺度下的环境史研究和著述各有其独到之处及其价值。从环境史研究的现状和未来趋势来看，地方或地区环境史研究当是主流，未来应加强地区环境史研究，包括对微观空间尺度下具体环境史问题的研究。宏观研究须以微观实证研究为基础，没有充分的微观研究，宏观建构无从谈起。再者，环境史研究人与自然的关系，世界各地自然环境千差万别，不同国家和地区的社会文化差异甚大，建构宏大空间尺度的环境史难度可想而知。此外，环境史研究的空间界域不同于传统的历史叙事，环境史当以自然而非政区为边界，应选择那些独具特色的生态区域为研究范围，来考察特定环境下人与自然之间的历时性互动关系。当然，在边疆和民族地区，如何处理环境史中的自然界域与边疆和民族问题的关系，是要审慎对待的。目前许多环境史"是严格在单个国家政治的框架内进行研究的"②。这有很大局限，环境史研究应该尝试超越传统的民族、国家和疆域的界线，以自然为"边界"来讲述和书写人与自然的互动关系史，这对传统的边疆史可能是一种挑战。

从内容来看，前述环境史研究的四个维度并非单线运行，事实上这几个维度不仅是并行的，而且密切交织在一起。自然环境作用于人类的同时，人

---

① 马德哈夫·加吉尔所著的《这片开裂的土地——印度生态史》是一部考察印度资源利用方式演变的国别环境史著作；唐纳德·沃斯特的《尘暴——20世纪30年代美国南部大平原》是研究地区环境史的经典；艾尔弗雷德·克罗斯比的《生态扩张主义》和《哥伦布大交换》是世界环境史研究的典范。

② 唐纳德·沃斯特：《环境史研究的三个层面》，侯文蕙译，载于《世界历史》2011年第4期。

类也通过各种活动反作用于自然，自然又反馈给人类，人类对自然及人与自然的认识也相伴其间，并历时地对人类之于自然的行为发生影响，在这一过程中衍生了大量错综复杂的社会关系。梅雪芹指出，人们通过自然物的中介会形成一种社会关系。人与自然的关系反映着人与人或人与社会的关系，反之亦然。环境史的研究对象是以人的实践为纽带建立的人—自然—社会三维交织的立体结构，因而具有自身的内在逻辑和认识特征①。环境史思维强调"物质层面的环境变化的历史，同时就是精神层面的人类意识的历史，也是政治经济层面的人类社会的历史"。也就是说，环境变迁史、人类思想史和人类社会的历史是绝不可能相互分隔的②。环境史研究的四个维度内部也是如此，正如王利华对"生态认知系统"分类之后所言，诸种方式及其结果之间的界线并不总是那么清晰明确且判然有别，相反却是常常模糊不清、彼此纠结。他指出，在具体的环境史研究中，"过分地拘泥和执着于某种分类可能导致结论的错误和观点的偏颇，对此我们需要保持警惕"③。

　　环境史研究需要一种生态思维，须将人与自然的互动关系以及人类与自然系统各自内部多因素、多维度地结合起来，进行立体的综合考察，注意其内在的复杂性、关联性，以确保环境史建构的科学性。王利华强调，环境史就是把生态的分析方法引入历史研究，用生态学的话语体系来解说人类历史④，他认为"生态史"的提法更准确。他建议引入"人类生态系统"一词，将其作为环境史的核心概念。基于这一概念，可将环境史界定为以人类活动为主导，由人类及其生存环境中的众多事物（因素）共同塑造的历史。环境史研究将人类与自然环境视为一个相互依存、相互作用的动态整体，运用现代生态学的思想和理论并借鉴多学科的技术和方法，考察一定时空条件

---

① 梅雪芹：《从环境的历史到环境史——关于环境史研究的一种认识》，载于《学术研究》2006 年第 9 期。

② 梅雪芹：《环境史思维习惯——中国近代环境史跨学科研究的起点》，载于《中国社会科学报》2010 年 9 月 9 日，第 11 版。

③ 王利华：《"生态认知系统"的概念及其环境史学意义——兼议中国环境史上的生态认知方式》，载于《鄱阳湖学刊》2010 年第 5 期。

④ 王利华：《浅议中国环境史学建构》，载于《历史研究》2010 年第 1 期，第 10～14 页。

下人类生态系统产生、成长和演变的过程，揭示人类与其所处的自然环境之间的相互作用、彼此反馈和协同演变的历史关系和动力机制。在这样的学术架构下，研究者可从不同角度和层面入手，讨论难以数计的问题。"无论具体的研究工作侧重于哪个方面，都须牢记自然和人类是一个彼此依存的动态整体，最终的落脚点是两者之间的相互关系和彼此作用。"① 李根蟠曾讲过，环境史以现代生态学为理论基础和分析工具，由此形成了一种把世界看成是"人—社会—自然"的复合生态系统的新的世界观②。

可以做如下概括：环境史以生态思维，或可说在"生态语境"下，考察和研究"上下左右"和"人类生态系统"的内在"有机联系"及"协同演化"的历史，探求"人类生态系统"发展演变的"因果律"及其复杂的生态关系。环境史"是一种把所有层面和力量都加以综合的方法"③。环境史是要把包括人与自然在内的多角色和多层面的内容和要素视为一种"共同体"，进行系统综合，以构建完整的历史图景——"整体史"或"总体史"，这既是一种历史观也是环境史研究的最终目标。环境史应"以立体思维代替线性思维，在强调过去、现在、未来三者之间连续性的同时，认识到历史的运动决不是直线推进，而是迂回曲折有时甚至是严重倒退的"④。从事环境史研究需要掌握生态学理论以及这门学科本身的发展史，了解其作为环境史分析工具的价值及其在历史研究中的局限，这是非常重要的。历史研究的很多传统主题，只有以生态思维来考察和研究，才可视为环境史。环境史涉及的主题和内容十分宽泛和丰富，但研究不能无所不包，须确立核心与主线，当然，在实践中如何处理有待进一步研究。有关环境史学科体系和学科架构的理论探讨已有很多，但理论探讨最终还是要落实到具体研究中。我们应认

---

① 王利华：《作为一种新史学的环境史》，载于《清华大学学报（哲学社会科学版）》2008 年第 1 期。

② 李根蟠：《环境史视野与经济史研究——以农史为中心的思考》，载于《南开学报》2006 年第 2 期。

③ 唐纳德·沃斯特：《环境史研究的三个层面》，侯文蕙译，载于《世界历史》2011 年第 4 期。

④ 梅雪芹：《从环境的历史到环境史——关于环境史研究的一种认识》，载于《学术研究》2006 年第 9 期。

真思考如何从操作层面来构建环境史的研究体系，以及如何编撰环境史。

如果从 20 世纪 90 年代算起，环境史在中国的兴起和发展已有 30 多年的历史了。自兴起以来，环境史研究一直在不断前进和深化，包括对环境史理论和思想旨趣的探讨一直在进行。环境史研究体系的建构需要史学理论指引，在这方面学界已提出了一些颇具指导价值的思想。比如王利华就曾指出，环境史研究要尊重自然的历史价值，承认并且以实证来考察自然在人类历史中的作用；环境史重新定位人类的角色，考察其既受制于自然又改变自然的历史过程；要超越简单因果律和机械决定论，揭示人与自然之间复杂的生态关联。他还提出了诸如"生命中心主义"立场和"生命共同体"观念等重要概念和范畴，他认为"生命关怀应当成为环境史学的精神内核"，"中国环境史研究应当紧扣中华民族生存与发展这条主线"[1]。认真研读和学习这些精辟而深刻的论述，对于构建环境史研究体系至关重要。

此外，还有一个重要的问题需要探讨，就是环境史书写应将人置于怎样的地位。环境史研究的对象终究还是人的历史，人依然是环境史叙事的主角。尽管环境史将许多传统史学没有关注或没有重点关注的环境要素如动植物等纳入考察范围之内，虽然我们说其他生物与人类共同创造了历史，但这不等于说环境史以撰写生物史为最终目的。将"上下左右"纳入历史考察和叙述[2]，是因为这些因素和要素与人类存在关联、发生了关系，将这些因素和要素纳入叙述是为了更好地阐释和理解人类史。所以，环境史叙事中的主角还是人，环境因其与人发生了关系而被纳入历史叙述[3]。环境史叙事还是要坚持人类中心主义，我们应扬弃传统的人类中心主义，坚持现代人类中心主义。环境史强调人类之外诸多要素在历史中的地位，不等于我们一定摈弃以人为中心的历史叙述模式。唐纳德·休斯指出："地质学和古生物学关

---

[1]　王利华：《探寻吾土吾民的生命足迹——浅谈中国环境史的"问题"和"主义"》，载于《历史教学》2015 年第 12 期。

[2]　梅雪芹：《关于环境史研究意义的思考》，载于《学术研究》2007 年第 8 期。

[3]　王利华认为："既具有生物属性又具有社会和文化属性的人的生命活动是观察研究的重点。撇开人类生命活动来讨论环境的历史是没有意义的。"参见王利华：《浅议中国环境史学建构》，载于《历史研究》2010 年第 1 期。

注的是人类进化之前地球这颗行星的年表的那一大段，但环境史只有在这些主题影响到人类事务之时，才将它们纳入自己叙述的部分。这意味着环境史不可避免地具有一种以人类为中心的态度。"① 虽然环境史叙述要以人为中心，但在观念上要将人和其他环境要素纳入生态有机整体中去考察，而不能将人从自然中独立出来，或置于自然之上，不能陷入人与自然分离的二元论中。

环境史为历史研究提供了一种宏阔视野和多维视角。环境史并非"环境"的历史。与政治史、经济史、文化史不同，环境史并非专门史。环境史与传统历史的所有方面——政治史、经济史、军事史、社会史、文化史均有关联，从环境史角度考察，传统的政治史、经济史、军事史、社会史、文化史等都会有不同的解释。环境史深刻地影响了历史学的其他学科，使它们纷纷开拓了一些以往不被重视的课题。环境史与政治史、社会史、思想史、军事史等结合，衍生出环境政治史、环境社会史、环境思想史、军事环境史等分支领域。唐纳德·休斯认为，环境史为历史学家较传统的关注对象，包括战争、外交、政治、法律、经济、技术、科学、哲学、艺术和文学等，提供了一种新视角。上述每一主题在本质上都与自然关联②。环境史不但要将自然纳入历史叙述，还要与传统历史的所有方面联系起来，尤其要建构一种新的历史观——生态史观③，这对环境史的理论创新提出了更高要求。对于中国学界而言，环境史研究体系的建构将是一项艰巨的任务。

① 唐纳德·休斯：《什么是环境史》，梅雪芹译，北京大学出版社2008年版，第4页。
② 唐纳德·休斯：《什么是环境史》，梅雪芹译，北京大学出版社2008年版，译者序，第11页。
③ 王利华在《中国生态史学的思想框架和研究理路》一文中对"生态史学""社会生态史""生态社会史"概念和相关理论有过系统论述。参见王利华：《中国生态史学的思想框架和研究理路》，载于《南开学报（哲学社会科学版）》2006年第2期。人类历史观大致经历了三个阶段：在前现代是循环史观；在现代是进步和现代化或发展史观；20世纪70年代后正在形成一种生态学与发展相结合的可持续发展史观。包茂宏：《环境史——历史、理论和方法》，载于《史学理论研究》2000年第4期。

边疆环境史学的现代价值[*]

周　琼　徐艳波

在世界各国致力于解决环境问题及生态危机之际，边疆地区因地理区位和生态分界的属性及功能，成为区际、国际生态的分界区、过渡带，也成为物种迁移、入侵的前沿①，是邻区、邻国生态危机蔓延的首重之区。当代环境问题及生态危机呈现日趋严重及复杂的跨界态势，本土生态系统因之毁坏甚至崩溃，生物多样性遭到严重威胁，边疆的生态安全屏障功能日渐减弱，环境外交危机频发，成为国际争端中的核心问题之一。近年环境外交危机的出现与平息，与边疆地区环境危机的爆发及消弭密切相关，边疆环境及其研究在主流学界缺位的状态有所改变。

全球化进程的加快及生态破坏的加剧，使大量物种在短期内急剧减少或灭绝，并开始在环境外交中发挥举足轻重的作用及影响。边疆生态安全由此成为关乎区域、国家安全乃至稳定的战略性问题，边疆地区的生态屏障功能日益凸显。在此形势下，中国边疆环境史学的学术价值及现实意义日趋彰显，在生态文明建设中逐渐占据了举足轻重的地位，对国家生态屏障的建立及保护、生态形象的塑造、生态安全的巩固及环境外交的正向促进，对中国环境史学的构建及话语权的提升，都具有无可替代的价值。下文以西南边疆

---

　　* 本文以《跨界与回归——边疆环境史学的现代价值》为题发表于《云南社会科学》2023 年第 1 期，编入本书时内容略有修改。
　　① 周琼：《环境史视域中的生态边疆研究》，载于《思想战线》2015 年第 2 期。

环境变迁史为切入点，尝试对边疆环境史学的现代价值做初步探讨。

一、"环境"在边疆史学及学术话语中的缺位

早期的"边疆"概念，主要作为领土疆界、国界、区界等分界线的标识而存在，故传统边疆主要以自然地理的疆界为基础来划分。随着自然历史的演进及人类社会的发展，边疆的标志及内涵逐渐丰富，但在历史书写及现实语境中，边疆的内涵及其意义长期以来是模糊的。因特殊的地理位置、历史进程以及国家统治的定位，边疆环境变迁在历史话语体系书写中长期缺位，即便在边疆的学术及现实价值凸显的近现代，边疆环境也较少出现在政治、经济、文化、军事、外交等话语中。在中国环境史学界，边疆也毋庸置疑地一度缺位。随着环境外交战略地位的提升，边疆在生态安全、生态屏障及生态形象乃至国际关系中的作用及地位日益凸显，对边疆环境史开展广泛、系统深入的研究迫在眉睫。回顾中国环境史研究的发展历程，不难发现，边疆环境史在主流话语体系中的缺位，主要体现在两个方面。

（一）历史存在："环境"在边疆内地化进程中的关注缺位

中国边疆地区的环境变迁及恶化进程虽晚于内地，但相对来说，其生态系统更为脆弱，传统社会的环境意识，在边疆书写中往往是缺位的。

首先，在自然地理的范畴下，边疆环境因相对于中原僻远的特点以及文化上的歧视性而缺位。历史上，人们往往将人力难以逾越的大江大河、雄山险关、峡谷深湖、海洋冰川等地理分隔标识物，作为区域、国家甚至民族聚居区的分界线，久而久之，边疆就与障碍、分界线、遥远等有了不可分割的联系，逐渐成为民族分布或区域、国家领土的外缘。世人对其缺乏了解，不仅史书缺乏记载，也缺少人为开发，长期保持其自然演化态势及地理空间天然分界线的职能。但这类分界线随国家统治政权的建立及疆域扩展、经济及交通的发展、近代化及国际化的快速进展而变得极其模糊。边疆生态环境的面貌也在"瘴气"文化中被固化，多作为被利用的自然角色，进入思想、

哲学、文学或医疗疾病史视域及其文本记录里。故历史上有关边疆的地理、环境及其物种、生态状况，多停留在想象、神话甚至歧视、污名化层面。

其次，作为主权意识的标识，边疆环境在传统国家建立及发展关注中缺位。历史上，随着国家、主权意识的凸显，统治者对疆域倍加关注，在自然地理构架基础上形成的天然分界线成为国家主权及领土、民族归属的重要象征，成为国界、区界、族界的标识。随着民族国家的建构，边疆的区域线、国界线、边界线、民族界线的意识及标识功能日趋明晰。边界的山川、河流、湖泊等地理标识，就成为行政区划、国界及族界确立的依据而被固化，边疆的空间概念也在其中得到了凸显，具有空间、分界内涵的"边疆""疆域"观念开始产生并发展起来，"开疆拓土""封疆大吏"等类词语的出现及实践，成为政权建立及统治深入边疆的标志。此刻人们关注的是疆界拓展后的人口、物产及其他资源的数量与开发，关注土地、赋税、交通、政治、军事管辖权的归属问题。"管辖""藩属"与"经营""署理"成为边疆治理的核心词汇，丰富的、取之不尽的自然资源不断被开采。生态环境虽然在国家领土及其利益争端中不断遭到冲击和破坏，但尚未引起关注，依旧停留在政治、军事、哲学及文学、艺术、医疗等领域，边疆环境作为客观存在的自然主体，依然按其自身的规律演进。

最后，作为历史进程中不可或缺的区域，边疆地区的环境在近代化进程中因生态无意识状况造成了话语及书写的缺位。近代化以来，国家及民族意识在人为构建中逐渐突显，纯自然地理空间范畴下的疆界线及边疆内涵得到了极大丰富及拓展。随着集权统治秩序及国际局势的急剧变迁，边疆在地理疆域内涵的基础上，在更深广的层面上被赋予了领土、政治、军事、经济、民族、文化甚至宗教、资源等内涵，疆界内的资源利用、主权归属、民生发展、民族治理、民族迁移及其生存等，成为被广泛关注及记录、研究的核心问题。近代科学技术被广泛地应用到了各类治理及开发、经营中，环境作为开发的承载体，也在近代科技及刚起步的近代化冲击下，发生剧烈变迁。部分区域的生态破坏程度达到历史之最，但因环境及生态意识缺乏，受到的关注依旧有限，边疆开发及经营活动对环境的破坏日益扩大。边疆生物种群及数量的变化虽然也引起植物学家、动物学家及其他专家的关注并搜集了物种种子，但生物学及博物学的关注只是极少的部分，边疆的环境状况、生态价值依旧没有进入公众及政府的视野中。

在现代化进程中，全球化势不可挡地推进，边疆生态破坏及环境危机引发的灾患，在经济利益至上的驱动下不断加重，边疆环境引起了国际社会及公众的关注，但彼时中国环境史学刚刚兴起，在国际环境史学界各类中心观的研究中边疆环境一度缺位。尽管边疆的政治、经济、军事、医疗卫生、文化教育、民族、思想、美学等内涵及属性得到了更进一步的强化，国家在边疆地区积极进行本土现代化的实践行动，迅速将边疆地区卷入现代化浪潮中。与此同时，现代科技的推广运用，使边疆资源的开发及输出变得更为快捷，生态环境的人为破坏力度及范围急剧扩大，尤其是交通、通信、旅游等的飞速发展，使边疆传统的自然地理分界功能被迅速突破。自然界的生物在自然及人为因素的影响下跨越天然的屏障，翻山越岭、跨海穿河，开始了生物越界迁移的历程，并对本土及异域生态系统造成巨大的冲击。这种冲击始于以边疆地区为前沿的、生态脆弱性较为明显的物种经过区，破坏性后果也最为明显。边疆生态环境及其疆界的破坏状况，在利益及其他复杂因素影响下，依然没有引起足够的关注。随着边疆生态环境的巨变及物种入侵，人力已无法控制生物移民及入侵态势，本土生态系统崩坏，引发各类生态灾难，生态环境开始进入公众视野并引发社会忧患，但学界的关注及研究还是很少。

（二）学术现状：边疆"环境"在学术研究话语体系中的暂时缺位

21 世纪更深广的全球化进程导致生态危机及环境灾难的高频度爆发，全球环境史、中国环境史的研究如火如荼。但"中心"及"内地"的生态变迁是学界关注的核心区域，环境史理论的构建及重大环境问题是研究焦点[①]，

---

① 尹建东：《环境、族群与疆域空间——西南边疆史研究的区域史观和阐释路径》，载于《西南民族大学学报（人文社科版）》2018 年第 9 期；滕海键：《从环境史角度解读特纳的"边疆学说"》，载于《辽宁大学学报（哲学社会科学版）》2015 年第 1 期；丁旭：《试论环境决定论视角下边疆过渡地带的伸缩性》，载于《内蒙古师范大学学报（哲学社会科学版）》2018 年第 3 期。

重要环境史事件或标志性物种变迁的研究是重心，边疆环境史未及关注和重视，无论是会议主题还是项目立项，边疆几乎都处于缺位的状态，原因有三：

首先，边疆处于既重要、敏感而又模糊、滞后的层面，其环境变迁的后果尚未引起足够重视，环境变迁的某些方面都不可避免地会涉及民族、移民或疆域、勘界等复杂的问题而被回避，边疆地区的学术队伍尚未得到培养或成长，导致学术研究成果的缺失。

20 世纪 80 年代以来，地球村意识逐渐强化。全球化迅速推进后，边疆就成为一个既模糊又明显、既滞后又敏感的概念。模糊是指在全球化进程中，边疆对民族、文化、经济的藩篱、分界、分隔的作用，在一定程度上日益弱化甚至消失；明显是指在全球化的刺激下，民族国家的概念日益深入，国与国、民族与民族、区域与区域的利益及生存空间的争夺日趋激烈与突出，发展相对滞后但资源丰富的边疆变得异常敏感，成为各种利益集团争夺的焦点区域，各种冲突乃至战争频繁爆发。

在模糊与明显之间，生态环境成为首当其冲的承载体及牺牲品，边疆在环境史层面成为区域、区际及国际生态的重要分界区或过渡区。各类开发集团借助科技力量进入边疆，人类开始有意或无意地推动着生物移民，生物入侵首先在边疆地区发生，引发边疆地区的生态危机，以及一系列社会及环境问题，使边疆成为全球环境危机最严重的区域之一，边疆的生态及其环境以一种迥异于以往的变迁态势，进入人们的视野及边疆的历史进程中。

进入 21 世纪，环境史研究成果如雨后春笋般涌现，但边疆环境史的研究推进较慢。2005 年后的短短十年里①，中国大陆环境史的研究及学术交流、研讨活动取得了很大进展，在理论及具体问题的探讨与研究中成就斐

---

① 以 2005 年 8 月 17～19 日南开大学召开"中国历史上的环境与社会"国际学术讨论会为标志，出版论文集《中国历史上的环境与社会》（王利华主编：《中国历史上的环境与社会》，生活·读书·新知三联书店 2007 年版）。1993 年 12 月 13～18 日在香港召开中国生态环境历史学术讨论会，出版论文集《积渐所至——中国环境史论文集》（刘翠溶、伊懋可主编：《积渐所至——中国环境史论文集》，台北："中央研究院"经济研究所 1995 年版，英文版于 1998 年在剑桥大学出版社出版），但中国大陆学者尚未广泛关注，仅极少数学者进行过研究（蓝勇：《历史时期西南经济开发与生态变迁》，云南教育出版社 1992 年版），环境史在国内广泛受到关注是 2005 年以后的事。

然。由于学者群及其区位特点与学术发展态势的局限，大部分研究集中在黄河流域、海河流域、江南或江淮地区的生态变迁史，西北、北方沙漠化及草原区域的生态史研究，尤其是南部边疆及海疆的环境史研究，更显薄弱。

相对于中心而言，"生态环境"不仅在边疆研究中不太受重视，在环境史研究中受到的关注也不多；相对于环境史理论而言，边疆生态环境研究一段时间内虽出现了短暂的繁荣，很多学者对民族生态思想、环境保护的调查及乡规民约、习惯法制等层面进行了研究，但疏于对边疆生态变迁范式及理论进行深入探讨；相对于区域而言，边疆环境史偏重于对境内、单个民族的环境思想及环保实践的发掘，忽视了对边疆变迁历史和邻近区域的生态变迁及其影响的探讨；相对于国际、中国的区域研究而言，边疆环境史是中国区域环境史、国际生态环境关注的薄弱点。受国家主权疆界的影响，边疆跨界生物类型、生态系统、环境演变史等领域的研究就更有待进一步展开。

其次，边疆的环境史料较少，缺乏足够的文献支撑学术研究。在中国汗牛充栋的史籍里，边疆地区社会历史发展状况及具体问题的记载量较为有限，有关环境的描述及记载也不多。在明清地方志纂修蔚然成风之前，边疆社会历史发展状况、各民族生产生活及其文化的有关信息，进入史料记载者视域的数量较少。边疆地区的民族有语言文字及文献传承的就更少，即便有，亦多为文学、哲学及民俗等方面的内容，很难支撑边疆环境史研究的深入进行。这是边疆史研究长期多关注治理思想、治理政策、教育、内地化、改土归流等问题的原因，也是边疆环境史研究难以深入的根本原因。

最后，全球化早期，公众及学界意识的普遍淡薄及缺席，也是边疆环境史及其学术研究长期缺位的重要原因。全球化以来，随着国际局势的变化及学术研究的深入、学科的发展，边疆史地及边疆安全问题成为学界炙手可热的焦点之一，但研究大多集中在领土、政治、经济、文化、军事、民族、治理等领域①。公众的环境保护意识还不够，与边疆生态环境相关的研究成果

---

① 金晓哲、林涛等：《边疆的空间涵义及其人文地理研究框架》，载于《人文地理》2008 年第 2 期；金晓哲、林涛：《边疆的类型划分与研究视角》，载于《地域研究与开发》2008 年第 3 期。

并不多，导致生态环境视角及范畴下的边疆一度被忽视、遗忘而处于缺位状态。1972 年，中国派代表团出席第一次人类环境会议，成为新中国开始审视自身和全球环境问题的起点，此后相继颁布了环境保护的诸多法律法规，在环境科学、生态学、林学等领域开始出现环境保护的相关研究，但史学界关注依旧不多。进入 21 世纪后，环境危机的爆发，促进了环境及生态进入公众视野的速度，部分环境史学者对边疆地区物种的变迁与环境效应等问题表现出了极大的热情及关注，边疆环境史才开始成为史学研究的重要分支之一。

当代边疆环境史价值的凸显，与目前如火如荼展开的生态文明建设密切相关。边疆的地理位置、区域气候类型、民族与文化等具有多样性，战略性、边缘性、前沿性等特点突出。生物种类及生态系统也具有多样性，脆弱性特点也极为突出，这些特点使边疆地区生态安全、生态屏障及良好生态形象的构建，成为生态文明建设研究的重要任务。对于边疆历史上生态环境及其变迁史，梳理并总结其历史生态变迁、民族生态思想、本土生态知识及前生态文明时期的成果，是生态文明研究中极迫切但又薄弱的领域。目前中国生态文明论著多达十余万篇（部），但边疆生态文明或环境史、生态文化等的研究成果不到五千篇（部），数量比仅为 5%，从理论上进行系统研究的成果就更为缺乏。这使在生态文明制度建设、政策制定及具体措施的推进过程中所急需的资鉴性成果，在边疆、民族及区域生态文明发展乃至中华民族共同体构建研究中出现了比较严重的缺失，与生态屏障、生态形象的构建任务和目标极不匹配。生态文明时代对边疆生态研究成果的呼唤，成为推进边疆环境史学及其体系构建的最强音。

二、跨界中的头角初露：近代化以来边疆环境价值的凸显

近代以来，政治及思想意识形态、经济、文化、军事、信息、安全等层面的疆界，成为"边疆"一词的主要内涵——人类及其意旨下的边疆及其变迁，使人类的活动及其目的性内涵占据了越来越重要的位置。这是生物群

落及生态系统从自由发展向人为因素介入并逐渐改造、破坏边疆生态环境的阶段，在资源和利益争夺中，边疆环境变迁的趋势发生了前所未有的突变，科技及制度发挥了决定性作用，环境危机逐渐凸显。边疆环境成为典型的跨界问题，不仅政治、经济、文化、军事、教育等因素与环境紧密关联，新涌现的诸如跨境民族、医疗卫生、河流及其资源争端、国际法、国际关系等都与环境息息相关，都对环境产生了不同程度的影响。研究边疆环境史，不仅需要具备历史学、文献学、民族学、社会学、人类学、经济学、哲学、法学、美学等人文社会科学的专业知识、理论及研究方法，还需要理、工、农、医，尤其是生、化、环、材等自然科学的知识、理论、方法及研究结论，使生态与环境在更广阔的层面上，真正成为跨界的学科。

（一）边疆生态形象是近代国家及地区交往中环境价值的标志

在现当代边疆环境的急剧变迁中，区域生态环境成为国际、区域交往中不可或缺的链环，"环境外交"应运而生，边疆区域的环境状况、环境质量、生态形象成为环境外交的重要基础和支撑。一个国家及区域生态形象的塑造及构建，包括具体内涵、路径、方法、理论及其外交效应等问题，将不再只是生态文明及国家安全层面的问题，也是当代环境史研究中全新的难点、重点问题，将受到更多的关注——当然，历史时期国家及区域的生态形象研究及构建，也将是环境史研究的主要议题。

生态形象是指一个区域或国家呈现出来的生态环境、生态系统的组成、要素、存在性状和变迁形态，及其呈现出来的外观表象、外部形态、景致等的整体或零星的状貌，以及人们对其形成的印象、认知、评价，并以文字、音像、视频等媒介形式存在及传播所形成及构建起来的既具体又抽象的生态环境外观的集成表象体，是一个区域或国家的生态名片，能代表外界对该区域生态环境的存在状况、发展状态的评价及定位，在环境外交中发挥着举足轻重的作用。边疆地区的环境状况、生态系统要素及其质量、自然景观及其外化形象等，成为其他区域及国家了解该地区及国家环境状况、生态发展态势的瞭望口、展示区。因此，边疆地区的环境及生态形象的变迁历程，成为边疆环境史研究中的新问题、新难点。

不同历史阶段、不同区域的环境状况及发展状态、特点等都是不同的，生态形象也具有强烈的时代性。不同历史时期塑造了与当时政治、经济、文化、军事等密切相连的，具备当时文化构成、思想意识形态、文学内涵及情感表达、宗教信仰及习俗特点的生态形象，使生态形象具有历时性及区域性、民族性特点。时代的烙印及印迹在环境史时空中塑造了特色浓郁的生态形象，成为区域、国家环境价值的标识。

对这些问题的研究，有助于对不同地区、不同历史阶段的生态形象进行评估及准确定位，确定各地的环境形态、生态特征，改变目前环境史研究陷于环境破坏论的泥淖中不能突围的困境，突破中国环境史只研究环境变迁历史的单一层域而无法拓展及深化的僵化局面，使中国环境史学发展中的学术研究、人才培养及学科建设、理论及方法探讨进入全新层域和高度，是丰富环境史内涵及学科体系的内容之一。当然，这样的改变，甚至有可能会改变中国环境史、世界环境史乃至人类历史的书写及叙述范式。

因此，不同历史时期生态形象的研究，是丰富环境史研究内容的路径之一。而边疆生态形象的构建，是中国生态共同体、中华民族命运共同体形成过程中无法回避的问题，也是新时代生态文明建设的关键问题，使新时期边疆环境史学的发展有了新的突破口，更使国家及地区交往中的生态价值有了一种全新的展现方式。

（二）边疆地区长期存在的生态习惯及乡规民约具有基层环境法制的价值

边疆是多民族聚居区，异彩纷呈的民族文化在当前中华优秀传统文化传承中发挥着纽带作用及认同功能。其中，各民族的生态文化对生态环境的保护与保持发挥了积极影响，各民族的环境思想、行为、意识最具当代价值之处，是发挥了基层法制对环境保护及生态修复的约束及仲裁功效。

明清以来，乡规民约及习惯法相继在民族地区产生、发展，以保护森林尤其是水源林、神林及幼小动植物、水源、水利为主要内容。中国西南地区有苗、瑶、侗、壮、藏、仡佬、哈尼等三十余个世居民族，少数民族人口占全国少数民族人口的一半，桂、滇、黔三省份的少数民族人口分别居全国第一、第二、第三位。历史时期西南各民族与自然和谐共生，基于生存繁衍、发展进步的需求，结合聚居区的生态资源、宗教信仰，逐渐形成了具有地域特色、适合自然生态环境发展的习惯法或乡规民约，各民族世代遵守传承，是民族地区极具权威的民间法制，对环境及生态的价值尤其是对民族生存发展的意义有深刻认识，逐步形成了各民族共同遵守的基层法制。

近代以来，边疆地区的乡规民约及习惯法中的生态保护条规，在区域环境保护中仍然发挥了积极作用，尽管不同民族的习惯法及乡规民约内容各异，但都具有适合本地环境资源保护以及人与自然和谐共处的原则、规范等层面的约束内容，都对破坏环境、违背资源利用规约的行为给予不同的惩罚和制裁，发挥着基层法制的作用。其根本目标和价值取向与当前的环境法一致，很多环境习惯法及乡规民约是中国法律文化的重要组成部分，在生态文明建设及新农村建设中，对区域生态法治建设具有极大的实践资鉴价值，也能丰富中华多元法律文化的内涵[①]，促进当前中国生态法治的建设进程。

清代以来云南存在政府法规及民族习惯法、乡规民约在一个区域共存并行、相互包容、彼此依存的模式，规范着各民族世代传承的生态观念、生存理念、环境思想及其对森林植被的保护措施。其中最突出、对当代资鉴价值最大的内容，就是各民族适度采用、不取多于己需及对己无用的资源利用原则，不仅保护了当地的生态环境，延缓了生态恶化的进程，也使民族地区的生态环境长期保持着山清水秀的良好状态。广西、贵州等地的民族生态法制，多保留在明清时期的石碑上及民族文献中，对生态乡约及违规惩处的原则、措施能世代传承、得到尊奉，并以认同、支持官方法制的积极方式，获取地方官府的支持，得到了官方法制的认同及包容，形成了官方法制与民间法制共存并行的环保机制。这是基层环保法制的基础和核心，其对当代生态文明法制建设的资鉴价值不言而喻。

---

① 刘雁翎：《西南少数民族环境习惯法的生态法治实践价值》，载于《黑龙江民族丛刊》2016 年第 4 期。

可见，边疆民族地区民间环境法制的部分规约条款，与国家、国际生态法制的主旨及目标一致，也适合各民族的实际情况，惩罚措施也能为各族民众接受，规约执行的成本及代价较小，并在民族文化传承中内化到各民族的生产生活习惯中，达到了较好的本土环境保护效果。这为环境习惯法在当下的存续、传承提供了空间和可能，对当前生态文明法制及生态乡村的建设发挥了极大的资鉴价值，在生态法制的文明化进程中可以发挥积极的支撑作用。

（三）边疆生态在环境外交及国际关系中前沿地位及博弈价值的凸显

随着全球化的深入推进，环境污染、生态失衡、人口膨胀、粮食不足、能源短缺、资源枯竭等问题日益严重，其跨疆界特征及渐趋严重的国际、国内影响，使边疆生态的稳定、健康发展受到日益广泛的关注。很多环境问题逐渐越过自然生态疆界及国界，发展成国际问题，"上世纪（20 世纪）末以来，随着全球经济的快速发展，与之相伴的是严重的跨国跨境的环境问题"[①]，很多国界的犬牙交错区，因地理地貌、气候特征、生态基础、生态系统的一致性，成为同类环境危机爆发的地区，不仅国外的环境危机会影响到中国，中国的生态危机也可能会延续到邻国，"环境问题的跨境性特征，使中国环境问题有可能超越国界，影响到周边国家的生态安全"[②]，对中国树立生态责任大国的形象极为不利。

当今世界的跨国环境问题、资源环境的权益争夺更加突出，已经或正在发生的跨境生态危机，不再是某个国家和地区的事情，也不再是一个国家、地区能独自解决的事情，环境保护、生态治理及恢复需要多个国家、地区共同协作才能达成，建立跨区域、跨国界及多层次、跨领域的环境合作机制，成为环境外交的重要方式和解决生态危机的必由之径。环境外交也因此成为

---

① 具天书、邱道隆、张植荣：《环境外交：发展的动力学分析——兼论中日韩三国环境合作与问题》，载于《中国地质大学学报（社会科学版）》2012 年第 1 期。
② 齐峰：《改革开放 30 年中国环境外交的解读与思考——兼论构建环境外交新战略》，载于《中国科技论坛》2009 年第 3 期。

新型的外交理念及外交博弈方式和国际关系及国家安全格局中备受关注、举足轻重的内容。边疆的环境及生态状况在国际环境外交中处于前沿、核心地位，是重要国际环境争端、资源纠纷解决机制建立及实践的着眼点。

一方面，边疆环境变迁的历程中也存在跨界的环境问题，即历史遗留的环境问题也是当前环境外交中无法回避的问题。东南亚森林滥伐导致的生态破坏就是典型案例。越南、缅甸是亚太地区重要的木材生产国和出口国，其出口的珍贵木材如柚木、桦木和其他硬木在国际市场上颇具盛名。很多国家的木材进口都依赖缅甸，美国、欧盟、日本是其木材的主要出口国，缅甸森林乱砍滥伐的情况极为严重，森林储积量大幅下降，名贵林木以极快的速度消失。缅甸资源与环保委员会秘书长吴登伦指出，缅甸森林覆盖率在贡榜王朝（1752～1885 年）时曾占国土面积的 70%，1962 年下降为 57%，2005 年为 51%，2008 年为 24%，目前仅为 20% 左右，热带雨林面积日渐缩小，区域气候因此发生了明显改变。缅甸是保有亚洲仅存的几片天然雨林的国家之一，其生态破坏引发的灾难性后果，具有多米诺骨牌的连锁效应——环境灾难威胁到的不仅是缅甸，其邻国越南、老挝、泰国等东南亚国家，中国的云南、广西等地，甚至整个亚洲、整个地球的生态都会受到波及。

在世界各国尤其是发达国家积极关注环境外交，并将其作为解决国际争端及冲突的重要筹码之时，边疆地区的环境变迁在环境外交中开始成为敏感且被赋予了新时代标签的国际性问题。中国要在环境外交中占据优势及主动地位、承担大国的生态责任，在更好地治理、解决边疆地区存在的环境问题的基础上，还要进一步关注邻国的生态安全，建立与国际社会协调解决跨境生态问题的机制，制定国际环境法规，在边疆及邻近区域的环境保护、生态恢复、环境形象构建中积极作为，尤其是要树立环境公益、环境责任的意识，逐步建立中国作为环保大国的国际形象，赢得更加良好的国际声誉。

另一方面，环境外交成为跨学科研究的热点问题，当然也成为当代环境史，尤其是边疆环境史研究中不可或缺的内容。当代新型的国际外交，不仅有政治、经济、军事的角逐与较量，还包括环境与生态的制衡及仲裁。大国力量及国际仲裁权的博弈，已经部分转移到关乎人类可持续发展的环境及生态的话语权及其标准的控制上。

自 20 世纪 80 年代以来，环境问题从区域性的空气、水、土壤等环境污染和生态破坏，迅速演化为全球性的环境恶化和生态失衡、气候危机，出现了从局部向整体、从中小规模向大规模扩展的趋势。很多环境问题、生态危机逐渐从发达国家转移到发展中国家，且新型环境问题的复杂性和关联性也日益加剧，国际政治、军事领域对其的关注力度与日俱增。生态安全成为国际政治视野中非传统安全的主题，成为发达国家主宰世界政治经济秩序的新武器，成为发展中国家面临的新壁垒、新瓶颈。无论是国际投资、生产、贸易还是消费等，随时随处都能看见环境问题的身影①，成为新型国际竞争及制约的有力武器。环境外交的研究成为当代环境史、国际关系、环境伦理、生态治理及修复等研究中无法回避的问题。

边疆环境问题对以主权国家为主的传统世界秩序造成日益强烈的冲击和影响，成为国际冲突爆发的诱因之一，改写着国际关系的书写及记录规则，对主权国家和国际法构成挑战、对国际安全构成威胁，影响世界和平稳定及可持续发展②，成为大国外交的筹码，促使传统外交脱胎换骨，转型到以环境外交为核心的轨道上。一个个国际环境法则、协定得以订立、施行③，气候、能源、资源、环境、人口、空间和海洋的利用及矛盾调节等全球外交议程，与传统的军事安全、意识形态和领土纷争等问题平分秋色④。

环境外交已渗透到国际政治、经济、军事、科技、贸易、社会文化等各领域，对人类思维方式、发展模式、生活及消费方式构成全方位挑战⑤。各种重要的国际论坛无不涉及环境问题，一些国家的领导人和政治家竞相扛起环保、气候大旗，各种区域性和全球性的环境外交及对话平台日益增多，并

---

① 黄全胜：《环境外交综论》，中共中央党校国际战略研究所博士学位论文，2008 年，第 1~2 页。
② 丁金光：《国际环境外交》，中国社会科学出版社 2007 年版，第 36 页。
③ 黄全胜：《环境外交综论》，中共中央党校国际战略研究所博士学位论文，2008 年，第 2 页。
④ 王之佳：《中国环境外交》，中国环境科学出版社 1999 年版，第 34 页。
⑤ 张海滨：《全球环境与发展问题对当代国际关系的挑战》，载于《世界经济与政治》1993 年第 3 期。

趋于制度化、常态化①。在当代环境史的研究中，环境外交已成为无法回避的领域，边疆环境史在环境外交中的学理价值及支持地位不言而喻——只有在边疆环境史支撑下的环境外交，才能在了解环境史的基础上全方位评估及预判环境演变趋势，对跨界环境危机及时做出回应。

边疆及邻近区域环境问题及生态危机的解决，成为中国积极主动推行环境外交、改善中国生态形象、提高中国生态话语权、提升中国环境的国际地位及影响力的重要目标。边疆环境史学真正在跨界中崭露头角，进一步使环境史受到国际社会及公众关注，展现其不可忽视的学术价值及现实意义。

（四）边疆生态安全与生态屏障是国家发展战略中不可忽视的重大问题

"边疆"内涵的演变呈现出一个明显趋势——从自然层面的边疆到文化层面的边疆，再到自然生态边疆，反映出人类在自然界中地位的变化，即从弱小的、被动接受自然制约的个体，到科技支撑人类强有力地主宰、改变自然而成为"无所不能"的群体，再到在环境问题及生态危机、生态灾难中成为被动的、无能为力的庞大群体，边疆环境的地位及价值随之不断变迁。近代以来，边疆在环境史层面上逐渐成为区域、区际及国际生态的重要分界区或过渡区，生态安全、生态屏障成为边疆安全及防御中不可回避的问题，环境外交及生态形象成为新型国际关系及国家竞争的核心问题。

一方面，生态安全及生态屏障的研究将成为当代环境史研究的新主题。在领土及疆域概念明确的主权边疆及因文化泛化、民族界限削弱的模糊边疆的交错状态下，生态变迁及其安全成为影响国家及国际社会稳定的关键因素，边疆因此变得异常敏感。生态边疆的嵌入，既表现了自然力的强大、对人类生存与发展的制约，也表现了生态在区域及国际生态变迁、国家及国际社会经济发展中具有的举足轻重的作用，其具有的生物及生态系统的分界、屏障功能使边疆成为跨区、跨国生态变迁的脆弱及敏感区域，在当代环境史的书写中，生态屏障及生态安全成为国家安全战略中必须直面的

---

① 黄全胜：《环境外交综论》，中共中央党校国际战略研究所博士学位论文，2008 年，第 2 页。

问题。

　　随着生态边疆界线的打破，生态安全成为威胁当前国家安全、社会稳定的关键要素之一。近年来，边疆地区存在的跨界环境问题及生态危机逐渐增多，尤其是通过边疆地区入侵的物种、各种动因造成的人为生态破坏，正日益严重地威胁本土生态系统，成为生态安全、生态屏障的最大隐患。这就促使边疆地区尤其是跨境区域的生态环境及其变迁状况、变迁趋势，成为目前环境外交中最敏感、最紧迫的问题，生态安全、生态屏障的概念及其防御理念、措施、政策等，也成为环境保护、生物多样性保护研究中最受瞩目的关键词，高频率地出现在国家决策、国际关系及环境外交中。

　　边疆是生态安全及生态屏障的核心地带，边疆生态屏障及其安全的历史变迁状况与影响，使边疆环境史研究的学术价值及服务现实的使命感、责任感进一步增强。边疆作为从传统的领土、疆界层面上的自然分界线到具有政治、军事、文化、民族内涵分界线的概念，再到作为一个集中并融合了多维内涵的特殊区域，在其环境及生态属性凸显之际成为物种迁移、流动及入侵的首要之区，导致本土生态系统的崩坏，见证了边疆社会及自然环境变迁的重大历史事件及变迁历程，记录了特定区域人与自然互动关系的变迁史，这使边疆环境史学的内涵、范畴不断拓展，现实资鉴价值日益提升。

　　另一方面，边疆作为物种入侵的前沿，引发了一系列的生物灾害，使边疆地区物种生态史、生物灾害史、本土生态文化及灾害文化等领域的学术价值与现实意义日益凸显，与此相关的生物多样性变迁、生态安全演变史的研究，生态屏障的变迁及在自然生态疆界中价值演变历程的研究，也将受到环境史及更多学科的关注，研究成果也能在更大程度上服务于国家战略。

　　总之，只有国家和区域生态安全得到保障，生态屏障发挥其积极的生态系统分界、防护的功能，国际及国内进行的环境保护、生态治理及本土生态系统恢复并发挥其生态服务功能的目标才能实现，生态文明建设及生态命运共同体目标的实现才有可能，"绿水青山就是金山银山"的真正内涵及对人类社会可持续发展的价值才能更好地体现出来。而在这些目标的实现及概念的丰富过程中，边疆是一个不能缺席的概念及区域，边疆地区环境史的研究不仅是一个区域性的学术问题，而且是一个涉及国际关系、环境外交、生态安全及生态屏障建设等领域及层级的问题，还是一个关乎国家战略及建设生态安全与生态屏障层面的重大问题，具有了学术研究及现实资鉴的价值。

三、回归与开拓：边疆环境史学的兴起及研究视域的扩展

鉴于现当代边疆环境的价值及作用，必须在学术及学理层面解决一个问题，即在环境史、边疆学、安全学、生态学、灾害学、环境管理、环境外交、环境法、生态文明等人文学科乃至自然科学中，给边疆环境史提供一个醒目的位置，使环境层面的边疆，回归其自然的本位并发挥相应的价值，丰富、开拓环境史学科的新内涵、新领域，夯实边疆环境史的基础，拓展其学科视域，成为当前新文科建设的典型案例。

（一）边疆环境史的回归：边疆环境及其变迁史在学术研究中价值的凸显

从学术层面上开展边疆环境史研究，能够在学理上为边疆生态安全及社会、经济稳定提供理论及实证层面的支持及资鉴，为生态文明尤其边疆生态屏障建设提供历史依据，为生态安全、环境外交提供理论及案例的支撑。

首先，边疆环境、生态的功能及其服务价值凸显。不同历史时期在边疆地区进行的政治、经济、军事、移民等活动，都是在自然环境中形成及演绎的，都是在一定的环境基础上存在及展开的，并受到诸如气候、疾病、物种等不同环境因素的制约及影响。在当前全球不同层面上呈现的生态危机及环境问题尤其是物种灭绝危机日趋严重的时刻，边疆生态、环境的内涵与范畴也随之日益丰富，其具有的生态价值及政治、外交、安全的功能也日益凸显。

自然环境是一切历史事件进行及发展的基础，无论是领土、政治、经济、军事、民族、资源，还是文化、艺术、思想、信仰、心理、认知层面上的边疆的形成及建构过程都是在自然环境中完成的，在具有自然环境内涵的同时，也对自然环境及其生态系统造成了不同程度的影响。因此，从环境史

视角看待及研究边疆①，不仅能在一定程度上弥补、纠正、深化其他视角研究中存在的不足及缺漏，也能最大限度地突破人类中心主义及生态中心主义的桎梏，将人作为生物界一个需要生存、需要与其他生物相互依赖才能发展的种类，关注除人以外的生物及其环境在边疆历史发展进程中的作用，才能更全面、深入地看待边疆历史发展及其变迁动因与深远影响，认识边疆环境及其生态安全在区域生态系统稳定、国家生态安全乃至国际关系中的重要地位，实现人与自然和谐共生的目标及理想。

目前，人类社会已被重重的生态危机包围，边疆已经具有了生物群落、物种、生态链、生态系统等内涵，以山川箐谷、河湖泽溪等自然地理的天然分界线确立的边疆，仅在一定程度上作为自然界生物及其生态群落、生态系统的分隔线，边疆的人文属性及功能被强化，边疆生态学、边疆环境史、边疆生态安全、边疆生态屏障、边疆生物类型学等成为格外凸显的名词，在边疆学及其相关问题研究中成为不能回避也无法忽视的问题，即边疆环境及生态变迁在边疆史、边疆学构建中的价值，值得以新的视角给予关注。

其次，边疆环境史所包含的多样性内涵，可以丰富环境史学的学科基础，使环境史研究的内容、对象及主题、理论、意义等问题得到拓展、丰富。边疆地区因自然生态环境保持相对较好、自然物种保存最多而成为生物多样性特征最突出的地区，但因全球化的深入、交通及通信等高科技的发展而成为物种越界迁移、入侵的高发区，引发了区域环境的剧变及本土生态系统的崩溃。边疆环境史成为边疆史、环境史研究中不可或缺的领域，并因边疆生态安全关系到地区、国家社会经济的稳定及外交、国家安全等，具有了国家战略的性质，是环境史研究中应拓展及深入的领域。

至此，边疆环境史研究的要素、内涵及价值、意义等，就进入了历史、政治、经济、生态、地理、资源环境、管理、安全、国际关系、战争、外交、法律、制度、灾害等学科的视域，并在学科建设、学术研究与社会实践中发挥着不可替代的作用，开始回归其应有的自然及生态位置，成为政治

---

① 周琼：《环境史视域中的生态边疆研究》，载于《思想战线》2015 年第 2 期。

学、外交学、法学、边疆学、生态学、安全学等人文社科领域研究中无处不
在的关键点，这使当代生态文明建设中的生态形象、生态屏障、生态安全、
生物灾害防治等理念有了基础的学术支撑点。

（二）边疆环境史基础的夯实：本土及民族传统生态文化内涵的提升

边疆民族传统生态文化极为丰富，各民族传统的生产、生活方式及其生
态认知、生态思想、环境行为等，在区域环境保护中发挥着积极作用，对区
域生态变迁产生了重大影响。目前虽然有不少学者对边疆民族地区的传统生
态文化做过调查、资料收集及研究，一些部门及环保人士也注意到了传统生
态文化对当代生态文明建设的积极作用并进行了研究，但具体政策的落实还
存在诸多制约，传统生态文化的内涵与实践转化、内容提升也未深入展开，
这使传统生态文化的发掘停留于表层，边疆地区的生态治理及环境恢复成效
有限，特色及优势发挥应注重以下几个方面的工作：

首先，挖掘及塑造边疆地区本土性、传统性特点浓厚的生态文化内涵。
边疆民族地区的环境问题及环境危机的出现，并非一朝一夕之事。近年来，
边疆民族地区开展的自然保护区工程、天然林保护工程持续推进，成效显
著。但生态危机还是时有爆发，究其原因，与部分政策及措施不适合边疆地
区的生态基础及环境修复、治理的实际需要有密切关系，更与政策与措施脱
离甚至背离本土生态系统恢复的实际需要有密切关系。同时，部分传统生态
文化的内容因不适合当代生态治理的实际需要而被弃置，其部分理念、行为
模式与现代环境保护及治理的需要相距甚远，这使边疆地区本土生态文化的
优势没有得到认同及体现，其内涵提升及文化适应等工作没有系统深入地开
展，也就没有转型成为适应新时代生态环境治理及恢复需求的新型生态文
化。这是边疆地区一些老大难的环境问题长期存在的原因。因此，应结合当
前的生态文明建设，制定完善的环境制度，建立严密的大数据管理、监测机
制，充分借鉴边疆各民族全民参与环境保护、敬畏自然生灵的做法，借鉴其
生态恢复的传统经验及措施，在进行环境保护、生态治理及恢复、构建生态
安全屏障的同时，重构新时期边疆生态及环境修复的新机制，转化、提升边

疆地区生态文化的内涵，将各民族对森林、河流、土地、井泉湖潭、草场、沙漠、湿地、冰川、动植物等自然资源的认识了解和对资源适度利用的原则及途径，以适合现代科技文化及当代理念的方式展现出来，成为生态文明时代新生态文化的组成部分。

其次，提升、转换边疆生态文化的叙述、传承方式，重塑各民族生态文化在环境保护实践中的新形象、新机制。边疆民族对大自然充满了敬畏，崇拜养育他们的自然山水、森林土地，还崇拜给各民族提供生存资源的动植物，使自然环境及其要素成为具有文化象征属性的生态传统文化的组成部分，并在区域生态环境保护中发挥过积极作用。如一些民族认为山有山神、树有树神、田有田神、水有水神，在打猎、伐树、开田时都要祭谢神灵，这种对自然资源神灵的信仰及崇敬，有效地保护了自然资源及物种数量，维持了自然界的生态平衡①。因此，提倡、鼓励其对自然的敬畏思想及感恩自然、保护环境的行动，以环境的和谐、持续发展为原则，促使这些思想、认知及实际行动转化成当代生态文化的重要内容。但部分行动却不完全适合当代生态治理及修复的实际需要，不具有可操作性，应该有选择地摒弃不适宜当代文明实践的内容，选择并保留有益于本土治理的措施及文化内涵，重新构建既具有本土特色，也具有可实施、可推广性的新生态文化内涵。如金沙县平坝乡苗族一直秉承"树与人一样，没有兄弟伙伴依靠就不能生活，也长不成材。野草杂木、山野中的鸟虫等一切都是树的亲密兄弟，若排除了它们，有生命情感的苗木，就会孤独难受而难以长大，甚至会死掉"②的理念，提倡用本土树种培育新林，既保护了环境，也保证了本土生态资源的持续发展，是一种值得推广的本土生态恢复措施，值得当代生态治理者借鉴，是当代生态文化建设应推广的内容。边疆民族在农业耕作中的绿肥堆积及使用方法，是现代绿色有机农业最值得挖掘及推广的文化内涵，滇黔桂地区的哈尼、

① 安颖：《少数民族生态文化之理性思考》，载于《野生动物杂志》2008年第5期。
② 范波：《贵州少数民族生态文化探析》，载于《贵州民族大学学报（哲学社会科学版）》2017年第6期。

壮、苗、瑶、傣等民族积累了积绿肥施之于田的方法并代代传承，哈尼族、傣族把野生植物泡在稻田内，腐烂后作为绿色肥料肥田；壮族每年农历四月进行"砍绿肥"活动，到深山里适度收集蕨类、树枝等易腐枝叶，将其打捆埋于泥中或湿土里，经半个月左右的发酵、腐烂后就成为绿肥，农历八月再将其施于稻田中。这种无化肥农药污染、自然资源再次回归自然的天然有机绿肥的制作及使用方式，正是当代有机、绿色肥料的核心内涵，也是最需要提倡的传统生态文化。因此，发掘及重新构建边疆民族地区本土、传统的生态文化内涵，并对其进行适当的提升、修正和优化后，必定会成为内涵更为丰富、理念更加适用的生态治理、生态修复乃至学术研究的重要内容，成为推进边疆环境史、民族地区生态文明建设的强有力支撑。

最后，保留、弘扬、传承边疆地区生物、生态系统及其文化多样性的特点，制定一整套具有本土特色、适合边疆地区各民族全民参与生态保护及修复治理的规划和机制。各民族的生态文化是在与自然共生的过程中形成的，具有浓郁的地域特色，乡土性特点极为突出，不仅生态知识、生态观、生态行为具有鲜明的地域特色，生态法制、禁忌、信仰等也具有较强的地域性及民族性。且边疆地区处于生态边疆、生态屏障的关键位置，生物多样性特点突出，生态基础脆弱，一旦被破坏就无法逆转。但这些地区经济社会发展水平总体滞后，面临着既要保护生态环境又要加快经济发展、改变落后现状的双重压力。在资源约束趋紧、环境污染加重、生态系统退化形势日益严峻的情况下，应发挥边疆各民族传统生态文化及治理机制的优势。以生态文化及其行动保护生物及生态系统多样性的人文基础，势在必行。因此，边疆地区面临着既要实现生态环境和生物、生态系统多样性资源的有效保护，也要在当代经济社会建设中发挥重要的生态服务功能的任务，因此要在行动上更要在政策及处罚措施上建立严格的生态制度，彻底摒弃生态保护让步经济发展的决策思路[①]，还要在推广、普及传统生态理念及文化措施的基础上，制定

---

① 张昌山、周琼：《弘扬民族生态文化　推进生态文明建设》，载于《云南日报》2017 年 3 月 17 日。

出适合边疆地区生态保护及修复治理的规划及政策措施，发扬各民族全民参与、遵从生态法制的优良传统，在更广泛的层面上实现人与自然和谐共生的文明的生态命运共同体愿景。

（三）环境史视域的拓展：边疆环境变迁史及其研究新领域的开拓

在环境史学面临新机遇、新挑战之际，在边疆地区生态环境的学术及实践价值日益凸显的时候，边疆环境史应该受到更广泛、深入的重视。边疆、生态、环境、区域、国际化、外交、安全、屏障等概念，在全球化视域中早已不再是孤立的存在，也不是微观层域里的僵化词汇，而是在宏观层域里沟通历史与现实、区域与国家、边疆与整体的相互联系。

边疆在环境史层面上也是区域、区际及国际生态的重要分界区或过渡区，边疆生态环境的改变和生态系统的崩溃及其引发的系列问题，成为全球区域环境隐患最严重的地区之一。边疆环境及其生态变迁史无疑是边疆研究中不可或缺的、基础性的内容及领域，也应该是环境史研究中亟须系统开展的领域。边疆生态的可持续发展受到的威胁及其导致的系列后果，使边疆地区的生态屏障、生态安全成为关系到区域、国家生态系统稳定乃至国家安全的重要问题，因此，应从国家战略及国际关系的高度重视边疆环境、生态及物种的变迁，从国际环境史视域关注边疆的生态治理、环境修复、生态安全、物种入侵及其防治等问题，将其作为环境史学深入、拓展的领域。

边疆地区保留并传承了相对完整的环境治理、生态修复及保护的思想、措施、制度与文化等，不同民族和区域在生态保护及本土生态系统维持中的成功经验或失败案例，是环境史研究中较有价值的议题。发掘边疆各民族与环境及各生态要素和谐共生、适度利用自然资源并维持生态系统稳定发展的历史文化内涵，有助于目前环境史研究突破人类中心主义或生态中心主义的桎梏，在理论探讨、方法及路径拓展、领域创新上突破被既有路径及范式围困的局面。早期族群在与环境相依存中总结出的方法、经验、教训，从中衍生出的边疆民族的环境意识、认知、信仰、习俗、禁忌、制度等，是不可多得的财富，值得抢救性发掘整理并进行转型、文化适应等方向的深入研究。

环境史是研究生态环境在与人的互动中、在自然变迁及演替的历程中，不断以优化或劣化的方式变迁的学科。尽管在不同类型的史料中，都可以轻易找到很多人类破坏、毁灭环境的证据，使环境衰败论似乎有了依据，但人类在生产生活中有意或无意进行的环境优化、改造、治理、修复、保护等活动，建立了较好的制度和实践措施、系统的思想和代代相传的环境认知与理念，形成了良好的生态文化。然而，它们在环境史学的殿堂里尚"待字闺中"，如果对这些领域进行开拓性的研究或是抢救性的调查，则可以很好地弥补缺憾，拓展环境史学研究的新领域。

四、余论：边疆环境史学不能忽视整体关照

毫无疑问，除了陆地边疆的环境变迁史外，海疆及其更为丰富深邃的海洋环境变迁史也日益成为环境整体史研究中更具魅力的部分。虽然南方热带亚热带的边疆环境变迁与北方温带及寒带的边疆环境变迁有着迥异的差别，陆地边疆的环境变迁与海域边疆的环境变迁也存在天壤之别，但差异性及多样性、复杂性，才是自然生态环境原本的存在及发展状态。

强调边疆环境史的学术价值及其在现当代生态文明实践与研究中的意义，难免让人产生边疆环境史"王者归来"的错位印象。但边疆环境史的价值及地位再重要，也只是中国、世界整体环境史的一部分，绝不是全部也不可能代表全部，就算其内涵、研究对象、实践案例非常丰富并具有一定的代表性，也不可能改变其局部及区域的位置。因此，关注区域环境史的特殊性及代表性时，不能忽视了整体、宏观环境史研究的初衷及目标。

做任何微观的、具体问题的研究，都应该具有全球环境及其生态整体史观的理念。世界环境、中国环境及其变迁史，一直以来都是在一个大的系统、在一个相互依存的地球整体环境中进行的。整体的环境史及其变迁趋势，决定着局部及区域性的环境变迁方向。任何局部性、区域性的变迁，都会对整体产生不同程度的影响，任何短时段或中时段甚至长时段的变迁，都会对整个地球生态产生或大或小的影响，尽管影响的结果在很多时候是不为

人知的, 也没有留下任何记录, 但不能就此否认这些影响的存在。

　　研究、发掘边疆环境史的具体内容, 是补充、丰富及扩大中国环境史研究视域及路径的途径之一。边疆环境史的学术及实践价值的论证, 绝不是一家独大, 更不是要证明其他区域环境史的内涵及价值不重要, 而是为了重新审视一度被学界有意无意忽视了的边疆的区域性价值, 并尽可能多地发掘其内涵, 保留及记录下那些即将在全球化影响下消失的本土的、多样的、传统的生态文化和环境变迁史的独特案例, 以充实、丰富整体环境史的内涵, 改变当前陷于僵化的环境破坏论的桎梏和瓶颈效应, 从中发现新的研究内容、研究领域甚至新的研究方向、研究路径, 扩大环境史的学科框架及内涵。

　　边疆环境史与中国环境史必然是边缘与中心、区域与整体的关系, 边疆环境史经历了一个从被无意识忽视到有意识重视的过程, 其最终目的是促进整体环境史学的发展, 推动学界乃至公众树立一种全球生态整体的意识与思维, 为建设生态命运共同体提供范本。只有全社会都具有了生态整体及各环境要素、生态系统相互依存的理念, 才能制定出适合各地实际需要的、有助于本土生态系统持续发展的政策及制度, 也才有可能有多样性的生态系统和维护措施, 人与自然和谐共生的生态文明时代才能真正到来, 人类命运共同体的愿景也才能实现。

"东北区域环境史"研究体系建构及相关问题[*]

滕海键

就目前国际国内的学术动态和发展趋势而言，广泛开展和深入推进东北区域环境史研究极为必要。东北区域环境史是东北地方史研究的重要组成部分，深入开展东北区域环境史研究能够为传统的区域史研究提供新视角、新思维、新范式和新方法，能够切实推进东北区域史研究上升到新的高度[①]。

对于东北史研究中关注自然生态的重要性，王绵厚认为，传统的东北史研究受近代边疆史地学的影响，多重舆地、人文、民族等，而相对忽视自然生态和文明起源问题。这反映了旧式人文学科轻视自然科学传统而将山川物产等归于"方志学"。他提到几部东北史著作中唯有李治亭主编的《东北通史》在前言中强调了自然地理的重要性。"长期以来，我们研究古代史或古代诸民族，往往忽视人类生存与发展的自然环境，视为可有可无，对历史的分析和认识，就难以达到深刻。"[②] 他强调，要使东北史研究达到深刻，就必须关注自然生态的历史变迁。他强调自然生态是今后东北史研究中应予高度重视的新领域[③]。作为研究东北史的资深学者，王绵厚充分认识到了传统东

---

[*] 本文以《"东北区域环境史"研究体系建构及相关问题探论》为题发表于《内蒙古社会科学》(汉文版) 2020 年第 2 期，编入本书时内容略有修改。

[①] 笔者建议采纳"东北区域"这一概念和提法，强调"东北"在生态环境和文化上独特的区域性特征。

[②] 李治亭主编:《东北通史》，中州古籍出版社 2003 年版，第 4 页。

[③] 王绵厚:《立足地域文化研究前沿 把握东北史研究的若干重大问题》，载于《东北史地》2013 年第 1 期。

北史研究缺乏生态意识的局限，并且为今后的东北史研究提出了方向指引。

不过，王绵厚只是强调东北史研究中应重视"自然生态"，他所讲的"自然生态"可能与环境史学者所讲的"环境史"内涵有所不同。环境史研究不单关注自然生态，更要研究作为生物的人与生境的关系。

要构建东北区域环境史的研究体系，首先需要明确东北区域环境史研究的时空框架并尝试做出历史阶段划分。在大力开展环境史资料收集、整理和研究工作并积极了解、学习和借鉴国外环境史学理论成果的基础上，深入开展东北各"亚区域"不同时段的环境史专题研究，最终才有条件建构东北区域环境史通史。真正把东北史作为一门学科展开研究不过是近百年的事①，而东北环境史起步更晚。当充分认识到加强东北区域环境史研究的重要性，认识到这是开辟东北史研究新领域、推进东北史研究上升到新高度的途径，认识到位是开展和做好东北区域环境史研究的前提。

一、东北环境史的时空框架和历史分期

"东北"不是一个方位词，它具有"边疆"内涵，处于"中国"的东北部，属于"中国"。"东北"一词由来已久，但用来概指东北三省则是较近的事情。抗日战争时期，著名东北史专家金毓黼先生针对日本将东北称为"满蒙"并欲吞之的企图，明确提出采用"东北"的称谓。他讲到，对于东北地区的称呼，比较恰当的有五种，辽东、辽海、安东、盛京、东三省，但只有称"东北"最为确切②。这一意见得到了国人的普遍认同。

东北史叙事从何开始？根据目前的考古资料，最早可追溯到距今 50 万～14 万年前的"庙后山人"（本溪），其后有距今 28 万年的"金牛山人"（营口），距今 4 万～2 万年前的"仙人洞人"（海城）和距今 7 万～5 万年的

---

① 李治亭：《东北地方史研究的回顾与展望》，载于《中国边疆史地研究》2001 年第 4 期。

② 王夏刚、曹德良：《抗战时期金毓黼东北史研究述论》，引自大连市近代史研究所、旅顺日俄监狱旧址博物馆编：《大连近代史研究》（第 6 卷），辽宁人民出版社 2009 年版，第 498 页。

"鸽子洞人"(喀左),这些文化遗址均位于辽河流域,是迄今发现的距今年代最久的东北人类遗存。据统计,辽宁已发现的旧石器人类活动遗址有60余处①。整个东北发现的新石器文化遗存更多。东北区域环境史叙事自然要追溯到这个久远的"考古时代",由于迄今已取得了大量环境考古资料,研究东北远古时代尤其是新石器时代的环境史已具备了一定条件。

关于"东北区域"应包括哪些地区是要明确的。以往的东北史研究讨论过这个问题。据孙进己概括,有关东北史的研究范围长期以来有两种意见:一种认为应以历史上各个时期中央王朝的实际管辖范围确定(包括北方民族所建的区域性王朝);另一种认为应以现今中国的领土管辖范围确定,而不考虑历史上这些地区是否归属当时的中央王朝②。

环境史视角中的"东北区域"首先是一个自然地理概念,大体包括大小兴安岭地区、长白山脉地区、燕山山脉以北地区,以及由四大山系包含的东北平原,这是一个相对独立的生态区域。这个区域与现今的东北(东北三省、内蒙古东部及河北省东北部)大体吻合。1949年以前,作为一个政治或边疆概念,东北区域的空间范围是不断变化的。无论是"传统"东北史研究,还是新兴的环境史研究,都必然涉及历代东北疆界问题。理论上,环境史要超越以国家主体的叙事思维③,以自然而非政区为界限;但在史料来源和具体操作层面,可能需要将两者结合起来。总之,需要综合考虑自然、人文地理和"边疆"因素,历时地确定环境史研究中的东北区域。

作为一个生态区域,东北地区的自然地理环境有其独特性,所处纬度较高,温度较低,很多地区历史上曾为渔猎游牧民族栖息地。《盛京通志》开头写道:"(盛京、东北)形势崇高,水土深厚……山川环卫,原隰沃臃,洵华实之上腴,天地之奥区也。"这里用"山川环卫、原隰沃臃、华实上腴、

---

① 周连科主编:《辽宁文化记忆——物质文化遗产(一)》,辽宁人民出版社2014年版,第7~43页。

② 孙进己:《东北史研究中的若干理论问题(上)》,载于《东北史地》2012年第5期。

③ 郑毅:《多维度视域下中国东北史研究的思考》,载于《黑河学院学报》2018年第9期。

天地奥区"十六个字言简意赅地概括了东北区域的自然环境特征①。

东北区域为群山环绕：东部为沿海山地，包括长白山脉及其两侧的谷地；北部为外兴安岭及小兴安岭山系；西部为大兴安岭山脉，西南屏依燕山，南濒渤海。因三面环山，一面临海，受季风气候影响较大。水系发达，自北向南有黑龙江、松花江、辽河、鸭绿江及图们江水系等。地形地貌以山地平原为主，中部为广袤的东北大平原——松辽平原，包括辽河平原、三江平原和松嫩平原。周围为山地丘陵，包括辽西、辽南和辽东山地丘陵，兴安山前山地。西部衔接两大草原——科尔沁和呼伦贝尔大草原。植被以森林草原为主，野生动物种属丰富。所跨纬度大，南北温差和降水变幅较大。

东北区域的自然环境既有统一性又有多样性。根据各地气候、地形地貌和植被等自然环境的差异，可分出几个"亚区域"。这些"亚区域"在不同的地理和自然环境基础上，历史上形成了不同的生业模式和经济类型，孕育了不同的民族文化和乡土民俗，形成了各具特色的地域文化，也演绎了丰富多彩的人地关系史。大体来说，东北区域的东部和东北部多山地河谷，植被多为茂密的森林和草原，生业以渔猎为主，代表着东北地区固有的文化传统，这里曾是肃慎、挹娄、勿吉、靺鞨等民族的栖息之地；西部和西北部为平缓的高地和高平原，植被以森林草原和灌丛草原为主，历史上曾是北方游牧渔猎民族——东胡、乌桓、鲜卑、契丹、蒙古诸族活跃的地区；西南部以浅山丘陵为主，植被稀疏，这里较早发生了农业，是农牧交错区；中部平原为多种经济形态过渡区，历史上曾为秽、貊族之夫余，高句丽诸族栖息之地②。当然，这只是一种粗线条的宏观概括，具体历史要复杂得多。

---

　　① 参见王绵厚：《纵论辽河文明的文化内涵与辽海文化的关系》，载于《辽宁大学学报（哲学社会科学版）》2012 年第 6 期，"特稿"第 11 页。《（乾隆）大清一统志》和《（嘉庆）大清一统志》也有相似的记载，如"盛京形势崇高，水土深厚，长白峙其东，医闾拱其西，沧溟、鸭绿绕其前，混同、黑水萦其后。山川环卫，原隰沃饶。洵所谓天地之奥区神皋也"。

　　② 参见孙进己：《东北史研究中的若干理论问题（上）》，载于《东北史地》2012 年第 5 期；王景泽、史向辉：《论中国古代东北史研究》，载于《文化学刊》2008 年第 2 期；郭大顺、张星德：《东北文化与幽燕文明》，江苏教育出版社 2005 年版，第 3 页；苗威：《东亚视角与中国东北史释读》，载于《东北史地》2013 年第 2 期。

迄今学界尚未有人论及东北区域环境史的分期问题,目前探讨这个问题也许为时过早,但笔者认为还是有探讨的必要。在讨论这个问题之前,需要首先回顾一下学界针对东北史分期的主要意见,因为两者是有联系的。

金毓黻先生在《东北通史》一书中以民族变迁为线索,将东北历史划分为六个阶段:汉族开发时代,东胡夫余二族互竞时代,汉族复兴时代,鞑靼契丹蒙古互相争长时代,汉族与蒙古女真争衡时代,东北诸族化合时代①。佟冬主编的《中国东北史》以中央王朝为主线,同时考虑到东北地区社会形态演变的特点,将东北历史划分为四个阶段。薛虹、李澍田主编的《中国东北通史》以民族政权和社会形态的演替为线索,将东北历史分为六个阶段②。程妮娜在《东北史》一书中以民族政权更替与王朝兴替和政策演变为线索,将东北历史划分五个阶段③。

对于上述分期,孙进己先生表达了不同看法,并提出是否可以把东北史分为以下几个时期:原始时期,东北各地区的旧石器和新石器时代至中原的春秋时代为止;东北进入文明时期,从西到东时间并不相同,大约是从中原的战国、燕开发东北开始;东北各族文明的发展时期,从南北朝开始,一直到清朝中期,其间南北朝到隋唐可作为前期,辽金到清可作为后期;清代中期开始,东北各族已逐渐大批进入中原,中原汉族大量迁居东北。生活在东北的各民族在文化上经过长期的交流和融合,已经趋于一致④。

无论是对东北史通史还是东北区域环境史进行历史分期,首先要找到和确定某种标准,然后才能据此做出分期。环境史要考察和研究历史上人与生境的互动关系,不但要掌握研究区域的"人类史",还须了解"生境"变迁史,环境史分期须兼顾"人类史"和"生境"变迁史的阶段性特征,并将两者结合起来,根据两者关系的阶段性特征,确定环境史的历史分期。一方

① 王夏刚、曹德良:《抗战时期金毓黻东北史研究述论》,引自《大连近代史研究》(第6卷),辽宁人民出版社2009年版,第500页。
② 薛虹、李澍田:《中国东北通史》,吉林文史出版社1993年版,导言。
③ 程妮娜:《东北史》,吉林大学出版社2001年版。
④ 孙进己:《东北史研究中的若干理论问题(下)》,载于《东北史地》2012年第6期。

面，环境史分期需要考虑传统历史的分期；另一方面，环境史在理论上不能单纯以王朝或社会形态的更替和演变、文明的发展和进步为分期标准。此外，环境史也不能单纯以"自然环境变迁"为分期标准。

这里的人与生境关系的阶段性特征具体所指为何，究竟如何确定，是需要认真探讨和深入研究的。有一种提法称为"以人与自然环境的和谐与否"为标准，将东北区域的"环境史"分为两个阶段：从西周至晚清的3000年间为生态与文明处于大致和谐的阶段；19世纪60年代至20世纪后期的百余年间，东北的生态文明在显现出耀眼光环的同时，也向世人发出了警示的信号[①]。但是这种"生态与文明"大致"和谐"的提法过于主观，而且具体何为"和谐"，何为"不和谐"，也是难以把握的。

综合环境变迁与历史发展及人与生境关系的演变，我们对东北区域环境史进行如下分期：距今50万年前的"庙后山人"至距今万年前后为第一个阶段；距今万年前后至距今3500年左右为第二阶段；距今3500年前后至公元10世纪为第三阶段；公元10世纪末至清末为第四阶段；晚清民国为第五阶段；20世纪中叶至70年代末为第六阶段；20世纪80年代以来为最近阶段。这个阶段划分还是带有很大程度的主观性，抛砖引玉，仅供参考。

二、东北环境史的论题与研究内容、框架与线索

环境史要研究作为生物的人类与其栖息之地——生境的关系，这是一种双向互动关系。要研究这种互动关系，首先需要了解特定区域的环境变迁史。环境史学者研究环境变迁的目的并非单纯地研究环境变迁，而是要试图说明这种变迁对人类历史的多方面影响。由此，无论是自然环境诸要素还是作为整体的自然生态系统的历史变迁，都将纳入环境史学的考察视野。

自然生态系统是由地球各圈层如岩石圈、水圈、大气圈、生物圈等组成

---

① 黄松筠：《东北地区生态文明特点及历史成因》，载于《社会科学战线》2014年第8期。

的，这些圈层包含着多种多样的自然环境要素。就自然特征及其对人类社会的影响而言，气候是最活跃的、居于首位的自然要素，气候在很大程度上决定着其他自然要素的变化和状态，气候通过改变水热条件进而影响人类的生计和生活。气候变迁对人类的影响在高纬度的东北区域尤为突出。从既有研究成果来看，对史前时期的研究很多出自地学、历史地理学、环境考古学等相关学科，目的在于了解当时的气候特征及其变化，并未重点探讨气候变迁对人类社会的影响，有一些研究所跨时段很长①。历史时期的相关研究主要依靠文献资料②，部分成果单纯探究气候变迁，也有不少研究成果着意探讨气候变迁对人类社会的影响③。气候变迁对人类社会影响的研究是今后要着力加强的方面，发掘更多论题。明清以来我国以"小冰期"著称，这在东北表现得非常明显，应加强对明清以来气候变迁对东北地区社会变迁影响的研究。

其他诸多自然要素的历时性变迁及其对人类社会的影响也需要逐步开展研究。一是要研究水文水系的变迁，包括江河溪流的改道、湖泊的消长及其对人类社会的影响。对东北主要水系的研究，包括对黑龙江、松花江、辽河、图们江、大小凌河水系及其支流的变迁，渤海的升降和海岸线的变迁及其影响等。二是要研究地形地貌和土壤的变迁及其对人类社会的影响。夏正楷等对西拉木伦河流域黄土地貌因水流冲蚀导致梯次台地的形成，进而对考古文化演变产生影响的研究颇为典型④。三是要研究包括森林、草地、野生动物在内的动植物的变迁及其对人类的影响。东北历史上素以渔猎文化著称，从长白黑水到辽西南部的广阔地域，历史上曾栖息着种类繁多的动植物，为先民提供了丰富的衣食来源，然而自晚清以来很多地区的生物锐减，

---

① 例如，中国科学院贵阳地球化学研究所第四纪孢粉组、C¹⁴组：《辽宁省南部一万年来自然环境的演变》，载于《中国科学》1977年第6期。

② 例如，邓辉：《论燕北地区辽代的气候特点》，载于《第四纪研究》1998年第1期。

③ 满志敏、葛全胜、张丕远：《气候变化对历史上农牧过渡带影响的个例研究》，载于《地理研究》2000年第2期。

④ 夏正楷、邓辉、武弘麟：《内蒙西拉木伦河流域考古文化演变的地貌背景分析》，载于《地理学报》2000年第3期。

给这里的生态带来了灾难性后果，严重影响着当地居民的生计，这些都是需要着力研究的论题。四是要研究自然灾害和疾疫史，诸如地震、沙尘暴、洪涝、旱灾、风雹、霜冻、寒潮、雪灾、虫害等，包括各种传染病在内的疾疫及其带给人类社会的影响。这些灾害和疾疫的发生多为自然力所致，其发生不但给人类的生产和生活造成了重大危害，还引发了许多社会经济问题，给人的心理和精神造成了严重创伤，进而影响着社会稳定。以环境史视角研究诸多自然要素的历史变迁及其与人类社会的关系，可形成许多新的环境史研究领域，如"森林环境史""草地环境史""河湖生态史"等，这些方面存在的空白很多，研究空间颇大。

环境史一方面要研究环境变迁及其对人类社会的影响，探究"自然在人类历史中的地位和作用"；另一方面要研究人类对自然环境的能动作用。人类通过生产和经济活动，包括建造聚落（房屋、村落、城镇和城市）对自然产生影响，这种影响往往叠加了自然因素而导致环境的进一步变化，这种变化反过来又作用于人类，这是一种循环往复的互动。人类自诞生以来，为了改变生活和生计，凭借智慧、知识和技术，不断地适应和改造自然。人类不断迁徙以寻求更适宜的生存环境和栖息之地，发明和使用人工取火技术，栽培和种植作物及蓄养动物，建造聚落和城市，开发自然资源，乃至近代的工业化和城市化，这些都是人类适应和利用、改造自然以改变生活的途径，通过这些活动，人与自然发生和演绎着丰富的互动关系。

人类的生产和经济活动，包括生活方式，是人与自然互动的主要媒介，同时也是环境史研究的核心内容。东北是三大经济文化——农耕文化、游牧文化和渔猎文化的发源地，三种经济文化在东北各地均有分布。上述三种经济文化与自然环境的关系是要重点研究的。学界对农耕文化、游牧文化与自然环境的关系的关注较多，涉的主题也较广泛，诸如气候变迁与农业、游牧业起源的关系，环境变迁与农业空间分布格局及变动的关系，移民、农业开发对土地的影响，因农业开发衍生的民族关系及其他社会关系，气候变迁对北方农牧分界线的影响，游牧文化与草原生态变迁之间的关系，等等，围绕上述论题发表了大量成果①。从环境史角度来看，这些研究在语境、论题、方法等诸多方面有待改进，不但要研究移民、农业开发对土地的不利影响，还应研究人类对土地的改造，并从多维角度深度挖掘人地之间错综复杂的社会及生态关系。加强对相对薄弱的游牧经济和渔猎经济的环境史研究，可从生态的角度，对这三种经济文化进行历时性的比较研究。

东北区域的近代化、工业化、城市化与环境变迁的关系是近代东北环境史研究有待加强的重要内容。以往的东北经济史、城市史研究对近代化、工业化、城市化与环境的关系虽有所涉及，但大多浅尝辄止，未能具详，未从环境史的视角深度切入。关于东北近代工业化及其环境影响，衣保中和林莎做过探讨②，他们认为在百余年的工业化进程中，东北地区基本上取传统工业发展模式，即依靠掠夺自然资源和破坏生态环境来换取经济的高速增长，使东北地区成为全国资源破坏和环境污染严重的地区之一。未来应继续加强和发展对近代东北工业化与环境关系的研究。

近代东北区域的自然资源开发及其对环境和社会的影响是学界关注和探讨较多的话题。包括对土地、森林、草地、矿产、水资源、珍稀生物资源的开发，特别是有关辽金时期的农业开发和近代东北移民垦殖对环境的影响备受关注。以往研究范式和结论大同小异，大多通过考察移民及农业垦殖的历史过程，得出大致相同的结论，即人类不合理的农业开发及其他经济活动，导致了自然环境的退化和恶化。东北是我国森林资源最丰富的地区之一，包括长白山和大小兴安岭地区生长着茂密的原始森林。清末民初以来，伴随着近代化、工业化和城市化，以及外国殖民势力的侵入，东北的森林资源被迅速开发。与以往不同的是，这是一种产业化开发，加之现代技术的采用，以及复杂的国内外政治形势，森林开发以前所未有的速度和规模展开，由此导

① 韩茂莉：《论中国北方畜牧业产生与环境的互动关系》，载于《地理研究》2003 年第 1 期；韩茂莉：《草原与田园——辽金时期西辽河流域农牧业与环境》，生活·读书·新知三联书店 2006 年版；关亚新：《清代辽西土地利用与生态环境变迁研究》，吉林大学博士学位论文，2011 年；张士尊：《清代东北南部地区移民与环境变迁》，载于《鞍山师范学院学报》2005 年第 3 期。

② 衣保中、林莎：《论近代东北地区的工业化进程》，载于《东北亚论坛》2001 年第 4 期；衣保中、林莎：《东北地区工业化的特点及其环境代价》，载于《税务与经济》2001 年第 6 期。

致森林资源极速消减。对草原、水利和矿物等资源开发的研究范式与对森林资源开发的研究大致相同。今后应着力将传统研究范式与环境史结合起来，探讨森林环境史、水利环境史研究的新范式。这种范式不但要重视对资源开发过程及前因后果的梳理，更要探讨这种资源开发引发的复杂环境与社会效应。对于近代东北的矿物资源开发，也应给予更多关注。从环境史视角切入，探究近代东北的矿物开发，将有很大的空间。对于近代俄日等殖民势力在东北的资源开发，除了揭露其侵略和掠夺一面外，还要研究其殖民政策等更为广泛的论题，并可与日本在台湾地区的殖民政策及其引发的生态效应进行比较。

"聚落"与环境的关系亦应引起重视。除生产和经济活动外，人类一直在努力建造温暖舒适的居所、村落和城镇，由此与自然环境发生了种种关系。韩茂莉教授对这个问题进行了系统研究，包括对西辽河流域史前、辽代、全新世以来以及 20 世纪上半叶聚落与环境的多方面关系的探讨①。夏宇旭和王小敏讨论了地理环境对契丹人居住方式的影响②。近代东北区域的城市史研究相对薄弱，也没有"城市环境史"这一概念。这方面可以借鉴美国的城市环境史研究范式，大力推进东北区域的"城市环境史"研究。

其他还有"军事环境史"（亦称"战争环境史"）研究，这方面已有一些成果发表，如张国庆和刘艳敏讨论了常年生活在较高纬度干冷气候环境下的契丹人喜凉惧热的特殊体质与其军事装备适应性的关系、南进中原的季节性选择，以及气候环境对战事结局的影响等③。再如，关亚新讨论了明末清

---

① 韩茂莉：《史前时期西辽河流域聚落与环境研究》，载于《考古学报》2010 年第 1 期；韩茂莉：《辽代西拉木伦河流域聚落分布与环境选择》，载于《地理学报》2004 年第 4 期；韩茂莉、张一等：《全新世以来西辽河流域聚落环境选择与人地关系》，载于《地理研究》2008 年第 5 期；韩茂莉、刘宵泉、方晨等：《全新世中期西辽河流域聚落选址与环境解读》，载于《地理学报》2007 年第 12 期；韩茂莉、张暐伟：《20 世纪上半叶西辽河流域巴林左旗聚落空间演变特征分析》，载于《地理科学》2009 年第 1 期。

② 夏宇旭、王小敏：《地理环境与契丹人的居住方式》，载于《吉林师范大学学报（人文社会科学版）》2015 年第 3 期。

③ 张国庆、刘艳敏：《气候环境对辽代契丹骑兵及骑战的影响——以其南进中原作战为例》，载于《辽宁大学学报（哲学社会科学版）》2007 年第 4 期。

初在辽西发生的长达 20 余年的战争对当地生态环境造成的严重破坏①。这些都是军事环境史研究论题，未来应在这方面更多着力。

　　除了研究人与生境的互动关系外，因环境问题衍生的广义上的社会关系也是环境研究的重要内容。诸如历代政府和民间保护环境的举措、"政策"以及其他活动是不容忽视的环境史研究主题。在这方面国内外学界已发表了相当数量的成果。例如，张志勇讨论了辽金统治者运用行政和法律等手段调整、保护狩猎和游牧的经济秩序的举措，揭示了辽金统治者保护野生动物的"珍爱物命"意识②。夏宇旭考察了金代女真人对境内的长白山、护国林及医巫闾山等森林资源的保护措施③。今后应将经济开发、环境变化、资源保护与国家的相关政策结合起来进行综合研究。一个典型实例是中国台湾学者蒋竹山对嘉庆年间的"秧参案"的研究，作者将生态环境、人参采集与国家权力联系起来，认为 18 世纪末至 19 世纪初东北的人参采集对生态环境影响主要不是因自然因素而是由于官方政策造成的，尤其是国家权力对人参采集的介入，这一研究范式颇有启发性。

　　对以上所述区域环境史研究的几个维度的论题需要投入大量资源长期进行系统研究，才可初现东北区域环境史的整体面貌。在历史演进中，上述几个维度并非单线运行，它们在历史上往往密切交织在一起。这就要求研究者具有一定的"生态思维"，以"生态—社会系统"的观念，用多维有机的总体思维，爬梳历史上自然—经济—社会—文化—政治各方面之间纵横交错的关系，发现其内在演变规律，从整体上建构，方能有所创新。人与自然的互动是循环往复永无止境的，其变化也极为复杂，这就要求在开展环境史研究过程中秉持质疑精神，不断探索求真，澄清历史的真实面目。

　　东北区域环境史研究，应当在前文所述时空框架内分区、分时段，先行开展专题个案研究；同时也要进行全局、长时段的整体研究。专题与个案研

---

　　① 关亚新：《明末清初战争对辽西生态环境的破坏及影响》，载于《哈尔滨工业大学学报（社会科学版）》2013 年第 3 期。

　　② 张志勇：《辽金对野生动物的保护及启示》，载于《北方文物》2004 年第 2 期。

　　③ 夏宇旭：《论金代女真人对林木资源的保护与发展》，载于《北方文物》2014 年第 1 期。

究在理论上应"尽全时空"。研究的主线和主轴是人类的生产和经济活动与自然环境或生境的互动关系。东北区域无论是自然环境还是历史文化均有其独特性,这就是多元文化并存,地处边疆,历史上是多民族栖息的地区,因此,开展东北区域环境史研究要注重地方特点,突出重点:一是区域文化与自然地理环境的关系;二是民族历史及民族文化与自然地理环境的关系;三是作为边疆的东北与自然地理环境的关系。国内有学者提出了"边疆环境史"的概念,如何界定以及如何对其展开研究有待进一步探讨①。

东北的区域文化有其独特性,这种带有浓郁地方色彩的区域文化的形成和演变离不开东北区域独特的自然环境。学界探讨较多的是东北民俗(习俗)文化与自然地理环境的关系。冯季昌讨论了地理环境与东北古代民俗的关系②。张国庆讨论了生态环境对辽代契丹习俗文化的影响,以及生态环境与古代东北少数民族习俗文化的关系③。夏宇旭探讨了生态环境与金代女真人的饮食习俗的关系、地理环境与契丹人的居住方式等。高凯提出,汉魏时期匈奴和鲜卑族中特有的"收继婚"的产生,是地理环境和社会发展规律相互作用的产物,这一研究结合了土壤学知识和气候因素④。东北区域文化丰富多彩,特别是内含于宗教、艺术、文学等各个方面的民族文化,都与自然环境存在密切关联,有大量论题尚待发掘和研究⑤。

"边疆环境史"强调因地处边疆而有政治界域之外的因素进入,有外来因素,包括殖民主义与边疆自然环境的关系。如何从环境史角度解构殖民主

---

① 董学荣在《民族环境史建构——以基诺山环境变迁为例》(载于《黑龙江民族丛刊》2015 年第 4 期)一文中从基诺山环境变迁切入,探讨了建构"民族环境史"的可能性、目的和意义、对象和主题、研究方法及前景。周琼在《中国环境史学科名称及起源再探讨——兼论全球环境整体观视野中的边疆环境史研究》(载于《思想战线》2017 年第 2 期)一文中论及了"边疆环境史"。

② 冯季昌:《地理环境与东北古代民俗的关系》,载于《北方文物》1988 年第 1 期。

③ 张国庆:《生态环境对辽代契丹习俗文化的影响》,载于《文史哲》2003 年第 5 期;张国庆、闫振民:《生态环境与古代东北少数民族习俗文化》,载于《辽宁大学学报(哲学社会科学版)》2005 年第 1 期。

④ 高凯:《地理环境与中国古代社会变迁三论》,复旦大学博士学位论文,2006 年。

⑤ 戴逸认为宜用"东北区域文化"名称。他认为"首先应看到东北三省文化的同一性,具有共同的文化特质";"东北地域文化不宜分省命名,还是用一个统一的名称好。而'东北区域文化'正可涵盖整个东北文化"。郭正、邵汉明主编:《东北历史与文化论丛》,吉林文史出版社 2007 年版,序一。

义与被殖民地区自然环境的关系是一个新命题。王希亮揭示了日俄两个帝国主义国家对东北森林的破坏性殖民开发导致的生态环境变化，以及由此引发的人类生存环境及生产生活方式等生态空间的变迁①。该文超越了以往那种殖民侵略导致环境破坏的线性因果范式，将诸多因素综合起来，使人们清晰地看到了殖民主义与东北林区生态灾难之间深刻复杂的关系。

三、东北环境史研究的问题与困局、范式与路径

既往东北区域环境史研究存在时段上不连贯、空间覆盖不均的问题：在时段上集中于史前、辽金、清代和民国；在空间上集中于生态环境比较脆弱、历史上人地关系不稳定的地区如西辽河流域。这主要受制于资料，也决定于学界的旨趣。西南部考古资料相对丰富，此地文化与生态多元特征突出，人地关系典型。明清文献资料丰富，为研究提供了便利。从构建东北环境史通史的角度考虑，应加强对"空白"时段及东北区域各个"亚生态区域"的研究，尽可能"尽全时空"，以形成完整的区域环境史。

相较于清代的环境史研究，东北区域近现代环境史研究有待加强。考虑到晚清民国以来丰富的文献资料，以及开展近现代环境史研究的重要现实意义，应大力加强东北近现代环境史研究。可以说，东北区域近现代环境史是一个有待开拓的新领域。目前，国内学界非常重视中国古代环境史研究，而近现代环境史研究相对薄弱，有待改变。东北区域的近现代环境史研究可以先从专题研究做起，可聚焦近代化、经济开发与环境变迁、"殖民主义与环境"这样的论题，着力探索开展东北边疆近代环境史研究的路径。

以往的东北区域环境史研究涉及的论题较窄，环境思想史和环境社会史等方面的研究非常薄弱。近年来研究内容虽有所拓展，但远远不够。某些论题例如东北区域"城市环境史"可以说既无概念也无研究。未来的东北区域环境史研究一方面要拓展研究范围，另一方面还是要突出特色，着力探讨

---

① 王希亮：《近代中国东北森林的殖民开发与生态空间变迁》，载于《历史研究》2017 年第 1 期。

开展边疆民族区域环境史研究的新范式。应明确提出"东北区域文化"范畴，并在这一范畴基础上研究区域文化与生态环境的历时性互动关系。"东北区域文化"包括民族文化、地域文化和经济文化，今后需要着力研究这些不同层面的文化与自然环境的关系。郑毅认为，东北区域历史上是一个多元民族文化交融区，北部有俄国文化，南部有日本文化，东部有朝鲜半岛文化，西部有蒙古族文化，中部是以汉族移民和满族为特色的满汉混合文化，在部分区域还有不同族别的土著民族居住，可以说东北历史上的民族文化多元特点非常突出①。首先要研究不同民族文化与自然环境的关系。其次要研究地域文化与地理环境的关系。东北地域文化的提法有很多。王绵厚曾提出东北存在三大地域文化的观点，即辽河文明、长白山文化和草原文化，认为这种地域文化的形成基于自然环境，即独立的、自成体系的自然生态系统②。这实际上阐述的就是地域文化生成与自然环境的关系。最后要研究经济文化与自然环境的关系。东北区域历来以农耕文化、游牧文化和渔猎文化著称，三种不同经济文化的形成、发展和演变，包括空间分布的变化等，与自然地理环境及其历史变迁存在着密切关联，这是应予重点研究的内容。

王绵厚认为，关于整个东北史和各专门史研究存在的瓶颈问题，首先在确认东北史研究宏观分期、文化体系、基本民族分布体系和主要考古学类型分区的基础上，从历史文献学、考古学、历史地理学、民族学、分类文化学上，总结梳理过去一个世纪的研究资料和成果③。这对于如何开展东北区域的环境史研究也颇有启发。从环境史角度来看，首先应系统梳理既往相关研究的学术史，在认清局限和问题所在以及制约瓶颈的基础上，做好宏观设计，包括时空框架、历史分期、研究内容和研究体系、理论方法、研究路径和研究范式等理论问题的探讨和构建等。

以往的东北史研究多为专门史研究，包括民族史、文化史、中外关系

① 郑毅：《多维度视域下中国东北史研究的思考》，载于《黑河学院学报》2018 年第 9 期。

②③ 王绵厚：《立足地域文化研究前沿　把握东北史研究的若干重大问题》，载于《东北史地》2013 年第 1 期。

史、边疆史地等，历史著述中"环境史"话语严重缺失。即便是孙进己和王绵厚等主编的《东北历史地理》也只考察了自远古至明清时期东北历代民族分布、迁徙、活动范围，历代行政区划建置变迁等，却没有自然地理的内容。迄今学界已发表了大量东北史论著，唯独缺少环境史。东北地方史研究综述也大多未提"环境史"缺失这一局限，这说明主流学界在思想观念上尚未将"环境史"纳入东北区域史研究体系之内。即便是与环境史相关的成果，有很多也尚未在"环境史"语境下进行研究，部分成果甚至把环境史视为专门史，把"环境史"等同于"环境变迁史"，这种认识上的偏差导致实践中未能以人与自然环境的互动为主线开展研究，这种局面有待改变。

所谓"环境史语境"或"环境史范式"，首先要求具有"生态意识""生态观念"和"生态思维"，要求将生态意识、生态观念和生态思维贯彻于环境史研究中，在研究中将环境变迁史与人类史结合起来，解决两者分离的问题。以往研究或侧重考察环境变迁，或专述人类史，而对人与自然的互动关系研究不到位。长期以来，在中国与环境史相关的研究主要在自然科学范畴内进行，人文社会科学研究中存在着严重的"环境缺失"。伊懋可将其称为"自然科学导向的环境史"研究，夏明方也指出了中国灾害史研究存在着非人文倾向。这种倾向和局限在东北环境史研究中不但存在，而且还比较明显。

对于东北区域的环境史研究，应倡导以环境史的话语体系，从人与自然环境互动关系的角度，而非在边疆史或民族史的话语体系下开展研究：既要考虑人类社会的历时性变化，又要考虑自然环境的演变，并将两者关联起来；不仅要研究人类活动对自然的影响以及这种被影响的自然对人类社会的反作用，还要研究自然环境与人类的生产、分配、交换和消费活动的关系；聚焦于人类的生产和生活以及由此与自然的一切发生的关联，研究人类有关人与自然生境关系的思考和认识，以及人类对环境变化的反应，等等。

其次引入整体和系统观念，特别是"人类生态系统"这一范畴。区域环境史研究需要有区域的"整体观念"，无论在文化上还是在生态上，尤其是在两者的关系上，将东北区域作为一个整体看待。以往的研究没有从整体视域来看待东北区域的环境史，碎化倾向突出，只见树木不见森林。

再次是有机联系的观念，引入多维、多线、多要素、复杂关联等范畴和逻辑，来构建东北区域环境史，探究经济活动、社会生活、民族文化等与自然环境之间的互动关系，形成一种立体的"文化—生态"分析范式。

最后，传统上以政区为边界圈定研究范围，甚至把东北区域限定为东三省，还有诸如"辽宁环境史"这样的提法。环境史研究在理论上应取自然而非政区为边界，选择一个独特的生态区域，来考察人类活动与自然环境的互动关系，这是有别于边疆史地、民族文化史、历史地理的。

很长时期以来，历史被归入社会科学，史学研究多为分析史学。环境史不排斥分析史学，但除此之外，叙事也应成为环境史的一大特色。环境史将叙事与分析结合起来，从而呈现给世人的不但是科学和逻辑，也是基于史实的丰富多彩、生动有趣且有广泛受众和更大社会影响和效应的读品。

总之，从生态的角度看，环境史为我们研究区域环境史提供了许多新概念、新思维和新范式，我们可以据以研究新问题，诸如殖民主义与环境、资源开发与皮毛贸易等主题，都是颇有价值的研究领域和方向。

既往东北区域环境史实证研究明显不足，这主要受制于相关资料的缺乏和分散。史料是制约东北区域环境史研究深入的一大瓶颈，因此首先要下大功夫解决史料缺乏这个最基础的问题，加强环境史文献资料的搜集、整理与研究工作，从浩如烟海的历史文献典籍中把与环境史相关的资料搜集和整理出来。另外，以往无论是针对具体问题的研究还是相关史料的收集、整理与研究，大多限于正史典籍等传统文献，对于其他诸如考古资料、碑刻资料、非文字资料、田野考察和社会调查资料、口述和报刊资料、域外相关资料等，都未给予足够重视，这些都是今后要努力解决的。此外，还应重视不同学科的资料，比如地理学、气候学、生物学和农学等学科的文献资料；重视不同地域和地方的文献资料，如辽西地区、辽东和辽南、辽河平原、松嫩平原、三江平原、科尔沁沙地等；重视不同语言如蒙语、满语及其他语言文献资料。做好资料的收集和整理工作是开展环境史研究的基本前提。

东北区域的环境史研究要走向世界，必须与国际接轨，传统要延续和继承，但不应沉迷和固守。对国外具有世界影响力的环境史著述不应盲目排斥，而应认真阅读、虚心学习和了解，这一方面有助于开阔视野、拓展视角、打破传统范式，另一方面也可以借鉴国外先进的环境史研究范式、理论、方法，从而能够促进中国的环境史研究。我们不但要学习和了解外国人著述的外国环境史和环境史理论成果，还应学习和了解外国人撰写的中国环境史，这对于促进东北区域的环境史研究大有裨益。总之，环境史研究不能"闭关自守"，而要"改革开放"，只有这样，方能"走向世界"。

在研究方法上，应从东北亚这一更为宏大的视角来看待东北区域的环境史研究，切实采用新的研究方法，尤其是跨学科的研究方法。在吸收、借鉴和融合自然科学与社会科学研究方法的基础上，努力开展跨学科的综合研究。广泛涉猎、努力学习和掌握诸如东北地方史、地方文献学、边疆史地、民族史、文化史、边疆考古、环境考古、历史地理、气候史、农史、地理学、生态学等学科的知识、理论和方法，并运用于具体的研究中；同时应有效地开展跨部门、跨地区协作，走出一条有别于边疆史和民族文化史的研究道路；可以借鉴年鉴学派的整体史、结构分析、长时段视野等研究方法。总之，在广泛借鉴相关学科研究方法的基础上，促进东北环境史研究。

推进东北区域的环境史研究，构建区域环境史研究体系，是一项庞大且艰巨的工程。未来的工作路径是：在梳理、洞悉既往研究的基础上，尝试构建东北区域环境史的研究体系和研究范式；下大力气开展环境史文献资料的搜集、整理和研究工作；在学习、了解和借鉴域外环境史研究成果的基础上，采用跨学科的综合方法，深入开展"亚区域"、不同时段的环境史专题研究；宏观体系建构与微观实证研究同步开展，协同推进，最终目标是构建东北区域环境史通史。东北区域环境史研究的开展，不但会对东北地方史、边疆史、民族史、区域文化史研究产生推动，还有助于探索出开展民族环境史和边疆环境史研究的新范式，从而为中国环境史研究的发展做出贡献。

第二部分

东北环境史研究综述

先秦东北环境史研究

侯佳岐

本文所述的东北区域，在空间上包含黑龙江、吉林、辽宁以及内蒙古东部地区；先秦时期包括旧石器时代、新石器时代和夏、商、周三代。

国内最早的相关研究肇始于环境考古学和地理学等学科，集中在东北地区西南部和吉林东部等地，后续讨论范围逐渐涵盖整个东北。研究主题包括气候、植被、土壤、水源等环境因素与人类社会的关系；动物群落与食物、古环境与人类生计的联系；人口增减与环境承载力的变化；自然环境与生业模式、聚落演变和迁徙及社会复杂化之间的联系；从宏观上探寻先秦时期东北区域自然生态环境变迁与人类社会文明演化的关系等。

一、研究的肇始及科技手段的应用

环境考古学既是考古学的重要分支，也是环境史的学术渊源之一。史前环境考古研究自 20 世纪四五十年代起就已经开始，但发展较为缓慢。直到 20 世纪七八十年代，随着新技术、新手段和新研究方法的引入，环境考古才受到重视，并得到迅速发展。其中，以周昆叔、竺可桢和杨怀仁等为代表的老一辈学者为推进环境考古研究做出了重要贡献。

周昆叔开国内植物考古研究之先河[1]。竺可桢对中国近 5000 年来气候变

---

[1] 周昆叔：《西安半坡新石器时代遗址的孢粉分析》，载于《考古》1963 年第 9 期。

化进行了初步研究①。此后，国内环境考古学领域发表了一系列相关研究成果，如周尚哲、陈发虎、潘保田等②，孔昭宸、杜乃秋、朱延平③，孔昭宸、杜乃秋、刘观民等④，杨志荣、索秀芬⑤，田广金⑥，杜水生⑦等，他们的研究关注的重心多为气候和植被变化，在对中国西部、内蒙古赤峰市、中国北方农牧交错带和岱海地区的环境考古研究中取得了一些代表性成果，同时也促进了这一学科的发展。

更新世至全新世时期，因受社会发展程度和认知水平的制约，人类的生存和繁衍受气候、土壤、水源、植被和湖泊等自然环境因素的影响很大。

汤卓炜从环境考古学中气候和植被两个方面的变化出发，探讨了中国北方青铜时代以来古人类与自然环境之间的联系，认为气候的冷暖和干湿变化直接影响了植被的类型及其分布特征，进一步影响了农业的起源和演化，影响了生业和经济模式的发展及其演化趋势。他根据地质环境、地貌特征、气候和植被特征将中国北方草原地带分为西、中、东三段，认为中国北方草原地带全新世以来的气候变迁与全国总体变化趋势呈现出显著的一致性。现今的草原地带自青铜器时代以来的植被状况与气候变化有直接的关联性，总体呈现出森林面积缩小、草原或荒漠面积增大的趋势⑧。

此外，考古发掘中采集到的植物孢粉、植硅体和碳化标本等，亦可作为

---

① 竺可桢：《中国近五千年来气候变迁的初步研究》，载于《中国科学》1973 年第 2 期。

② 周尚哲、陈发虎、潘保田等：《中国西部全新世千年尺度环境变化的初步研究》，引自周昆叔：《环境考古研究》（第一辑），科学出版社 1991 年版。

③ 孔昭宸、杜乃秋、朱延平：《内蒙古自治区额济纳旗汉代烽燧遗址的环境考古学研究》，引自周昆叔：《环境考古研究》（第一辑），科学出版社 1991 年版。

④ 孔昭宸、杜乃秋、刘观民等：《内蒙古自治区赤峰市距今 8000－2400 年间环境考古学的初步研究》，引自周昆叔：《环境考古研究》（第一辑），科学出版社 1991 年版。

⑤ 杨志荣、索秀芬：《中国北方农牧交错带东南部环境考古研究》，引自周昆叔、宋豫秦：《环境考古研究》（第二辑），科学出版社 2000 年版。

⑥ 田广金：《岱海地区考古学文化与生态环境之关系》，引自周昆叔、宋豫秦：《环境考古研究》（第二辑），科学出版社 2000 年版。

⑦ 杜水生：《从中国北方晚更新世末到全新世早期环境与文化的演变谈农业起源问题》，引自周昆叔、宋豫秦：《环境考古研究》（第二辑），科学出版社 2000 年版。

⑧ 汤卓炜：《中国北方草原地带青铜时代以来气候、植被变化研究综述》，引自《边疆考古研究》（第一辑），科学出版社 2002 年版。

古气候和古植被研究的重要衡量指标，这些为古环境研究提供了可信依据。

汤卓炜等采集了双塔遗址剖面的 5 个孢粉样品，并进行了实验和统计，认为在双塔遗址之前，遗址周边古环境呈现出异常干旱和极度寒冷的特点，非常不利于人类生存。直到双塔遗址时期的现代人类活动期，孢粉浓度增大显示当时植被覆盖率有所提高，但仍属半荒漠化环境。根据动物遗存和文化遗存的初步研究综合推测，双塔遗址的生业为采集渔猎经济①。

迟畅对黑龙江海浪河流域的旧石器时代遗址采集的土壤样品中提取的孢粉样品进行了研究，运用植物地理学和植物生态学原理，结合气候、植被等环境因素，通过鉴定统计分析，探讨了海浪河流域古人类的生业模式等相关问题，认为该流域古人类生产和生活应为采集渔猎模式②。

张文超通过提取秦岭地区的黄土沉积孢粉并进行研究，探讨了环境变化与人类社会的关系③。张文超认为，气候变化使人类行为模式的多样化成为可能④。他通过对秦岭地区旧石器时代遗址的时空分布研究，认为秦岭地区的古人类活动可以追溯到 120 万年前，甚至更早。在这一时期内，秦岭地区存在着持续的人类活动。古人类对暖湿的气候、森林草原植被和起伏的地形存在明显偏好。自中更新世以来，随着全球冰量、温度和季风等气候的变化，人类活动也随之发生变化。间冰期时，秦岭地区人类活动强度呈现逐渐增加的趋势，人口经历了一个迅速增长阶段。古人类活动呈现出由中心区向秦岭南、北麓逐步扩大的趋势，而冰期则相反。随着时间推移，人类逐步适应了寒冷的冰期环境，对环境的适应性显著增强。有证据显示，此时的古人类具有较强的迁徙能力，并存在着体质上的融合现象，这在很大程度上增强了人类对环境的文化适应。

张小咏等通过对科尔沁沙地东南部牧场沉积剖面的孢粉分析和碳－14

---

　　① 汤卓炜等：《吉林白城双塔遗址孢粉分析与古环境》，载于《考古学报》2013 年第 4 期。
　　② 迟畅：《海浪河流域旧石器时代晚期遗址的孢粉分析与古环境初步研究》，吉林大学硕士学位论文，2017 年。
　　③④ 张文超：《孢粉揭示的秦岭地区更新世环境变化及其对古人类活动的影响》，南京大学博士学位论文，2017 年。

年代测定，初步重建了辽西北地区的自然环境演化序列。通过对科尔沁沙地所属牧场剖面孢粉进行 KHO（孢粉分析中的一种重液浮选常规法）处理和浮选，对剖面中的炭屑、种子等进行碳－14 年代测定和树轮校正等，发现辽西北地区全新世中期以来植被与环境演化共经历了五个阶段。气候出现过几次反复波动，人类活动与气候波动存在着对应关系。全新世中期以来该地区古人类与环境的关系经历了自然阶段—人类依赖自然阶段—人类干预自然—人类顺应自然环境—人类制约自然环境几个发展演变阶段①。

刘玉英等以晚更新世晚期以来东北地区辉南县二龙湾附近的孢粉植物群为研究对象，挑选了 15 个块状样品和 2 个植物叶片进行实验，结合运用碳－14 年代测定，对二龙湾地区典型孢粉类型、组合特征及植被与气候变化等进行了初步研究，认为这一地区自晚更新世晚期以来植被和气候经历了由冷湿向冷干的转变，并逐步向温湿过渡，由温凉最终转干的变化。这一阶段东北地区自然环境的区域性特征明显，与西部地区差异较大②。

李楠楠等以植硅体作为气候代用指标，分析了长白山区孤山屯沼泽地晚更新世以来的植硅体形态，并对其承载的环境信息进行研究，重建了该地区的古环境演化。该文通过对全剖面中的两万余粒植硅体进行鉴定，将孤山屯植硅体划分为五个谱带，不同谱带代表着不同的气候演化时期。不同时期的植硅体组合特征表明，自更新世以来孤山屯地区经历了冷干—转暖—温暖—湿润—温凉的气候演化。植硅体也记录了这一时段内该地区气候出现了频繁的波动和多次冷暖交替，这种现象与新冰期的出现密不可分③。

李楠楠等将泥炭灰分粒度作为反映古降水或夏季风强弱变化的代用指标，探讨了长白山西麓的生态环境特征，认为泥炭灰分颗粒粗细变化曲线可以反映长白山西麓全新世时期降水经历了干—湿—干的波动历程，这一区域

① 张小咏等：《辽西北地区全新世中期以来环境变迁》，载于《海洋地质与第四纪地质》2004 年第 4 期。

② 刘玉英等：《东北二龙湾玛珥湖晚更新世晚期植被与环境变化的孢粉记录》，载于《微体古生物学报》2008 年第 3 期。

③ 李楠楠：《孤山屯沼泽地晚更新世以来气候演化的植硅体记录》，载于《东北师大学报（自然科学版）》2013 年第 3 期；刘嘉麒等：《第四纪的主要气候事件》，载于《第四纪研究》2001 年第 3 期。

的气候呈现出冷干和暖湿等搭配变化的特征①。

马姣等运用稳定同位素的方法对东北地区晚更新世时期真猛犸象的摄食行为进行研究，认为真猛犸象的食物来源较为稳定，食物的专门化程度很高，不能很好地适应更新世晚期气候和环境的变化可能是造成其灭绝的原因之一②。

牛洪昊等基于对长白山地区泥炭地和玛珥湖孢粉以及古植被的研究，对孢粉信息所记载的古植被和古气候变化过程进行了初步研究。随着定量研究和大规模高分辨率研究工作的开展，基于孢粉信息重建长白山地区古气候的方法是否存在更客观的结果，还有赖于更进一步的研究。定量重建古植被面貌需要依托更为准确的现代孢粉与植被的定量关系，可能受到孢粉的产量、传播能力、沉积率和保存能力等多方因素的共同影响③。

随着时代的变迁和科技的发展，为了更好地探讨古人类与自然环境的相互作用关系，越来越多的科技手段被应用于环境考古研究中，其中以地理信息系统（GIS）手段最具代表性。李静以大连广鹿岛小珠山遗址为研究案例，主要采取对遗址资源域进行分析的方法，并运用 GIS 技术对辽东半岛新石器至青铜时代的遗址空间分布及其与自然地理环境的关系以及是否存在与周邻文化交流情况等问题进行了探讨，试图重建辽东半岛不同遗址之间的社会和经济关系，探讨该区域内经济发展的动因以及经济发展与环境因素的关系等，从而窥视古人类对自然环境的适应与改造能力等问题。通过对辽东半岛新石器时代至青铜时代自然资源空间分布和古人类活动范围等资源域的分析，认为周邻文化与辽东半岛的文化存在相互渗透的现象。由于水路交通的便利和区位优势，极有可能存在贸易带动文化互动的情况，因此社会复杂化

---

① 李楠楠等：《长白山西麓泥炭灰分粒度特征及其环境意义》，载于《沉积学报》2014 年第 5 期。

② 马姣等：《稳定同位素示踪东北地区晚更新世真猛犸象的摄食行为》，载于《第四纪研究》2017 年第 4 期。

③ 牛洪昊等：《长白山区晚更新世以来孢粉—古植被古气候重建及其与植被关系综述》，载于《微体古生物学报》2018 年第 4 期。

程度也比较高，已经形成了一定规模的聚落群聚特征①。

王大伟采用定量分析方法，运用 GIS 对聚落的空间格局进行分析。通过对聚落进行高程统计来看聚落在高程的变化；对聚落分布重心、空间上的迁徙、规模分异及聚落形态结构等分析，得出西辽河流域史前空间格局的变化及其演变原因，认为地形地貌是影响人类生活和生产活动的重要因素，气候是制约定居活动的主要因素，聚落空间格局演变是社会发展的重要驱动力。聚落重心迁徙受气候环境影响较大，聚落空间结构表现出不同层级结构②。

王大伟基于 GIS 技术研究了旧石器时代古人类与地理环境的关系，将描述地理位置的空间数据与描述地理事物的属性数据相结合，通过对泥河湾盆地旧石器时代环境演变特征的分析，探讨古人类遗址空间分布与环境演变的关系以及古人类生存区域环境选择偏好等。在气候环境温暖湿润、植物茂密、果实丰富的旧石器时代早期，古人类不必长途跋涉即可就近获得充足的食物，而且密林也有利于抵御野兽的攻击。在这一阶段，古人类生存受环境制约较大，活动范围较小。到了旧石器时代中期，随着气候的持续干冷和湖泊面积缩小等环境变化，古人类开始选择迁徙来获取更为充足的食物和水源。因此，聚落遗址均分布在地形平缓的古河道附近，说明此时人类生存仍在很大程度上受到自然环境的制约。旧石器时代晚期，古人类对环境的适应性达到了空前的高度。这一阶段人类的生存环境更加严苛，人类活动区的海拔高度升至 800 米以上，与河流的距离增大。但人类利用优质石料制造了精美的石制品。贯穿泥河湾盆地旧石器时代始终，古人类与自然环境相伴生息，既利用地形获取食物、开展狩猎等活动，又受自然环境的制约而不断扩大或缩小活动范围③。

程庆花运用 GIS 技术手段并结合东北地区旧石器时代遗址分布情况，对

① 李静：《GIS 支持下的辽东半岛地区新石器时代至青铜时代人地关系浅析——以小珠山遗址资源域为例》，吉林大学硕士学位论文，2017 年。
② 武虹：《多因子影响下的史前西辽河流域聚落空间格局演变研究》，华侨大学硕士学位论文，2017 年。
③ 王大伟：《基于 GIS 的泥河湾盆地旧石器时代古人类与地理环境的关系研究》，河北师范大学硕士学位论文，2018 年。

东北地区东南部旧石器时代遗址空间分布特征进行了研究。通过分析遗址分布的环境信息，认为东北地区东南部旧石器时代遗址在这一时段内对海拔、地貌、坡度的选择偏好有很强的一致性，大多选择视野开阔、地势平坦、光照充足的背风地区。从古人类对选址的偏好来看，其选址一直都在距河流2000米范围内。可见，古人类对水源的依赖贯穿东北东南部地区的始终，可以推测，当时的人类社会仍处于采集渔猎时期。到了旧石器时代晚期，该区域内遗址数量呈现出迅速增长的趋势，说明此时古人类活动空间有所扩大，对自然环境的适应性显著增强①。

二、更新世以来生态环境的变迁及其影响

东北地区更新世以来的自然环境经历了周期性波动，目前已有的研究成果主要按照东北地区不同平原和流域范围进行具体探讨，涵盖整个东北区域、松嫩平原、西辽河流域和内蒙古东南部地区等区域气候与自然环境演变的关系等，但涉及水系、河流与湖泊等方面的研究相对较少。

孙肇春等系统梳理了东北地区的河流阶地与河流劫夺特征。河流的侵蚀与堆积作用和区域性新构造运动导致的地壳抬升等运动，致使东北地区形成了不同的河流阶地。东北地区的河流劫夺现象十分普遍，新构造运动是其主导因素，气候和水文状况的变化是最主要的影响因素。气候由干转湿，导致河流水量增加，河流侵蚀加强，从而引起河流劫夺现象。由于河流劫夺后河流有更强大的侵蚀潜力，便导致辽河等部分流域逐渐向北延伸②。

对东北地区第四纪时期水系和湖相沉积的研究有限。除以上对河流阶地演变等问题的研究外，还有对松嫩平原古湖演化的探讨③。通过对东北平原磁化率地层的重建，并对其进行光释光和古地磁测年研究，该文认为松嫩古

---

① 程庆花：《GIS 支持下的中国东北东南部地区旧石器时代遗址分布的环境考古研究》，吉林大学硕士学位论文，2018 年。

② 孙肇春等：《东北河流阶地与河流劫夺》，载于《吉林师范大学报》1964 年第 2 期。

③ 詹涛等：《东北平原钻孔的磁性地层定年及松嫩古湖演化》，载于《科学通报》2019 年第 11 期。

湖周围的环境变迁甚至是古湖的近乎消亡与地壳的多次沉降导致松嫩古湖的水流外泄有关。

裘善文等对东北地区晚冰期以来的自然环境演变进行了探讨,通过着眼于晚冰期以来的沉积物和地层以及动、植物群落的交替演化、气候变化和海陆变迁等各方面因素的发展和演化的研究,得出了初步结论,认为东北地区在距今1.2万年左右进入了冰后期阶段,距今5000~6000年才进入气候最适宜的温暖湿润阶段。全新世气候呈现出明显的冷暖和干湿交替变化的规律特点①。

也有对西辽河流域与达来诺尔湖区域自然环境演变及气候特点等问题进行的研究。自新石器时代以来,该区域的环境经过三次显著的"跃变"。即在距今3000年、1100年、750年的时间尺度内,经历了由气候因素主导的农业文化—游牧文化或半农半牧文化—农业文化—牧业文化不同的演化,这也从一个方面证实了环境与古人类生存和文明发展进程之间的相互依存关系。

金会军等对东北地区晚更新世末期以来的冻土和冰缘环境演化关系进行了研究,通过对东北地区末次冰期以来沉积物层序、古冻土遗迹、孢粉组合及热释光和碳-14年代测定,分析和重建了东北地区晚冰期以来冻土和冰缘环境的演化规律。以距今10000~6000年、8000~3000年和3000年三个时间节点为限,冻土遗迹和古植被的演变反映了古气温的变化。在距今8000~3000年的中全新世时期,气候温暖舒适,气温波动较小,此时古人类活动最频繁②。

赵爽选取适宜的气候代用指标,在精确定年的基础上,恢复和重建了科尔沁地区晚全新世气候演化历史,并通过与西辽河流域古文化的对比,探讨了气候变化与文明演化进程之间的关系,认为气候变化对文化发展有重要影

---

① 裘善文等:《中国东北晚冰期以来自然环境演变的初步探讨》,载于《地理学报》1981年第3期。

② 金会军等:《晚更新世末期以来,中国东北地区多年冻土和冰缘环境演化》,载于《第一届中国大地测量和地球物理学学术大会论文集》,2014年。

响。科尔沁气候变化的总趋势与亚洲季风演化历史基本对应，充沛的降水和温暖的气候则是影响西辽河流域文明演化的主要因素，冬季风对文明发展进程的影响甚微。气候、温度、降水适宜时期，西辽河流域的小河沿文化和夏家店文化繁荣，反之则呈现出衰退迹象①。

赵宾福对东北地区旧石器时代的古人类、古文化与古环境进行了探讨，基于孢粉组合、动物化石及碳 – 14 和铀系法等测年结果，认为中更新世晚期环境适宜、温暖湿润、草木繁盛，接近温带或暖湿带气候；中更新世晚期到晚更新世早期，气候相对舒适；晚更新世以后，冰期来临，气候趋于干冷。东北地区分别于距今 5 万~3 万年和 3 万~1 万年先后出现了两次寒冷期②。

整体来看，东北地区在旧石器时代共经历过四次较为明显的气候环境波动：温暖湿润—寒冷干燥—温凉湿润—寒冷干燥，古人类在不同时段的自然生态环境的繁衍生息中，创造出了各具特色的灿烂的古代文明。

滕海键基于环境史角度，建构了燕北西辽河流域史前及历史时期的经济形态与地理环境的互动关系，认为该地区呈现出多样化的混合型经济形态，即采集渔猎、原始农业与畜牧业在很长一段时期内并存的，经济形态的这一特征的形成是由于多种因素综合作用的结果。在复杂多样的地貌、海拔高度带来的气候温度差异以及动植物种属多样性等多种因素的共同作用下，燕北西辽河地区的古人类拥有不同的生业选择，创造了丰富的史前文明③。

樊同宇以吉林长白山麓辉南县金川泥炭地作为研究对象，运用气相色谱—质谱联用仪（GC – MS）和高效液相色谱—质谱联用仪（HPLC – MS）进行生物标志化合物的分析测试。在可靠加速质谱放射性碳 – 14 测年（AMS）的基础上，系统分析了正构烷烃和 GDGTs（甘油二烷基甘油四醚）化合物的分布和组合特征，初步研究了金川泥炭正构烷烃和 GDGTs 化合物的分布

---

① 赵爽：《科尔沁沙地晚全新世气候变化及其对古文化的影响》，兰州大学硕士学位论文，2013 年。
② 赵宾福：《东北旧石器时代的古人类、古文化与古环境》，载于《学习与探索》2006 年第 2 期。
③ 滕海键：《论燕北西辽河地区的经济形态与地理环境的互动关系——从环境史角度考察》，载于《郑州大学学报（哲学社会科学版）》2014 年第 5 期。

和组合特征，解析了所记录的晚全新世气候等自然环境信息，综合分析了气候、环境变化及其对古人类社会演化的可能影响，认为古人类社会发展的进程是多种因素共同作用的结果，而非单一自然环境因素作用的结果[1]。

高宝金基于对吉林哈尼地区泥炭的气候代用指标的测试与分析，对该地区 1.6 万年以来的环境演变进行了探讨，发现哈尼地区的气候变化大致经历了寒冷—温暖湿润—温度剧烈变动—温暖湿润—干冷—相对温暖—大暖期—干冷的波动变化历史。哈尼地区气候变动的周期性特征，极有可能与太阳活动的变化相关，紫外线变化与该地区气温波动呈正相关[2]。

何瑾等基于对西辽河流域兴隆洼文化时期剖面高精度年代学与高分辨率气候代用指标的分析，重建了该区域中晚全新世以来气候环境的演变过程，发现因受季风影响，在这一时期西辽河流域的气候经历了冷—暖湿—冷干的波动过程。与此同时，西辽河流域的文明演化过程也呈现出衰退—繁荣—衰退的趋势，农业起源和发展进程也随之兴盛或走向衰落。[3]

郭佳宁对内蒙古地区中更新世以来的古环境演变进行了探讨，通过对该地区的黄土剖面进行磁化率和粒度分析，探讨了内蒙古宁城中更新世以来的气候波动，自中更新世以来，该地区的气候波动较晚更新世时期波动更小，且气候更为温暖湿润。直到末次冰期导致的环境恶化事件前，该地区的温度都比现代高出 2~5 摄氏度，降水也更为充沛。气候恶化之后转冷，降水量下降到 400 毫米以下。全新世以后，该地区气温逐渐回暖，降水量开始回升，与现代气候环境状况相近[4]。

孙爱军选取泥河湾盆地马圈沟剖面，在古生物和古地磁年代学基础上应用多种环境指标，分析了泥河湾盆地早更新世古气候环境演化，探讨了古人

---

① 樊同宇：《东北地区晚全新世气候环境变化及其对古人类社会的可能影响》，西北大学硕士学位论文，2020 年。

② 高宝金：《吉林哈尼地区 16000 年来的环境演变研究》，华东师范大学硕士学位论文，2015 年。

③ 何瑾等：《西辽河流域中晚全新世气候环境演变及其对农牧业演替的影响》，载于《地理学报》2021 年第 7 期。

④ 郭佳宁：《内蒙古宁城中更新世以来黄土磁化率与粒度特征及古环境研究》，中国地质大学硕士学位论文，2009 年 5 月。

类的文化适应等问题。作者将泥河湾盆地早更新世古环境演化划分为两个大湖期、两个滨湖期和中更新世气候转型期在内的五个阶段，发现在距今120万年左右曾出现过气候转型事件，此时盆地内的孢粉和哺乳动物化石组合均发生了明显变化，说明古人类活动受气候变化影响很大①。

三、动植物群落与物种多样性

除以上提到的气候、土壤、季风和湖泊等环境指标外，动物群落和物种多样性亦是探索聚落和生态环境演化的重要方面。魏海波和刘彦红以东北地区更新世哺乳动物群反映的生态特征的角度，探讨了早更新世至晚更新世期间该区域古气候与自然环境的演变。分别以辽宁、黑龙江和吉林等地发现的哺乳动物群落标本为例进行探讨，认为气候变化对于动物群落和植被的影响是巨大的，动物群落的演变往往伴随着强烈的生态环境波动。得出了东北地区更新世气候大致经历了寒冷干旱—温暖湿润—寒冷干燥—温和湿润—寒冷干燥五个阶段的结论，从孢粉分析结果亦能加以印证②。

王守春着重对全新世中期以来西辽河流域的主要食草动物种属变化与环境演化的关系进行了探讨，发现野猪和鹿科动物是这一时段主要的大型食草动物，还发现了少量狗类和贝类，表明此时西辽河流域的植被可能是以针阔混交林或森林草原为主，同时湖泊沼泽等也占一定比例③。

苏拉蒂萨（Suratissa）、汤卓炜和高秀华对吉林省通化市的王八脖子遗址区域内动物多样性以及不同时期物种的分异度等问题进行了探讨。作者利用 NISPs（可鉴定标本数）分析物种丰度等因素，对食物链的长短、食物网格的多样性结构进行了探讨，并尝试重建该地的古环境。遗址区域内，动物

---

① 孙爱军：《泥河湾盆地早更新世古环境演化——以马圈沟剖面为例》，中国科学院大学士学位论文，2018 年。

② 魏海波、刘彦红：《试论东北更新世哺乳动物群与自然环境变迁》，引自《第十二届中国古脊椎动物学学术年会论文集》，海洋出版社 2010 年版。

③ 王守春：《全新世中期以来西辽河流域动物地理与环境变迁》，载于《地理研究》2002 年第 6 期。

种类除生产者外，还存在 4 个级别的消费者。每个物种都有不同的食物资源空间，古人类在先秦时期的实物网结构中往往处于顶级掠食者地位。这一时期古人类食用的动物种类最多，高达 21 种。另外，通过对骨骼元素与可鉴定标本的分析，得出在自然资源有限而人口规模不断增加的同时，古人类曾试图对周边的资源进行过度开发，通过农耕或毁林来扩大聚落面积。聚落遗址区内的生态环境与人类的生活和生产方式联系紧密①。

罗鹏对晚更新世时期的金斯太遗址中出土的动物骨骼遗存进行了研究，对遗址中出土的不同层位中骨骼的分布情况和遗址周围环境进行了探讨，进而研究了不同阶段动物的种属变化所反映的环境及生态多样性逐步增强的演变趋势等。同时发现，古人类的生业模式由单一的狩猎逐步向复合狩猎模式转化。通过动物骨骼的鉴定及微痕辨认，亦可发现古人类曾对动物骨骼加以利用，金斯太遗址时期古人类的活动较为频繁②。

张虎才提出系统建立以猛犸象—披毛犀为主的化石动物年代序列和区分主要类型化石动物年代是加强东北地区晚更新世气候环境重建、认识气候变化的区域特点和突变性的关键③。

区域环境突变、动植物种属变化与环境演变的关系，是探讨人类演化与环境适应的重要因素。猛犸象在我国北方存在两个较为集中的活动期和两次大规模迁徙。从我国北方发现的猛犸象化石数量和形态来看，其密度与纬度呈正相关关系。第一阶段的猛犸象体型较后一阶段更大，分布密度更高。这种变化被认为是我国北方晚更新世动物区系和生态环境变迁的标志。研究表明，我国东北地区曾发育有大量湖沼，水系发达，此时气候温和湿润，植被发育，物种繁盛；气候转为干冷的冰期后，猛犸象等大型动物数量呈减少趋势，古人类及动植物的生存演化与生态环境关系紧密。

---

① D. M. Suratissa、汤卓炜、高秀华：《吉林通化王八脖子聚落遗址区古生态概观》，引自《边疆考古研究》（第五辑），科学出版社 2007 年版，第 257~270 页。

② 罗鹏：《金斯太洞穴遗址晚更新世动物群及其古生态环境研究》，吉林大学硕士学位论文，2007 年。

③ 张虎才：《我国东北地区晚更新世中晚期环境变化与猛犸象—披毛犀动物群绝灭研究综述》，载于《地球科学进展》2009 年第 1 期。

姜海涛等以黑龙江省青冈县英贤村一个厚 9.2 米的化石出土剖面为研究对象，通过对沉积物的孢粉记录研究和植物科属鉴定，分析重建了猛犸象—披毛犀动物种群生存的植被状况等环境背景。青冈地区的剖面孢粉记录揭示了晚更新世以来猛犸象—披毛犀动物种群生存的植被环境与欧亚大陆整体情况类似，顾乡屯组时期的植被环境主要为草甸植被，群力组阶段发育有干草原植被，到坦途组时段转变为针叶林植被①。

有学者关注到东北森林区和草原区的植物群落，主要是针对表土植硅体与其地上植物群落的对应关系进行研究。刘利丹等通过对长白山地区和松嫩平原的草本及木本植物进行采样，通过研究土壤类型和植物群落等方面的信息，发现东北地区森林区和草原区表土及其地上植物群落中植硅体类型丰富，认为引入植硅体研究可以大大提高重建古环境研究的精度②。

四、降温事件与环境恶化

在温暖湿润的自然环境的氤氲和滋养下，人类得以繁衍生息。在地球的演化史上，自然环境往往呈现出周期性的变化，如气候异常、湿热与干冷的周期性变化，以及地震、洪涝等，都会对人类文化和文明造成影响。

荒漠化是东北地区环境史研究的一个重要主题。林年丰等研究了东北地区荒漠化的成因，认为荒漠化是自然和人为因素共同作用的结果。东北地区早更新世时期发生过大陆冰盖和气温骤降现象，气候温凉偏干，孢粉组合分析表明植被为稀疏针叶、阔叶林分布的草甸草原景观；中更新世时期山地抬升、盆地下沉，气候温暖湿润，孢粉组合分析表明植被为阔叶疏林草甸草原景观；晚更新世时期，由于冰期和间冰期气候的波动，致使气候温和凉爽，冰缘植物和动物出现，处于冰缘环境，直到晚更新世末期沙漠化最剧烈。全

---

① 姜海涛等：《黑龙江青冈地区晚更新世猛犸象—披毛犀动物群生存的环境背景》，载于《人类学学报》2019 年第 1 期。

② 刘利丹：《中国东北森林区和草原区表土植硅体的植物群落代表性研究》，载于《第四纪研究》2020 年第 5 期。

新世以来，由于季风的变迁，沙漠化程度有所下降，并向东南迁移，以至沙带主要分布在松嫩平原和西辽河平原上。人类对草地的滥垦、滥牧等行为也在一定程度上导致了二次沙化，荒漠化程度趋于加重①。

朱艳关注新石器时代的环境恶化事件。距今 5000 年左右发生过一次全球环境恶化事件。受其影响，距今 7000～4000 年东北地区古人类的生活和生产方式发生过显著改变，以渔猎或以渔猎为主、家畜饲养为辅的生业模式发生改变。随着时间推移，家畜饲养业所占比重逐渐增大②。

内蒙古中南部、东南部地区和西辽河流域的新石器时代文化、陶器及其纹饰也在此次环境恶化事件之后出现过文化缺环、某些陶器种类消失或陶器纹饰传统突然消失等现象。这从一个侧面证实了环境恶化事件导致了文化衰退或断层的结果，文化的进步或衰退很大程度上与环境变化相关。

吕安琪等对赤峰地区的黄土粒度和沙地扩张进行了探讨，在赤峰西部几个地点的黄土剖面取样，运用激光粒度仪等，并结合光释光、古地磁等年代分析结果，得出黄土粒度参数及变化特征，并探讨了 SBH 剖面粒度与古气候的意义，认为黄土剖面的粒度曲线随着黄土—古土壤旋回的变化反映了冰期与间冰期气候的变化③。另文指出，自距今 108 万年以来，冬季风和粉尘源区干旱程度是影响黄土粒度的两个重要因素，气温骤降和全球冰量增加导致了东亚季风在赤峰地区随冰期—间冰期旋回的周期性变化④。

五、人地关系以及人类对环境的文化适应

无论是考古学还是环境史研究，通常都会将自然环境与文化结合与综合起来，来探讨古人类的生活和生产状况、农业起源、古人类对自然环境的适

---

① 林年丰等：《东北平原第四纪环境演化与荒漠化问题》，载于《第四纪研究》1999 年第 5 期。

② 朱艳：《距今五千年左右环境恶化事件对我国新石器文化的影响及其原因的初步探讨》，载于《地理科学进展》2001 年第 2 期。

③ 刘东生：《黄土与环境》，科学出版社 1985 年版。

④ 吕安琪等：《1.08Ma 以来中国东北赤峰地区黄土粒度变化及其揭示的沙地扩张事件》，载于《中国沙漠》2017 年第 4 期。

应以及人地关系等诸多问题①。

赵志军从粟黍起源角度，探讨了北方地区新石器时代旱作农业的起源和早期发展②。韩茂莉对北方地区畜牧业的兴起与环境的互动关系进行了考察③。

汤卓炜基于对中国东北地区西南部旧石器至青铜时代的环境考古研究，在确立研究区内环境及人地关系量化指标，进行定量、半定量和空间分析后认为，在地质条件基本相同的情况下，气候变化是导致人地关系发生变化的主要动因，人类与自然环境的相互作用会随着人类的进化和环境的变迁呈阶段性和量变特点。全新世大暖期后自然环境变得更为温暖宜人，文化繁荣，人口增加，人类与自然环境之间相对稳定的平衡被打破④。

李水城对西拉木伦河流域新石器至青铜时代的文化变迁及人地关系进行了研究，探讨了西拉木伦河流域古气候、古环境波动与文化的关系，发现这一时期人类的生业模式经历了由采集渔猎经济为主—农业经济繁荣—半农半牧经济这几个阶段的演变，孢粉分析为此提供了证据⑤。

胡金明等利用土壤剖面、古土壤年代数据和炭屑等证据，复原和重建了西辽河流域全新世以来的自然景观演变史，详细探讨了该地区人地系统演变的历史。全新世早期，文化的萌芽与气候发展呈正相关关系，气候波动直接影响文化的繁荣程度；全新世中期，自然环境的演变成为文化发展的外在推

① 滕海键：《红山文化分布区上古时期人地关系述论》，载于《郑州大学学报》2017 年第 4 期；汤卓炜：《中国东北地区西南部旧石器时代至青铜时代人地关系发展阶段的量化研究》，吉林大学博士学位论文，2004 年。

② 赵志军：《探寻中国北方旱作农业起源的新线索》，载于《中国文物报》，2004 年 11 月 12 日；赵志军：《从兴隆沟遗址浮选结果谈中国北方旱作农业起源问题》，引自《东亚古物》（A 卷），文物出版社 2004 年版。

③ 韩茂莉：《论中国北方畜牧业产生与环境的互动关系》，载于《地理研究》2003 年第 1 期。

④ 汤卓炜：《中国东北地区西南部旧石器时代至青铜时代人地关系发展阶段的量化研究》，吉林大学博士学位论文，2004 年。

⑤ 李水城：《西拉木伦河流域古文化变迁及人地关系》，引自《边疆考古研究》（第一辑），科学出版社 2002 年版。

力；全新世中期以后，气候波动成为文化转型的重要驱动力①。

滕海键从环境史视角分析了古人类与自然环境的关系，包括生业模式、聚落形态和考古学文化的空间分布等与自然环境的关系，探究了西拉木伦河和老哈河流域距今 8000～3000 年间人地关系的历史特征，提出自然地理环境是塑造人类思维方式和行为模式的重要因素之一。滕海键认为，这一时期考古学文化的空间分布、聚落规模、文化繁荣程度等，均与气候和环境变迁存在着对应关系。气候异常或环境恶化，是导致文化兴衰、异变的重要因素。适宜的气候条件是古人类繁衍生息和孕育文明的必要基础，亦是史前社会文明进程的间接推动力量②。

陈胜前从古人类行为重建和生态学角度对华北地区晚更新世时期的人类适应行为进行了考察，归纳出这一时期中国北方地区人类的适应性进步与辐射特征，认为中国北方晚更新世人类适应的地域特征随时间推移而不断强化。人类的适应和辐射主要表现为人口增长和地域化明显增强③。

学界迄今关于东北区域先秦时期的环境史研究已取得了很大进展。其中有通过科技手段和动植物群落来观察环境演变对古人类文化的影响，有关于中国北方地区农业起源的生态学研究，有对降温事件和环境恶化及其与人类文化关系的研究，有对人类行为、人地关系和人类生计与环境互动的探讨。

相对来说，环境史视角的探讨较为薄弱。对于如何建构史前时期的人与自然的关系史，挑战很大，加强这方面的探讨，意义和价值很高。

---

① 胡金明等：《西辽河流域全新世以来人地系统演变历史的重建》，载于《地理科学》2002 年第5 期。

② 滕海键：《红山文化分布区上古时期人地关系述论》，载于《郑州大学学报》2017 年第 4 期。

③ 陈胜前：《中国晚更新世人类的适应变迁与辐射》，载于《第四纪研究》2006 年第 4 期。

辽金东北环境史研究

滕海键

辽金是由历史上的北方民族先后建立的两个地方王朝政权,存续年代在公元 10 世纪至公元 13 世纪上半叶,统辖地域辽阔,现在的东北曾是其核心地区。辽金两朝推行促进农业垦殖和发展农业的政策,辽金时期也是我国北方气候和自然环境多变时期,人与自然环境的关系变化起伏较大。历史地理学、历史学和考古学界采用传统的历史学和历史地理学的研究方法,对辽金时期东北的自然地理环境及其历史变迁,包括气候、野生动物、辽泽湖泊和沙地变迁,农牧业与自然环境、地理环境与民俗,自然资源保护,聚落与环境,灾害史,疾疫史等问题都开展了研究,取得了不少成果。

一、气候变迁

气候是自然环境中最活跃的因素之一,也是反映特定区域环境状况的重要指标。历史上气候的每一次周期性波动都会导致自然环境发生重大变化。短期的气候变化,比如水旱洪涝等,会给人类的生产和生活甚至生命造成严重危害;长周期的气候变化会导致生态系统发生改变,进而更深刻地影响人类的生产和生活的方方面面,因此,气候变迁对人类社会的影响更早受到关注。

从宏观视野研究气候变迁的成果比较多,有专门研究气候的冷暖温湿变化,有研究气候变化对农牧交错带推移的影响,有研究辽金时期气候变化给人类社会造成的影响，有论著专门论证气候寒冷引发的辽、金政权与宋朝的对峙，认为北方游牧民族的南下与气候周期性变化存在共振关系①。

专述辽金时期的气候与生态环境变迁的成果出现在 20 世纪 80 年代，比如邓辉利用《辽史》中"帝王纪""游幸表""食货志"和同时代"宋人使辽语录"中记载的有关旱、涝、冻灾记录，对公元 928～1109 年的 182 年间燕北地区的历史气候进行了研究和复原，发现辽代燕北地区早期以干为主，中晚期以湿为主。1080 年前后为气温剧烈下降时期，比黄淮海地区的气候变化要早约 30 年②。

韩茂莉研究认为，辽代至少到辽圣宗时期（10 世纪末至 11 世纪初），西辽河流域仍然处于环境适宜期，植被状况良好，自辽中后期西辽河流域气候开始逆转，至金代气候转向冷干的趋势明显，金代在气温降低的同时，风沙灾害也变得明显③。

张国庆探讨了辽代北方草原特殊的气候环境与契丹骑兵特质之间的关系，认为北方草原干冷的气候环境造就了契丹人喜凉惧热的特殊体质，也才有了契丹骑兵南进中原作战时的战略性季节选择④。

---

① 竺可桢：《中国近五千年来气候变迁的初步研究》，载于《考古学报》1972 年第 1 期；张丕远：《中国历史气候变化》，山东科技出版社 1996 年版；满志敏等：《气候变化对历史上农牧过渡带影响的个例研究》，载于《地理研究》2000 年第 2 期；于希贤：《近四千来中国地理环境几次突发变异及其后果的初步研究》，引自《中国历史地理论丛》（第 2 辑），陕西师范大学中国历史地理研究所，1995 年；龚高法等：《历史时期我国气候带的变迁及生物分布界限的推移》，引自《历史地理》（第 5 辑），上海人民出版社 1987 年版；倪根金：《试论气候变迁对我国古代北方农业经济的影响》，载于《农业考古》1988 年第 1 期；李伯重：《气候变化与中国历史人口的几次大起大落》，载于《人口研究》1999 年第 1 期；牟重行：《中国五千年气候变迁的再考证》，气象出版社 1996 年版；任振球：《中国近五千年来气候的异常期及其天文成因》，载于《农业考古》1986 年第 1 期。刘昭民：《中国历史上气候之变迁》，台湾商务印书馆 1982 年版；王会昌：《2000 年来中国北方游牧民族南迁与气候变化》，载于《地理科学》1996 年第 3 期。

② 邓辉：《论燕北地区辽代的气候特点》，载于《第四纪研究》1998 年第 1 期。

③ 韩茂莉：《辽代西辽河流域气候变化及其环境特征》，载于《地理科学》2004 年第 5 期。

④ 张国庆：《气候环境对辽代契丹骑兵及骑战的影响——以其南进中原作战为例》，载于《辽宁大学学报（哲学社会科学版）》2007 年第 4 期。

二、沙漠化与自然环境变迁

关于辽金时期的沙地环境变迁集中在对科尔沁沙地的探讨。

张柏忠研究认为，辽代前期的科尔沁沙地水网密布，河湖众多，河湖流域植被发达，土地肥沃、宜耕宜牧，水土流失和沙化现象还未出现。但辽晚期至金代沙地生态恶化，沙化现象严重。辽代在科尔沁沙地上建立的州城几乎全部废弃。植被遭到破坏，流沙泛起，风沙蔽日，出现疏林草原与干草原相间的自然景观。张柏忠认为，金代是科尔沁沙地历史上沙漠化最严重的时期①。

景爱研究认为，辽代汉、渤海移民在西辽河流域开发农田，破坏草原，对生态环境产生了巨大影响。另外，修建城池、官衙、府邸、居宅和燃料所需的木材亦来自对森林的大量砍伐，这导致了科尔沁地区的沙化。公元11世纪，西辽河流域移民开垦引起的沙化更为严重②。

王守春研究认为，辽代前期西辽河冲积平原是湖泊、沼泽和林地的多种自然景观组合。10世纪后半叶西辽河流域沙漠化突变，原因是气候突然变得干冷，辽代科尔沁沙地的沙漠化主要是自然原因③。

张国庆援引宋人使辽语录及使辽诗中的相关资料，结合历史文献和考古资料，探讨了辽后期契丹腹地生态环境的恶化及其原因④。

三、平地松林和千里松林

景爱研究了平地松林的变迁与西拉木伦河地区环境变化的关系，认为平

---

① 张柏忠：《北魏至金代科尔沁沙地的变迁》，载于《中国沙漠》1991年第1期。

② 景爱：《科尔沁沙地考察》，载于《中国历史地理论丛》1990年第4辑；景爱：《平地松林的变迁与西拉木伦河上游的沙漠化》，载于《中国历史地理论丛》1998年第4辑。

③ 王守春：《10世纪末西辽河流域沙漠化的突进及其原因》，载于《中国沙漠》2000年第3期。

④ 张国庆：《辽代后期契丹腹地生态环境恶化及其原因》，载于《辽宁大学学报（哲学社会科学版）》2014年第5期。

地松林的面积方圆千里以上。辽金时期因汉族、渤海族等移民到达这里，开荒垦地，建立村镇，平地松林遭到破坏。战争、修边堡界壕等也消耗了大量森林。森林破坏造成水土流失，土地沙化，辽后期西拉木伦河南岸已出现了沙化。金代西拉木伦河上游地区的沙化已相当严重①。

邓辉认为，历史文献中所说的平地松林仅仅是一种局部的自然环境特征，和后来的千里松林是两个不同的概念。辽代的森林主要集中在大兴安岭南段山地和冀北山地一线，山前平原及高原地区是一些较大的片林。辽代的科尔沁沙地是坨甸相间，沙地疏林草原广布。邓辉论证了辽代燕北地区的自然景观的特点即"平地松林""千里松林"群落构成以及各自的空间分布，并对辽代科尔沁沙地及其周边地区的自然景观做了复原，认为科尔沁沙地的形成并非完全因人类活动所致，自然环境自身的变化也是重要因素②。

郭文毅、秦竹通过分析金代《京兆府提学所帖碑》，考察了金代京兆府长安县经济林木种植情况，如桑、枣、柿、果、海棠等，由此推断金代诸府州县植树造林情况③。于希贤、于涌讨论了辽金时期北京地区因建城及战争等原因对森林造成的消耗和破坏④。凌大燮讨论了辽金时期北京及附近地区的居民因取暖及炊事所需对太行山和燕山地区森林的砍伐造成的环境恶化⑤。王永祥认为金代冶铁遗址多分布在疏林茂密之处，是因为冶铁需要大量木炭，采用木材烧炭炼铁消耗了大量林木⑥。

四、山地环境

学界对契丹境内的山地环境多有研究，特别是对契丹人有着重要意义的

---

① 景爱：《平地松林的变迁与西拉木伦河上游的沙漠化》，载于《中国历史地理论丛》1988 年第 4 辑。

② 邓辉：《论辽代的平地松林与千里松林——兼论燕北地区辽代的自然景观》，载于《地理学报》1998 年增刊。

③ 郭文毅、秦竹：《金代京兆府长安县的经济林木》，载于《中国历史地理论丛》1999 年第 1 辑。

④ 于希贤、于涌：《沧海桑田——历史时期地理环境的渐变与突变》，广东教育出版社 2002 年版。

⑤ 凌大燮：《我国森林资源的变迁》，载于《中国农史》1983 年第 2 期。

⑥ 王永祥：《黑龙江阿城县小岭地区金代冶铁遗址》，载于《考古》1965 年第 3 期。

木叶山、马盂山、炭山、夹山等①。虽然这些讨论多是考证这些山的地理位置、分布范围、山体名称的变迁及山脉走向等，但由此也可知晓辽金境内山地的分布，以及这些山地的生态环境状况，有的论及了炭山的自然环境，如气候寒冷、林木茂密、野生动物丰富等特征，这些都有一定的环境史价值。

五、辽泽及河湖环境

张士尊认为，辽泽是史前时期不同类型文化的界限，统一时期是不同政区的界限，分裂时期则是不同政治集团的界限，他探寻了辽泽影响历史变迁的原因②。肖忠纯考察了辽泽的历史变迁及其原因③，其《古代文献中的"辽泽"地理范围及下辽河平原辽泽的特点、成因分析》一文考察了辽泽在不同历史时期的范围及其特点和成因④，《论古代"辽泽"的地理分界线作用》一文考察了辽泽在不同历史时期所起的地理分界线作用⑤。

王守春分析了辽前期西辽河冲积平原上的湖泊分布状况，认为前期湖泊较多，但辽后期不见于记载，可能与环境变化有关。他认为辽代独特的人文地理现象——"捺钵"制度与西辽河流域多湖泊有一定关系。通过统计西辽河流域的湖泊及其地理位置来分析辽帝春捺钵地点的前后变化，证明辽代中期以后西辽河流域自然环境趋于恶化。这一变化应当是自然过程，而非人

① 张国庆：《辽代契丹人祭木叶山考探》，载于《辽宁大学学报》1992 年第 2 期；葛华廷：《辽代木叶山之我见》，载于《北方文物》2006 年第 3 期；吉平：《浅说辽代马盂山》，载于《内蒙古文物考古》2004 年第 2 期；汪景隆：《辽代马盂山考》，载于《赤峰学院学报》2014 年第 7 期；白光、张汉英：《辽代"炭山"考》，载于《北方文物》1994 年第 2 期；武成、燕晓武：《辽代夹山考》，载于《内蒙古文物考古》2009 年第 2 期。

② 张士尊：《辽泽——影响东北南部历史的重要地理因素》，载于《鞍山师范学院学报》2009 年第 1 期。

③ 肖忠纯：《古代"辽泽"地理范围的历史变迁》，载于《中国边疆史地研究》2010 年第 1 期。

④ 肖忠纯：《古代文献中的"辽泽"地理范围及下辽河平原辽泽的特点、成因分析》，载于《北方文物》2010 年第 3 期。

⑤ 肖忠纯：《论古代"辽泽"的地理分界线作用》，载于《黑龙江民族丛刊》2009 年第 5 期。

为原因所致①。

六、野生动物及四时捺钵

　　野生动物是游牧和渔猎民族生活资料的重要来源，甚至关乎契丹、女真社会的发展和政权的兴衰。契丹是以渔猎为主要生业的民族，其民族文化隐含着对山林和野生动物的保护意识，这在其生产实践中有明显体现。

　　王守春讨论了辽代西辽河流域的动物地理，通过统计辽代帝王在西辽河流域猎取虎、鹿、熊等动物，考察了这一时期西辽河流域的动物地理分布状况②。夏宇旭讨论了契丹社会在食物上对野生资源的依赖③，论述了辽代契丹人保护野生动物的一些举措④。张志勇考察了辽金统治者保护野生动物的动因、措施和效果，认为辽金境内野生动物种类繁多，为契丹和女真人提供了衣食之源。在长期游牧和渔猎过程中，人们逐渐认识到动物资源的重要性，采取了一系列保护野生动物的措施，一定程度上保护了环境⑤。聂传平对海东青的特性、生存环境以及辽金两朝对其管理、驯养以及海东青与辽金社会的关系进行了详细考察⑥。景爱、徐学良、彭善国、邵连杰等考证了辽代获取海东青的路线和海东青的形态和习性、产地和分布以及在辽金两代的重要作用等⑦。肖爱民论述了辽代珍奇动物貔狸的形态、生存环境、食用价

　　① 王守春：《辽代西辽河冲积平原及邻近地区的湖泊》，载于《中国历史地理论丛》2013 年第 1 辑。
　　② 王守春：《全新世中期以来西辽河流域动物地理与环境变迁》，载于《地理研究》2002 年第 6 期。
　　③ 夏宇旭：《野生食物资源与契丹社会》，载于《中央民族大学学报（哲学社会科学版）》2015 年第 3 期。
　　④ 夏宇旭：《论辽代契丹人对野生动物资源的保护》，载于《安徽农业科学》2012 年第 31 期。
　　⑤ 张志勇：《辽金对野生动物的保护及启示》，载于《北方文物》2004 年第 2 期。
　　⑥ 聂传平：《辽金时期皇家猎鹰——海东青（矛隼）》，陕西师范大学硕士论文，2011 年。
　　⑦ 景爱：《辽代的鹰路与五国部》，载于《延边大学学报》1983 年第 1 期；徐学良：《海东青的分布和产地》，载于《黑河学刊》1988 年第 1 期；彭善国：《辽金元时期的海东青及鹰猎》，载于《北方文物》2002 年第 4 期；邵连杰：《辽代皇家鹰猎之海东青》，载于《赤峰学院学报》2014 年第 1 期。

值等特点以及貔狸对契丹人的重要意义①。

　　学者们对契丹捺钵文化有着浓厚的兴趣。李健才认为辽代四时捺钵地选择有生态环境考量。春捺钵主要是在长春州境内的鸭子河、挞鲁河、鱼儿泺等河湖地区，这里盛产鱼类，同时也是鹅、雁及野鸭的聚集之地。夏捺钵主要是在深山，这些地区夏季气候凉爽宜猎。秋捺钵在森林茂密之处，虎鹿等野生动物繁多，便于狩猎。冬捺钵主要选择在温暖的地方，便于防寒取暖②。

　　康广敏、杨中华、李旭光、王平、郭珉③等考察了春捺钵之地，考证了月亮泡（鱼儿泺）、查干泡（大水泺）、茂兴泡（鸭子河泺）的地理位置、大致范围、环境条件、名称变化以及春捺钵活动等方面的情况。

　　许多人将捺钵视为一种文化来探讨。孙立梅认为契丹等东北民族的服饰在形制、质料、配饰、图案、颜色等方面都体现了捺钵文化，如衣兽皮、穿长靴，衣服纹饰上有大雁、海冬青、鹿纹等，既方便骑马射猎，又可防寒防雨，是东北草原民族效法大自然、与自然和谐共处、与游猎生活相适应的表现④。穆鸿利、黄凤岐、乌力吉、郑毅等认为契丹捺钵文化的形成与地理环境、气候和物产密切相关，特殊的自然条件是捺钵文化产生的客观基础⑤。

七、畜牧业与环境

　　学界关注较多的是辽代的畜牧业，但大多从管理制度和放牧方式等方面

---

　　① 肖爱民：《辽代珍奇动物貔狸考》，载于《北方文物》1999 年第 1 期。

　　② 李健才：《辽代四时捺钵的地址和路线》，载于《博物馆研究》1988 年第 1 期。

　　③ 康广敏：《辽帝"春捺钵"址刍见》，载于《博物馆研究》1992 年第 1 期；杨中华：《辽代春捺钵地考》，载于《黑龙江民族丛刊》1989 年第 1 期；李旭光：《辽帝春捺钵再考》，载于《东北史地》2012 年第 1 期；王平：《月亮泡与辽的春季捺钵活动》，载于《白城师范高等专科学报》2001 年第 8 期；郭珉：《鸭子河诸说之评述》，载于《北方文物》1996 年第 4 期。

　　④ 孙立梅：《辽金时期的查干湖、月亮泡渔猎文化探析》，载于《白城师范学院学报》2010 年第 2 期；孙立梅：《东北草原民族服饰中所体现的契丹捺钵文化精神》，载于《白城师范学院学报》2011 年第 1 期。

　　⑤ 穆鸿利：《关于契丹四时捺钵文化模式的思索》，载于《内蒙古社会科学》2005 年第 6 期；黄凤岐：《契丹捺钵文化探论》，载于《社会科学辑刊》2000 年第 4 期；乌力吉：《关于契丹捺钵文化的再认识》，载于《内蒙古大学艺术学院学报》2007 年第 4 期；郑毅：《论捺钵制度及其对辽代习俗文化的影响》，载于《学理论》2013 年第 20 期。

讨论，论及畜牧业与环境关系的并不多见。韩茂莉认为北方畜牧业从农业中脱离出来是因为环境变迁的推动，即气候转干变冷，形成了游牧业，游牧业的产生是人类适应环境的结果。游牧民族逐水草而居，依气候环境变化和水草条件设立牧场，契丹人四时游牧即如此。北方游牧民族根据水源有无、草场优劣及往年迁移中畜群留下来的粪便确定游牧路线、放牧方式①。

何天明、肖爱民从辽代牧场的分布、群牧制度以及牧养技术等方面来探讨辽代的畜牧业，其中也涉及一些与环境相关问题②。

八、农业与环境

辽金两朝是东北地区农业活动的重要时期，两朝的农业开发与地理环境的关系备受学界关注，韩茂莉系统考察了辽金时期西辽河流域自然环境与农牧业格局及其变化的关系③。《辽金农业地理》一书对辽金两代的农业和人文地理概貌，包括农业人口迁移、农耕区分布特点及形成过程、农作物和农业耕作方式、畜牧业和狩猎业等非农业生产部门的地域结构等进行了系统研究④。其另有多文探讨了辽金时期西辽河流域的人口消长、农业开发对环境造成的扰动⑤。她还从人类活动适应环境变化的角度探讨了 2000 年来随着环

①　韩茂莉：《论中国北方畜牧业产生与环境的互动关系》，载于《地理研究》2003 年第 1 期；韩茂莉：《历史时期草原民族游牧方式初探》，载于《中国经济史研究》2003 年第 4 期；韩茂莉：《辽代的畜牧业及相关问题研究》，载于《中国经济史研究》1998 年第 4 期。

②　何天明：《试论辽代牧场的分布与群牧管理》，载于《内蒙古社会科学》1994 年第 5 期；何天明：《辽代群牧制度源流考论》，载于《内蒙古社会科学》1993 年第 1 期；肖爱民：《辽朝契丹人牧养牲畜技术探析》，载于《河北大学学报》2010 年第 2 期。

③　韩茂莉：《草原与田园——辽金时期西辽河流域农牧业与环境》，生活·读书·新知三联书店2006 年版。

④　韩茂莉：《辽金农业地理》，社会科学文献出版社 1999 年版。

⑤　韩茂莉：《辽金时期西辽河流域农业开发核心区的转移与环境变迁》，载于《北京大学学报》2003 年第 4 期；韩茂莉：《辽代前中期西拉木伦河流域以及毗邻地区农业人口探论》，载于《社会科学辑刊》2001 年第 6 期；韩茂莉：《辽金时期西辽河流域农业开发与人口容量》，载于《地理研究》2004 年第 5 期；韩茂莉：《辽代农作物地理分布与种植制度》，载于《中国农史》1998 年第 4 期。

境变迁，农业种植制度、作物种类和分界线的变化①。

杨军提出人口激增和过度放牧以及汉式生活方式是导致契丹故地在辽后期出现生态环境恶化的主要原因②。邓辉探讨了辽代燕北的范围，论述了燕北地区山地、丘陵、气温、降水等自然景观以及农牧交错带农业的空间分布及其特点，民族的空间分布、土地利用方式等，认为自然环境是制约农牧业发展的主要因素③。夏宇旭讨论了辽代西辽河流域农田开发与自然环境变迁的关系④，考察了生态环境与契丹畜牧业的关系⑤，探讨了金代女真人食用蔬菜瓜果的种类和特点⑥，讨论了金代女真人的生存环境状况⑦。

九、地理环境与民俗文化

特定民族的生活和习俗文化与所居的自然环境密切相关。契丹人、女真人的衣食住行等习俗文化受其生存环境影响，他们在服饰上要考虑防寒和便于骑射。因牲畜和野生动物是其主要生活资料，契丹和女真人在饮食上以食肉为主。因气候寒冷，他们更喜高热量食物，并善豪饮。为了适应游牧渔猎生活，契丹人居住在便于拆卸的毡帐中。为了更好地接受阳光和防风保暖，契丹和女真人的房门皆朝向东面。其交通工具主要是马、车、驴等。

张国庆讨论了生态环境对辽代契丹习俗文化的影响，认为民族习俗文化的特性与特殊的生态环境密切相关。有什么样的生态环境，就会产生与之相关的习俗文化类型。东北独特的自然地理环境造就了契丹的游牧文化、渔猎文化、冰雪文化，因气候寒冷，契丹人形成了居毡帐、衣兽皮、做佛妆、尚

---

① 韩茂莉：《2000 年来我国人类活动与环境适应以及科学启示》，载于《地理研究》2000 年第 3 期。

② 杨军：《辽代契丹故地的农牧业与自然环境》，载于《中国农史》2013 年第 1 期。

③ 邓辉：《试论区域历史地理研究的理论和方法——兼论北方农牧交错带地区的历史地理综合研究》，载于《北京大学学报》2001 年第 1 期；邓辉：《辽代燕北地区农牧业的空间分布特点》，引自侯仁之、邓辉主编：《中国北方干旱半干旱地区历史时期环境变迁研究文集》，商务印书馆 2006 年版。

④ 夏宇旭：《辽代西辽河流域农田开发与环境变迁》，载于《北方文物》2018 年第 1 期。

⑤ 夏宇旭：《生态环境与契丹畜牧业》，载于《黑龙江民族丛刊》2017 年第 3 期。

⑥ 夏宇旭：《金代女真人食用蔬菜瓜果刍议》，载于《满语研究》2013 年第 2 期。

⑦ 夏宇旭：《金代女真人生存环境述略》，载于《满族研究》2014 年第 1 期。

白色等习俗①。刘素侠描述了辽墓壁画表现的契丹境内自然风光和契丹人四时"捺钵"生活②。冯季昌探讨了地理环境对东北古代民俗产生和发展的影响③。夏宇旭探讨了辽代的气候特点与契丹人文化习俗、地理环境与契丹人四时捺钵、生态环境与金代女真人的饮食习俗、野生食物资源与契丹社会、生态环境与金代女真人居住及交通习俗等议题④。

十、聚落与环境

韩茂莉将辽代西拉木伦河流域的聚落分为两类，并据以分析哪类聚落对环境造成了影响⑤。夏宇旭和王小敏讨论了辽王朝地理环境的特点与其居住方式的关系⑥。夏宇旭认为金代女真人的居住和交通习俗深受其生态环境的影响⑦。丁绍通和韩宾娜从自然环境和人文因素两个方面探讨了辽宁地区辽金古城遗址分布格局及其与环境的关系⑧。

十一、灾害和疾疫

张国庆（2011）考察了辽代水患的类型、发生时段和多发地区及其危

① 张国庆：《生态环境对辽代契丹习俗文化的影响》，载于《文史哲》2003 年第 5 期。
② 刘素侠：《从辽墓壁画看契丹人的社会生活》，载于《社会科学辑刊》1997 年第 3 期。
③ 冯季昌：《地理环境与东北古代民俗的关系》，载于《北方文物》1988 年第 1 期。
④ 夏宇旭：《辽代的气候特点与契丹人文化习俗》，载于《兰台世界》2012 年第 6 期；夏宇旭：《地理环境与契丹人四时捺钵》，载于《社会科学战线》2015 年第 2 期；夏宇旭：《生态环境与金代女真人的饮食习俗》，载于《东北史地》2014 年第 3 期；夏宇旭：《野生食物资源与契丹社会》，载于《中央民族大学学报（哲学社会科学版）》2015 年第 3 期；夏宇旭：《生态环境与金代女真人居住及交通习俗》，载于《吉林师范大学学报（人文社会科学版）》2013 年第 6 期。
⑤ 韩茂莉：《辽代西拉木伦河流域聚落分布与环境选择》，载于《地理学报》2004 年第 4 期。
⑥ 夏宇旭、王小敏：《地理环境与契丹人的居住方式》，载于《吉林师范大学学报（人文社会科学版）》2015 年第 3 期。
⑦ 夏宇旭：《生态环境与金代女真人居住及交通习俗》，载于《吉林师范大学学报（人文社会科学版）》2013 年第 6 期。
⑧ 丁绍通、韩宾娜：《辽宁地区辽金古城分布与环境关系研究》，载于《佳木斯大学社会科学学报》2018 年第 2 期。

害，辽政府对水患灾民的赈恤，对水利设施建设的重视，以及民间救助等①，还归纳了辽代自然灾害的类型及赈恤措施②。孟古托力研究了辽道宗中晚期的自然灾害的特点及其社会危害，认为这甚至与辽政权的灭亡不无关系③。

十二、林木等自然资源的保护

夏宇旭讨论了金代女真人对林木资源的保护举措④。夏宇旭考察了金代森林资源的破坏情况和野生动物资源与辽代社会的关系⑤。

此外，学界还探讨了一些诸如交通、衣食住行等方面的论题，这些论题虽然不属于环境史范畴，但却间接地反映了人与自然的关系⑥。

综上所述，辽金时期东北环境史研究取得了一定成就。首先是对一些重要的论题，诸如气候与自然环境变迁、农业与环境、自然地理环境与民俗等进行了初步的研究与探讨，挖掘了一些相关史料，开辟了研究辽金史的新视角，拓展了辽金史研究的论题。特别是对农业与自然环境的关系做了较为系

---

① 张国庆：《辽代的水患及相关问题研究》，引自《辽宁省辽金契丹女真史学会会议论文集（上）》，2011 年。

② 张国庆：《辽代的自然灾害及其赈恤措施》，载于《内蒙古社会科学》1990 年第 5 期。

③ 孟古托力：《辽道宗中泥全期自然灾害述论》，载于《北方文物》2001 年第 4 期。

④ 夏宇旭：《论金代女真人对林木资源的保护与发展》，载于《北方文物》2014 年第 1 期。

⑤ 夏宇旭：《金代森林破坏与环境变迁》，载于《吉林师范大学学报（人文社会科学版）》2019 年第 1 期。

⑥ 张国庆：《从辽诗及北宋使辽诗看辽代社会》，载于《烟台大学学报》1994 年第 3 期；张国庆：《辽代契丹人的饮酒习俗》，载于《黑龙江民族丛刊》1990 年第 1 期；张国庆：《辽代契丹人的交通工具考述》，载于《北方文物》1991 年第 1 期；张国庆：《辽代契丹人的"住所"论略》，载于《辽宁师范大学学报》1990 年第 5 期；石光英：《从〈奉使辽金行程录〉透析辽代社会生活》，吉林大学硕士论文，2006 年；周峰：《宋使所见契丹人的生活——以行程录和使辽诗为中心》，引自刘正寅、扎洛、方素梅主编：《族际认知——文献中的他者》，社会科学文献出版社 2009 年版；罗继祖：《契丹人的饮食》，载于《辽金契丹女真史研究》1986 年第 1 期；武玉环：《略论辽代契丹人的衣食住行》，载于《北方文物》1991 年第 3 期；项春松：《辽国交通、驿道及驿馆述略》，引自孙进己等主编：《中国考古集成·东北卷·辽》，北京出版社 1997 年版；李萃萃：《从辽墓壁画论契丹社会生活中的居住与出行文化》，载于《大连大学学报》2010 年第 4 期；王孝华：《驴在金代交通工具中的作用初议》，载于《北方文物》2011 年第 3 期。

统的研究。有一些研究成果颇具新意，比如王永祥认为金代冶铁遗址多分布在疏林茂密之处，因冶铁需要大量木炭，这可能导致了大量林木的消耗。

辽金时期东北环境史研究尚有许多需要进一步挖掘的空间。首先是论题有待拓展，诸如动物和湖泊、植被和土壤等环境变迁及其与人类社会的关系尚有一定的探讨空间。既有研究涉及的范围局限于辽金统治的核心区，完整的辽金时期的人地关系史尚未构建起来。研究所用资料取自正史典籍居多，其他如考古资料、石刻与壁画资料使用较少。辽金时期的遗存保留很多，针对辽金正史资料的缺乏，利用考古资料不失为一条重要的研究途径。

渤海国环境史研究

马业杰　滕海键

　　渤海国是我国古代东北地区一支重要的少数民族政权，曾被誉为"海东盛国"。渤海国环境史是渤海国史、东北地方史研究中的重要分支领域。本文拟对国内外史学界渤海国环境史相关研究成果进行分类介绍并做简要评述，对渤海国环境史的研究趋势做出展望。

一、气候变迁对渤海国的影响

　　渤海国作为古代东北地方少数民族政权，地处高纬度的东北腹地，其气候特征及其变迁对渤海国的历史发展有着重要影响。日本学者卯田强发表了多篇文章探讨气候变迁对渤海国的影响。他提出，渤海国时期气候由暖及寒的转变对环日本海地区的环境变化产生了影响①。他在另一文中提出渤海国是随着中古温暖期的到来而建立，并在温暖的气候条件下逐步走向繁荣的，但随着寒冷期的到来，渤海国走向了衰亡②。日本学者吉野正敏认为公元8世纪以来的气候条件支撑着渤海国农业和牧业的发展。公元9世纪末以后气

---

① 〔日〕卯田强：《環日本海地域の自然と環境——とくに渤海時代の気候変動について》，《環日本海論叢》第8号，1995年。

② 〔日〕卯田强：《渤海国と気候変動》，《環日本海研究》第7号，2001年。

候开始走向寒冷。最终，气候环境变迁导致渤海国走向了衰亡①。日本学者高田宏探讨了季风气候变化对渤海国历史发展产生的重要影响②。

上述研究成果考察的时段主要集中在公元 8 世纪至 10 世纪，多参照现代气候学研究成果来推测渤海国时期的气候特征和历史变迁，较少利用古史文献资料。中国史学界对该问题的探讨较少，史料挖掘也有待加强。

二、火山灾害对渤海国的影响

渤海国时期的自然灾害史研究主要集中于长白山火山爆发对渤海国的影响。日本学者町田洋认为，长白山火山爆发破坏了渤海人的生存环境，是造成渤海国衰亡的重要原因③。日本学者友保进认为，随着长白山火山爆发的次数不断增加，渤海国及周边民族政权生存环境的破坏程度不断加深，这引发了渤海国与周边政权矛盾的激化。长白山火山爆发对渤海国社会经济造成了负面影响，这为契丹政权攻灭渤海国提供了契机④。日本学者宫本毅等认为 9 世纪左右长白山火山爆发造成的局部气候变化对渤海人的生活造成了严重威胁⑤。日本学者秋教昇等认为渤海国五京的地理位置处在长白山火山影响的范围内，10 世纪长白山火山爆发频次增多，火山频繁爆发对渤海国都城地区的生态环境造成了严重的破坏，致使渤海人生存环境愈发恶劣，最终导致渤海国的衰亡⑥。

日本等国学者在上述研究中运用了地质学、火山学、气候学等多学科的

---

① ［日］吉野正敏：《气候变化与渤海的盛衰》，引自杨志军主编：《东北亚考古资料译文集·渤海专号》，北方文物杂志社 1998 年版。

② ［日］高田宏：《横渡亚洲的季风（8）——渤海国就在那里》，载于《月刊レにか》13 号，2002 年第 12 期。

③ ［日］町田洋：《火山喷火と渤海の衰亡》，中西进、安田喜憲编：《谜の王国·渤海国》，角川书店，1992 年。

④ ［日］友保进：《渤海国の灭亡と长白山火山の爆发》，《历史研究》443 号，1998 年。

⑤ ［日］宫本毅等：《白头山（长白山）の爆发の喷火史の再检讨》，《东北アジア研究》，2003 年第 7 号。

⑥ ［日］秋教昇等：《历史时代の白头山の火山活动》，《地震研究所汇报》，2011 年第 86 号。

知识和方法，但疏于对古史文献资料的利用，而且大多认为火山爆发是造成渤海国灭亡的主要成因之一，一定程度上夸大了火山灾害对社会的影响。

国内学界对渤海国的灾害史也开展了一些研究。王虹波和滕红岩认为，现世流传文献关于渤海政权时期的灾害史料较少①。关于渤海国及其先世时期的灾害史料仅《新唐书·高丽传》中有一处关于风灾的记载，即"永徽五年（654年），藏以靺鞨兵攻契丹，战新城，大风，矢皆还激，为契丹所乘，大败"②。文献记载稀缺制约了渤海国的灾害史研究。要深化对渤海国的灾害史研究，还要挖掘史料，注重域外史料的搜集，重视考古材料的利用。

三、古今水系与湖泊地理位置的考证

渤海国域内水系众多，湖泊遍布。学界很重视渤海国域内水系、湖泊古今地理位置的考证。李健才认为粟末水即第二松花江③。刘晓东认为湄沱湖应为今镜泊湖④。孙正甲认为"湄沱之鲫"中的"鲫"是水产之代称；"俗所贵者"中的"贵"意为"产量高"之意，且古湄沱湖之称源于位于兴凯湖附近的渤海安远府之郡州及东平府之沱州，湄沱湖可能是现在的兴凯湖⑤。朱国忱认为兴凯湖不产鲫鱼，而镜泊湖以盛产鲫鱼著称，且兴凯湖距离渤海国上京较远，湖面广阔，古人视其为海，所以镜泊湖为渤海国时期的湄沱湖⑥。卢伟认为湄沱湖是镜泊湖的观点在研究渤海国的学者中已成为不争之论⑦。

---

① 王虹波、滕红岩：《从古代文献记载看渤海政权社会生活中的自然灾害》，载于《通化师范学院学报》2013年第5期。

② 欧阳修等：《新唐书》卷二二〇《高丽传》，中华书局1975年版。

③ 李健才：《松花江名称的演变》，载于《学习与探索》1982年第2期。

④ 刘晓东：《渤海国湄沱湖考》，载于《北方文物》1985年第2期。

⑤ 孙正甲：《镜泊湖即湄沱湖说置疑》，载于《北方文物》1986年第1期。

⑥ 朱国忱：《忽汗河、奥娄河、湄沱湖与湖州》，引自孙进己、孙海主编：《高句丽渤海研究集成·渤海卷二》，哈尔滨出版社1997年版。

⑦ 卢伟：《渤海国湖州治所及湄沱湖问题》，载于《北方文物》2006年第4期。

现今在松花江和图们江两河水系沿岸分布着诸多城址，河流水系是当时城址选择的重要考量因素，两者的关系有待进一步深入研究。既有研究集中于松花江与图们江两河，而对其他河流水系变迁对渤海国社会经济影响的研究成果很少。湖泊考证主要限于湄沱湖的地理位置，研究对象过于单一。既有相关研究同样大多依据考古资料，缺乏对传世文献资料的充分挖掘。

四、生业方式与自然环境

渤海人的生业方式主要包含渔猎、农业、牧业及采集业等。渤海国人的生业模式及其演变与当地的自然地理环境有密切的关系。渔猎和采集是渤海国人主要的生业方式。王承礼认为可将渤海国按照自然条件划分为西部农业区、中部农业和渔猎区、东部和北部渔猎区[1]。俄国学者阿列克谢耶娃和博尔金认为俄罗斯联邦滨海地区哈巴罗夫斯克边疆区尼古拉耶夫斯克耶II号渤海古城遗址周围的自然资源丰富，利于狩猎[2]。衣保中认为渤海国森林和水草资源丰富，这是其畜牧和渔猎业兴盛的自然条件。渤海国人还采集山参、松子等方物作为其生业补充[3]。日本学者广田秀宪通过考察渤海国的疆域来分析其草原农业的发展情况[4]。耕野认为延边地区气候温和、水源充沛、土壤肥沃，是理想的种植区。渤海国时期延边地区在中原先进物质文明的影响下，农业已跨入中古时代的水平[5]。王培新认为农业是渤海社会经济中的重要部门，但其农业与牧业发展不平衡，其中既有自然条件的制约，也受各部族传统生产方式的影响[6]。卢伟认为渤海人能够根据各地区不同的地势、土

---

① 王承礼：《渤海的疆域与地理》，载于《黑龙江文物丛刊》1983 年第 4 期。

② ［俄］阿列克谢耶娃、博尔金：《关于滨海地区尼古拉耶夫斯克耶 II 号渤海古城遗址居民点的狩猎和畜牧业资料》，载于《北方文物》1994 年第 2 期。

③ 衣保中：《渤海国农牧业初探》，载于《农业考古》1995 年第 1 期。

④ ［日］广田秀宪：《渤海国地域の过去と现在の草原农业について》，《环日本海论丛》1995 年第 8 号。

⑤ 耕野：《渤海时期的延边农业生产》，引自孙进己、冯永谦主编：《中国考古集成·东北卷·两晋—隋唐》（第三册），北京出版社1997 年版。

⑥ 王培新：《唐代渤海国的农牧业》，载于《农业考古》1997 年第 1 期。

壤、气候等条件，因地制宜地种植农作物①。卢伟还认为渤海国立国时期其境内的农业、畜牧和渔猎业等均有显著发展②。梁玉多等认为渤海国东邻日本海，其境内水域辽阔，渔业资源丰富，渔业成为当时人们生活资料的重要补充③。张永春认为渤海国农业发展是建立在良好的自然环境基础上的④。

渤海国人是肃慎族系的后裔，而后者是渔猎民族，民族文化传统是影响渤海国人生业模式的重要因素。但无论是肃慎人还是渤海国人，其对渔猎经济的偏爱与所居的自然环境有更大程度的关联。而且，由于渤海国域内各地自然地理环境不同，其生业也存在着一定的空间或区域差异。

五、地理环境与民俗文化

渤海国人在高句丽、粟末靺鞨等族的文化影响基础上，通过对唐朝、新罗以及日本等外来文化的吸收和融合，建立起独特的渤海国文化，呈现出了"多元化"的特点。宋德胤认为渤海国地穷东海，渤海国人喜吃海物；同时渤海国人又善养猪，喜食猪肉，并将猪油涂满全身以御寒。渤海国人所处的自然地理环境不同于汉人居住的中原地区，其独特的自然环境孕育了特殊的风土民俗⑤。黄岚认为渤海幅员辽阔，地势错综复杂，境内有平原、山地、沿海，这为其农业生产、狩猎、捕捞提供了优越的自然条件，生业模式有多样化特征。渤海人饮食习惯具有原始性、自然性的特点，他们充分利用了大自然赐予的一切可食用的资源⑥。

---

① 卢伟：《渤海国物产考》，载于《农业考古》2008 年第 6 期。
② 卢伟：《渤海国农牧渔猎业发展研究》，载于《安徽农业科学》2009 年第 2 期。
③ 梁玉多等：《渤海渔业考》，载于《北方文物》2013 年第 3 期。
④ 张永春：《渤海国农作物发展初探》，载于《哈尔滨学院学报》2016 年第 10 期。
⑤ 宋德胤：《渤海民俗论》，载于《社会科学战线》1985 年第 1 期。
⑥ 黄岚：《试从渤海时期经济的发展状况论其饮食习俗》，引自《春草集——吉林省博物馆协会第一届学术研讨会论文集》，吉林人民出版社 2011 年版。

六、自然地理环境与道路交通的关系

渤海国濒临日本海，拥有较长的海岸线。基于这种特点，渤海国人通过海路与日本、新罗等周边国家发生了频繁的商业和文化等方面的交流。同时，基于独特的地理位置，渤海国人与中原及中亚等周边地区也发生着内陆经济文化交流。王侠认为渤海人在长期出使日本的实践中掌握了季风及洋流规律，能根据不同时节选择不同航线[①]。白沫江认为渤海国境内河流湖泊较多，其东部和南部临海这一特点为其水上交通的发展提供了便利[②]。刘晓东和祖延笒认为渤海国西临牡丹江正流，控制牡丹江水路，水路交通方便[③]。日本学者古畑彻认为由于虾夷和日本的对峙，渤海国人访日的北上航线逐渐被日本遣渤海国使开拓的日本海直行航路取代[④]。俄罗斯学者沙弗库诺夫认为渤海国使节出使日本是从盐州出发，沿朝鲜半岛东海岸航行到达南端，然后再转向对马岛[⑤]。日本学者卯田强认为渤海国时期气候的寒冷变化对季风和洋流的影响较大，对渤海国使节出使日本的时间选择起到了决定性作用[⑥]。尹铉哲认为渤海国前往日本的后期航路是在正确利用南海季风、洋流变化及在长期航行经验的基础上形成的[⑦]。

学界多从气候变迁及港口位置的角度进行阐述。航海路线的选择与航海技术存在联系，而自然地理环境对渤海国人的航海技术也有较大影响。渤海国人已经可以建造横渡日本海的船只。据《日本三代实录》记载："阳成天

[①] 王侠：《唐代渤海人出访日本的港口与航线》，载于《海交史研究》1981 年第 1 期。

[②] 白沫江：《渤海国的造船业》，载于《学习与探索》1982 年第 4 期。

[③] 刘晓东、祖延笒：《南城子古城、牡丹江边墙与渤海的黑水道》，载于《北方文物》1988 年第 3 期。

[④] ［日］古畑彻：《渤海、日本航路的诸问题——以渤海至日本的航路为中心》，引自杨志军主编：《东北亚考古资料译文集·渤海专号》，北方文物杂志社 1998 年版。

[⑤] ［俄］沙弗库诺夫：《论中世纪滨海地区的航运》，引自杨志军主编：《东北亚考古资料译文集·渤海专号》，北方文物杂志社 1998 年版。

[⑥] ［日］卯田强：《渤海使の航路と気候変動》，载于《環日本海研究》2005 年第 10 号。

[⑦] 尹铉哲：《渤海国港口考》，载于《北方文物》2008 年第 1 期。

皇元庆七年（883 年）十月二十九日，敕令，能登国禁伐损羽、昨郡、福良泊山木。渤海客著北陆道岸之时，必造还舶于此山，住民伐采，或烦无材，故豫禁伐大木，勿防民业。"① 这段史料说明因优质木材缺乏，渤海国人无法制造大型船只，返航船只需在日本建造，并从日本运回部分木材。日本制定了限制本地居民砍伐树木的法令，以保障与渤海国人的木材交易。

七、珍稀动植物资源的开发利用

渤海国独特的珍稀动植物资源的开发利用是一个值得探讨的主题。迄今学界关注的主要是"黑貂之路"、渤海犬，以及作为重要医药材的人参、麝香和含生草等。苏联学者沙弗库诺夫认为渤海人利用"黑貂之路"加强了东北亚与中亚的联系，从而推动了区域文化的交流和发展②。王小甫对"黑貂之路"提出了不同看法，认为黑貂之路为古代东北亚与世界文化的联系提供了一种新途径的说法尚不完备，古代东北亚与世界文化联系的基础与主干是以中原为中心向外辐射的③。俄罗斯学者沙弗库诺夫认为渤海国盛产貂皮，貂皮贸易对渤海国、日本、新罗、中亚细亚诸国、伊朗、南西伯利亚及中亚之间交流通道的形成起到了推动作用④。日本学者内山幸子认为渤海国人在渔猎、采集过程中，渤海犬是经常使用的牲畜之一。根据渤海遗址中渤海犬犬骨的发掘情况，内山幸子认为渤海犬也是渤海人日常生活中的食物来源之一⑤。渤海人参在渤海国内的分布以长白山区及朝鲜半岛北部地区为主，通过对外输出，渤海人参促进了东亚地区的医药交流⑥。渤海国人利用

① ［日］藤原时平等：《日本三代实录》卷44，吉川弘文馆 1971 年版。
② ［苏］沙弗库诺夫：《北東アジア民族の歴史におけるソグド人の黒詔の道》，《東アジアの古代文化》，大和书房，1998 年第96 号。
③ 王小甫：《"黑貂之路"质疑——古代东北亚与世界文化联系之我见》，载于《历史研究》2001 年第3 期。
④ ［俄］沙弗库诺夫：《索格狄亚那人的貂皮之路》，载于《北方文物》2003 年第1 期。
⑤ ［日］内山幸子：《渤海犬》，载于《每日考古》2009 年第2 号。
⑥ 胡梧挺：《渤海国道地药材与东亚医药交流——以渤海人参为中心》，载于《北方文物》2018 年第1 期。

自然环境自产麝香①。渤海国在阿拉伯药物东传中原的过程中起到了中继作用②。苗威和赵振成认为渤海国人的先民已经能够利用某些动植物和矿物来治疗疾病③。胡梧挺认为来自东北亚沿海地域的鲸睛通过靺鞨拂涅部的中转进入中原，实现了 10 世纪前鲸睛在东亚地区的长距离流通，这也使靺鞨—女真系族群的鲸文化传统以鲸睛为载体向中原地区传播④。

八、自然地理环境与城址

从目前已发现的城址遗存来看，渤海国的城可分为山城与平原城两种主要类型，自然地理环境是山城与平原城选址的重要考量因素。刘晓东和祖延笭认为南城子古城与上京城皆位于牡丹江右岸，此城东面有老爷岭作为天然屏障，有险可守⑤。李殿福认为榆树川古城利用山势修筑，有山城构筑特点。但城内地势平坦，又有平原城的特点⑥。朝鲜学者李俊杰认为渤海国人根据自然地理特征在咸镜南北道区域筑造了众多江岸堡垒和城池，以加强对新罗的军事防御⑦。王禹浪和王宏北认为渤海国上京城因东西南北均为大山阻隔而形成天然屏障，周围山地的外圈有四大肥沃平原，有利于发展农业⑧。王禹浪和刘述昕认为黑龙江流域渤海古城主要分布在黑龙江省的东部和东南部

---

① 胡梧挺：《唐代东亚麝香的产地及其流向——以渤海国与东亚麝香交流为中心》，引自杜文玉主编：《唐史论丛》（二十七辑），三秦出版社 2018 年版。

② 胡梧挺：《含生草考——唐代阿拉伯药物的东传与渤海国的中继作用》，引自刘迎胜主编：《元史及民族与边疆研究》（第三十六辑），上海古籍出版社 2018 年版。

③ 苗威、赵振成：《渤海国药事发微》，载于《延边大学学报》2018 年第 5 期。

④ 胡梧挺：《"鲸鲵睛"与"麻特勒"——古代中世纪东北亚的鲸文化》，引自扎比亚科等主编、王俊铮等译：《在远东地区的俄罗斯与中国——中国东北民族与文化·国际学术研讨会论文集》（第十三辑），布拉戈维申斯克：阿穆尔国立大学，2020 年。

⑤ 刘晓东、祖延笭：《南城子古城、牡丹江边墙与渤海的黑水道》，载于《北方文物》1988 年第 3 期。

⑥ 李殿福：《榆树川古城调查记》，引自孙进己、冯永谦主编：《中国考古集成·东北卷·两晋—隋唐》（第三册），北京出版社 1997 年版。

⑦ ［朝］李俊杰：《关于咸镜两道一带渤海遗址遗物的调查报告》，引自杨志军主编：《东北亚考古资料译文集·渤海国专号》，北方文物杂志社，1998 年。

⑧ 王禹浪、王宏北：《黑龙江渤海山城分布与特征》，载于《黑龙江民族丛刊》2002 年第 1 期。

及与其相连的俄罗斯哈巴罗夫斯克和滨海边疆区①。王禹浪和孙慧认为俄罗斯滨海地区及黑龙江流域渤海国古城除修筑在河谷平原和丘陵及山丘顶部外，在河口处常常修建有较大的古城，自然地理环境是其选址的主要考量因素②。王新伟等认为延边地区渤海国遗址的分布与自然环境有显著关系③。王禹浪等认为牡丹江中游地区是东北地区少有的肥沃盆地，渤海国上京龙泉府故址就坐落在这里，并以此为中心形成了渤海国的文化中心④。金石柱等利用 GIS 空间分析技术分析了渤海国遗址空间分布同海拔高度、坡度、坡向、河流等自然环境的关系⑤。

九、人口变化、民族和都城迁徙与自然地理环境变迁

渤海国迁都、人口变化、民族迁徙一直是渤海国民族史研究的热点。孙玉良认为渤海国第二次迁都上京龙泉府是因该地为辽阔的平原，土地肥沃，灌溉便利，益于农业生产⑥。刘含若和谷风认为渤海国大仁秀时期疆域扩张，土壤肥沃区增加，人口大幅度增长⑦。桑秋杰和高福顺认为"旧国"地区多沟谷平川和广阔的盆地，土壤肥沃，物产丰富；上京龙泉府位于牡丹江冲积平原，气候宜人、物产丰富。渤海国在迁都过程中选址"旧国"与迁都上京龙泉府皆因该地地理环境条件优越⑧。董丹认为渤海国面积为 40 余万平方

①　王禹浪、刘述昕：《黑龙江流域渤海古城的初步研究》，载于《哈尔滨学院学报》2007 年第 12 期。

②　王禹浪、孙慧：《俄罗斯滨海地区及黑龙江流域的渤海古城遗迹》，载于《哈尔滨学院学报》2009 年第 2 期。

③　王新伟等：《延边地区渤海遗址分布与自然环境关系研究》，载于《中国人口·资源与环境》2014 年增刊。

④　王禹浪等：《论牡丹江流域渤海古城的分布》，载于《哈尔滨学院学报》2014 年第 8 期。

⑤　金石柱等：《渤海国遗址空间分布与环境关系研究》，载于《延边大学农学学报》2015 年第 2 期。

⑥　孙玉良：《渤海迁都浅议》，载于《北方论丛》1983 年第 3 期。

⑦　刘含若、谷风：《金代以前黑龙江历史人口探索》，载于《求是学刊》1985 年第 4 期。

⑧　桑秋杰、高福顺：《论地理环境对渤海政权迁都的影响》，载于《长春师范学院学报》2008 年第 3 期。

公里，各地自然环境存在很大差异，这是影响渤海国人口分布不均衡的重要因素①。孙炜冉和董健认为渤海人在移民日本列岛的过程中，由于地理和交通限制，人数是有限的，没有出现大规模投附现象②。

历史上，渤海国在东北亚地区处于特殊的重要地位，学界对渤海国的历史研究已取得了不少成果，环境史是渤海国史研究的一个新视角，有较大的潜力，通过对渤海国环境史相关研究成果进行梳理，可做如下总结：

第一，渤海国环境史研究已经引起了学界的重视。域外研究渤海国环境史者以日本学者居多。但从时间上看，日本学者的相关研究成果多发表于20世纪90年代中叶至21世纪初，此后的十年中鲜有渤海国环境史研究成果发表。这种现象耐人寻味。

第二，既有研究对渤海人生业方式与自然环境、自然地理环境与渤海国城址的关系探讨较多，这可能与相关考古资料较为丰富有关。

很多渤海国环境史研究成果出自日本学者之手，这是有历史根由的。近代以来，日本对外扩张的主要目标是中国的东北。为了服务于日本对外扩张的需要，日本政府组织学者研究所谓的"满鲜史"，而渤海国则是"满鲜史"研究的重中之重，日本因此较早开始了中国东北地方史的研究。在"南满铁道株式会社"的资助下，20世纪上半叶日本的一系列机构在渤海国史研究中取得了不少成果。与中国、俄罗斯等国家相比，日本的渤海国史研究水平更高，这也为20世纪下半叶以后日本的渤海国史研究奠定了一定的基础。20世纪70年代以后，日本学者在以往研究的基础上，将跨学科的方法运用到渤海国气候史、灾害史等诸多相关主题的研究中，从而在渤海国史研究的新领域——人与自然关系的研究中先行一步。

第三，在研究方法上，中国学者与外国学者有很大不同。中国学者普遍

---

① 董丹：《试析渤海国的人口与疆域》，引自梁玉多主编：《渤海史论集》，中国文史出版社2013年版。

② 孙炜冉、董健：《移民日本列岛和中原地区的渤海人》，载于《通化师范学院学报》2014年第5期。

运用传统的历史学及考古学的研究方法，而日本学者较多地运用了现代科技手段，包括地质学、气候学及火山学等学科的研究方法。

第四，从目前来看，文献史料的缺乏对渤海国环境史研究制约较大。渤海国环境史史料在中原王朝正史中鲜有记载，为进一步开展渤海国环境史研究，需要加大对国内考古资料的收集、整理和利用。历史时期渤海国的很多遗址处在现今的朝鲜和俄罗斯境内，这对研究渤海国环境史形成了一定的不便。值得注意的是，唐代以降的文人笔记、行程录、石刻等文献也稀疏地记载了一些相关信息，可进行收集和发掘利用。对于日本、朝鲜半岛及俄罗斯等的域外文字图像乃至实物等资料也应充分重视，这些资料对开展渤海国环境史研究具有较高的价值。

第五，目前渤海国环境史研究存在偏重个案研究的特点。

从推动环境史以及边疆民族地区环境史发展的角度来看，深入开展渤海国环境史研究具有较高的学术价值。作为地方少数民族政权，渤海国域内各族文化在特定的空间下具有同质性，这在很大程度上是由其自然地理环境的特点决定的。未来，渤海国环境史有许多新的论题可进一步深入发掘。渤海国环境史是中国古代环境史研究体系中不可或缺的组成部分，加强对渤海国环境史的研究是构建完整的中国古代环境史研究体系的基础性工作。

明清东北环境史研究

万文杰　　滕海键

　　相对来说，清代东北区域环境史研究成果较为丰富，探讨的主题也更为广泛。一方面，有关清代东北的文献史料相对来说比较丰富；另一方面，因东北是清朝的发祥地，作为清史研究的组成部分，人与自然的关系也备受关注。

一、环境变迁

　　陈跃所著的《清代东北地区生态环境变迁研究》一书较为系统全面地考察了清代东北地区的环境变迁史，该书将东北环境变迁分为清代以前、清初、封禁前和封禁时期、弛禁和解禁六个时段，对各时期的环境状况做了翔实的研究①。在另一文中将 1978～2013 年的清代东北环境变迁研究成果分为研究初始阶段、快速发展阶段、深化阶段，列举了大量研究成果②。

　　李莉和梁明武考察了明清时期东北地区生态环境的恶化，认为这种恶化体现在森林减少、水土流失严重、自然灾害频发以及生物多样性破坏等方

---

① 陈跃：《清代东北地区生态环境变迁研究》，中国社会科学出版社 2017 年版；赵春兰：《清代东北地区环境史研究的新探索——〈清代东北地区生态环境变迁研究〉读后》，载于《中国边疆史地研究》2019 年第 1 期。

② 陈跃：《改革开放以来清代东北环境变迁研究述评》，载于《中国史研究动态》2013 年第 2 期。

面，原因有森林过度采伐、毁林垦殖和晚清时期帝国主义的掠夺等①。

不少明清东北史专著都论及环境变迁②。研究中国或某个地区的环境史著述大多涉及东北历史上的环境变迁③。北方和东北史文集也有涉及④。

"东北平原第四纪自然环境形成与演化"课题组编写的《中国东北平原第四纪自然环境形成与演化》、刘东生主编的《东北地区自然环境历史演变与人类活动的影响研究》、冯季昌所著的《东北历史地理研究》、赵杏根的《中国古代生态思想史》等都叙述了明清时期东北地区的环境变迁⑤。

关亚新和张志坤探讨了辽西生态环境的百年历史嬗变，认为辽西生态环境的恶性变迁和环境恶化带来的影响是难以修复的⑥。王守春考察了全新世中期以来西辽河流域动物地理分布的变迁，认为动物地理变化在一定程度上反映了环境的变化⑦。关亚新和张志坤通过考察古代生态环境嬗变、近代生态环境恶化、当代生态环境恢复，来剖析辽西地区生态环境变迁的原因、经

---

① 李莉、梁明武：《明清时期东北地区生态环境演化初探》，载于《学术研究》2009 年第 10 期。

② 例如：李健才：《明代东北》，辽宁人民出版社 1986 年版；杨余练、王革生、张玉兴等：《清代东北史》（上下册），辽宁教育出版社 1991 年版；杨旸：《明代东北史纲》，（台北）学生书局 1993 年版；张士尊：《明代辽东边疆研究》，吉林人民出版社 2002 年版；杨旸主编：《明代东北疆域研究》，吉林人民出版社 2008 年版；栾凡、贺飞：《明代东北蠡测》，吉林人民出版社 2014 年版。

③ ［美］赵冈：《中国历史上生态环境之变迁》，中国环境科学出版社 1996 年版；张全明、王玉德等：《生态环境与区域文化史研究》，崇文书局 2005 年版；梁四宝：《明清北方资源环境变迁与经济发展》，高等教育出版社 2015 年版；梅雪芹等编：《中国环境通史》（第四卷，清—民国），中国环境出版集团 2019 年版；侯甬坚等编著：《中国环境通史》（第三卷，五代十国—明），中国环境出版集团 2020 年版；孙兵等：《中国环境史》（明清卷），高等教育出版社 2021 年版；王玉德：《明清环境变迁史》，中州古籍出版社 2021 年版。

④ 刁书仁：《明清东北史研究论集》，吉林文史出版社 1995 年版；侯仁之、邓辉主编：《中国北方干旱半干旱地区历史时期环境变迁研究文集》，商务印书馆 2006 年版；黄松筠主编：《东北地域文化与生态文明研究》，长春出版社 2016 年版；安介生、邱仲麟主编：《边界、边地与边民——明清时期北方边塞地区部族分布与地理生态基础研究》，齐鲁书社 2009 年版。

⑤ "东北平原第四纪自然环境形成与演化"课题组编：《中国东北平原第四纪自然环境形成与演化》，哈尔滨地图出版社 1990 年版；冯季昌：《东北历史地理研究》，香港同译出版社 1996 年版；刘东生主编：《东北地区自然环境历史演变与人类活动的影响研究（自然历史卷）》，科学出版社 2007 年版；赵杏根：《中国古代生态思想史》，东南大学出版社 2014 年版。

⑥ 关亚新、张志坤：《辽西地区生态的历史变迁及影响》，载于《社会科学辑刊》2002 年第 1 期。

⑦ 王守春：《全新世中期以来西辽河流域动物地理与环境变迁》，载于《地理研究》2002 年第 6 期。

验及教训①。赵忠亮考察了朝阳地区生态环境的历史变迁②。

二、森林、林业与社会

　　东北地区历史上有着丰富的森林资源，有关东北森林史及相关问题的研究成果较多③。何凡能等考察了近 300 年来中国森林的变迁，其中包含东北④。陈植和凌大燮研究了近百年包括东北在内的森林遭到破坏的原因⑤。凌大燮考察了中国古代森林资源的状况，近代森林的破坏和现代植林措施及存在的问题，都涉及东北森林变迁⑥。袁森坡通过梳理承德地区森林变迁的历史，提醒人们应从明清滥砍滥伐、毁林烧荒造成的恶果中汲取教训⑦。熊一善考察了明清之际辽西森林的变迁⑧。史念海研究了东北地区历史上的植被变迁⑨。马宝建考察了清至民国时期三江平原森林的历史变迁⑩。叶瑜等采用历史文献分析、原始潜在植被恢复等方法，结合驱动力分析的方法，重

---

　　① 关亚新、张志坤：《辽西地区生态环境的历史变迁——以辽宁西部地区为例》，载于《渤海大学学报》（哲学社会科学版）2014 年第 1 期。

　　② 赵忠亮：《辽西地区人文历史与生态环境的变迁——以朝阳地区为研究对象》，载于《辽宁行政学院学报》2017 年第 6 期。

　　③ 辽宁省林学会、吉林省林学会、黑龙江省林学会：《东北的林业》，中国林业出版社 1982 年版；陶炎：《东北林业发展史》，吉林省社会科学院 1987 年版；董智勇、佟新夫：《中国森林史料汇编》，中国林学会林业史学会 1993 年版；陶炎：《中国森林的历史变迁》，中国林业出版社 1994 年版；马忠良等编：《中国森林的变迁》，中国林业出版社 1997 年版；南文渊主编：《北方森林——草原生态环境与民族文化变迁》，民族出版社 2011 年版；文焕然著、文榕生选编整理：《历史时期中国森林地理分布与变迁》，山东科学技术出版社 2019 年版。

　　④ 何凡能、葛全胜、戴君虎等：《近 300 年来中国森林的变迁》，载于《地理学报》2007 年第 1 期。

　　⑤ 陈植、凌大燮：《近百年来我国森林破坏的原因初析》，载于《中国农史》1982 年第 2 期。

　　⑥ 凌大燮：《我国森林资源的变迁》，载于《中国农史》1983 年第 2 期。

　　⑦ 袁森坡：《塞外承德森林历史变迁的反思》，载于《河北学刊》1986 年第 2 期。

　　⑧ 熊一善：《明、清之际辽西森林的变迁》，引自中国林学会林业史学会编：《林史文集》（第一辑），中国林业出版社 1990 年版。

　　⑨ 史念海：《论历史时期我国植被的分布及其变迁》，载于《中国历史地理论丛》1991 年第 3 辑。

　　⑩ 马宝建：《清代至民国时期黑龙江三江平原森林变迁研究》，载于《北京林业大学学报（社会科学版）》2008 年第 4 期。

建了过去 300 年东北地区林地和草地自然覆盖的变化①。王建文考察了明清
时期东北地区森林、草原的历史变迁，认为自咸丰八年（1858 年）开始东
北森林遭受了严重破坏②。任国玉考察了科尔沁沙地东南缘近 3000 年来植被
演化与人类活动的关系，认为人类定居和农牧业活动可能是导致本区沙地疏
林减少的基本原因，也是近年沙丘演化或沙漠化过程持续增强的主要原
因③。伍启杰探讨了近代黑龙江森林面积变化的原因④。伍启杰和黄清考察
了近代黑龙江省的森林面积和蓄积量的变化⑤。樊宝敏以科尔沁沙地为例探
讨了历史上森林破坏对水旱灾害的影响⑥。郝英明等论述了光绪末年东三省
森林的破坏性开发和清末对东三省林业管理的加强以及近代林业保护意识和
林业教育的兴起⑦。樊宝敏等讨论了清代前期在东北森林区实施的封禁政
策，认为东北森林长期保持原始状态与清初的"四禁"政策有关⑧。金麾探
讨了清代中国森林概貌，以及清代农垦、封禁和开禁政策对森林环境的影
响⑨。倪根金考察了中国历史上森林在保护环境中的作用⑩。冯进等考察了鸭
绿江上游长白地区的林业发展史⑪。樊宝敏考察了清代和民国时期的林政

---

① 叶瑜、方修琦、张学珍、曾早早：《过去 300 年东北地区林地和草地覆盖变化》，载于《北京林
业大学学报》2009 年第 5 期。

② 王建文：《中国北方地区森林、草原变迁和生态灾害的历史研究》，北京林业大学博士学位论文，
2006 年。

③ 任国玉：《科尔沁沙地东南缘近 3000 年来植被演化与人类活动》，载于《地理科学》1999 年第
1 期。

④ 伍启杰：《近代黑龙江地区森林的变迁及原因探微——以森林面积和蓄积量变化为视角的历史考
察》，载于《学习与探索》2007 年第 3 期。

⑤ 伍启杰、黄清：《对近代黑龙江省森林面积和蓄积量变化的考释》，载于《林业经济》2007 年第
3 期。

⑥ 樊宝敏：《中国历史上森林破坏对水旱灾害的影响——试论森林的气候和水文效应》，载于《林
业科学》2003 年第 3 期。

⑦ 郝英明、李莉、赵亮：《清末东三省林业的管理及近代林业的萌芽》，载于《北京林业大学学报
（社会科学版）》2011 年第 3 期。

⑧ 樊宝敏、董源、李智勇：《试论清代前期的林业政策和法规》，载于《中国农史》2004 年第
1 期。

⑨ 金麾：《清代森林变迁史研究》，北京林业大学博士学位论文，2008 年。

⑩ 倪根金：《试论中国历史上对森林保护环境作用的认识》，载于《农业考古》1995 年第 3 期。

⑪ 冯进、吴生、周李：《鸭绿江上游长白林业史话》，载于《兰台内外》2006 年第 1 期。

史①。张文涛讨论了清代东北林业管理政策的变化及其原因和影响②。陶炎和高瑞平考察了历史时期草原的变迁与牧业兴衰的关系③。饶野考察了 20 世纪上半叶日本对鸭绿江右岸森林资源的掠夺④。朱士光认为人类活动是导致东北天然植被破坏的主要成因，特别是清代后期，俄、日帝国主义对森林资源的大肆掠夺以及清末的放垦开荒，导致东北地区的森林加速消失⑤。

三、水系、水利与社会

林汀水和陈连开考察了明清以来三江口以下的辽河水系、浑河水系、绕阳河和大凌河水系的变迁，总结了辽河平原水系变迁的特点及成因⑥。陈连开考察了辽河中下游水系的变迁⑦。林汀水考察了浑河及其支流的变化、辽河及其支流的变迁、绕阳河水系的形成，总结了水系变迁的特点⑧。韩文利探讨了沈阳境内辽河河道的演变及治理⑨。张士尊考察了明清两代辽河下游的流向，根据对明清文献、朝鲜使臣记录、近代历史遗迹的考证分析，得出明清两代辽河下游河道与今天辽河下游河道大体一致的结论⑩。陶炎论述了辽河河道的变迁对辽河河运的影响，认为营口港的兴衰实际上是东北近代经济史的缩影⑪。林汀水考证了大凌河的历史变迁，认为在古时白狼有二支，

①　樊宝敏：《中国清代以来林政史研究》，北京林业大学博士学位论文，2002 年。
②　张文涛：《清代东北地区林业管理的变化及其影响》，载于《北京林业大学学报（社会科学版）》2010 年第 2 期。
③　陶炎、高瑞平：《历史时期草原的变迁与牧业的兴衰》，载于《中国农史》1992 年第 3 期。
④　饶野：《20 世纪上半叶日本对鸭绿江右岸我国森林资源的掠夺》，载于《中国边疆史地研究》1997 年第 3 期。
⑤　朱士光：《历史时期我国东北地区的植被变迁》，载于《中国历史地理论丛》1992 年第 4 期。
⑥　林汀水、陈连开：《辽河平原水系的变迁》，引自中国地理学会历史地理专业委员会《历史地理》编辑委员会编：《历史地理》（第二辑），上海人民出版社 1982 年版。
⑦　陈连开：《关于辽河中下游的变迁》，引自谭其骧主编：《中国历史地图集释文汇编·东北卷》附录一，中央民族学院出版社 1988 年版。
⑧　林汀水：《辽河水系的变迁与特点》，载于《厦门大学学报（哲学社会科学版）》1992 年第 4 期。
⑨　韩文利：《辽河河道演变及治理》，载于《东北水利水电》2002 年第 12 期。
⑩　张士尊：《明清两代辽河下游流向考》，载于《东北史地》2009 年第 3 期。
⑪　陶炎：《营口开港与辽河航运》，载于《社会科学战线》1989 年第 1 期。

一支发源于白狼县，即为今大凌河之上源，另一支入辽，是辽水的支津①。肖生春和肖洪浪考察了近百年来人类活动对黑河流域水环境变化的影响②。刘大为根据史料文献、考古遗址、历史地图和遥感影像数据，力图恢复近四百年以来辽河三角洲海岸线变化和河道摆动的过程，总结其演化模式③。林汀水认为历史时期的辽河平原一直处于沼泽状态④。杨永兴等探讨了西辽河平原东部沼泽发育与中全新世早期以来古环境的演变特征等⑤。肖忠纯考察了明清时期辽河平原东部地区河道变迁与沼泽湿地的扩展，认为明清时期辽东山地丘陵的持续隆起等导致河流的泛滥和改道，进而使部分地段扩展为沼泽湿地⑥。张士尊强调辽泽是影响东北南部历史的重要地理因素，认为史前时期的辽泽是不同类型文化的分界线、统一时期是不同政区的分界线、分裂时期是不同政治集团的分界线，探讨了辽泽长期影响历史发展的成因⑦。肖忠纯考察了古代"辽泽"的地理分界线作用⑧，探讨了古代文献中"辽泽"的地理范围及下辽河平原辽泽的特点和成因⑨、古代"辽泽"地理范围的历史变迁⑩，以及辽河平原主干交通线路的历史变迁等⑪。

① 林汀水：《大凌河变迁补考》，载于《中国历史地理论丛》1997 年第 3 期。

② 肖生春、肖洪浪：《近百年来人类活动对黑河流域水环境的影响》，载于《干旱区资源与环境》2004 年第 3 期。

③ 刘大为：《辽河—大凌河三角洲四百年来的演化研究》，中国地质大学（北京）博士学位论文，2019 年。

④ 林汀水：《辽河平原的沼泽》，载于《厦门大学学报（哲学社会科学版）》1980 年第 4 期。

⑤ 杨永兴、黄锡畴、王世岩、孙昭宸：《西辽河平原东部沼泽发育与中全新世早期以来古环境演变》，载于《地理科学》2001 年第 3 期。

⑥ 肖忠纯：《明清时期辽河平原东部地区河道变迁与沼泽湿地的扩展》，载于《东北史地》2010 年第 4 期。

⑦ 张士尊：《辽泽：影响东北南部历史的重要地理因素》，载于《鞍山师范学院学报》2009 年第 1 期。

⑧ 肖忠纯：《论古代"辽泽"的地理分界线作用》，载于《黑龙江民族丛刊》2009 年第 5 期。

⑨ 肖忠纯：《古代文献中的"辽泽"地理范围及下辽河平原辽泽的特点、成因分析》，载于《北方文物》2010 年第 3 期。

⑩ 肖忠纯：《古代"辽泽"地理范围的历史变迁》，载于《中国边疆史地研究》2010 年第 3 期。

⑪ 肖忠纯：《辽河平原主干交通线路的历史变迁》，载于《东北史地》2009 年第 6 期。

四、沙漠化

研究中国历史时期和当代沙漠的专著均或多或少地涉及明清时期东北的沙漠化[①]。郭绍礼考察了西辽河流域沙漠化的形成和演变[②]。史培军和宋海以土地沙漠化为例论述了自然环境与人类活动的关联[③]。胡智育考察了科尔沁南部草原沙漠化的演变过程及其整治途径[④]。景爱论述了平地松林的分布范围和破坏过程以及沙漠的形成和危害[⑤]。他还考察了科尔沁沙地古代的地理景观、形成过程及其带来的影响，指出风沙可以摧毁人类文明是不可忘记的历史教训[⑥]。裘善文等考察了东北平原西部沙地古土壤变迁，认为古土壤与风成沙形成互层，其孢粉组合特征和物理化学性质的变化反映古环境的变迁[⑦]。林年丰等讨论了东北平原第四纪环境演化与荒漠化问题，论述了东北平原地质构造特征、更新世和全新世生态环境演化、东北平原沙漠化、第四纪环境与荒漠化等问题[⑧]。刘祥等讨论了西辽河平原土地沙漠化地质环境的演变，探讨了形成大规模土地沙漠化的地质背景、平原沙化等环境变化，认

---

①　景爱：《中国北方沙漠化的原因与对策》，山东科学技术出版社 1996 年版；张强等编著：《中国沙区草地》，气象出版社 1998 年版；景爱：《沙漠考古通论》，紫禁城出版社 1999 年版；刘洪利、周春红主编：《2007 年春季的东北亚沙尘暴》，气象出版社 2007 年版。

②　郭绍礼：《西辽河流域沙漠化土地的形成和演变》，载于《自然资源》1980 年第 4 期。

③　史培军、宋海：《从土地沙漠化论人类活动与自然环境的关系》，载于《新疆环境保护》1983 年第 4 期。

④　胡智育：《科尔沁南部草原沙漠化的演变过程及其整治途径》，载于《中国草原》1984 年第 2 期。

⑤　景爱：《平地松林的变迁与西拉木伦河上游的沙漠化》，载于《中国历史地理论丛》1988 年第 4 期。

⑥　景爱：《科尔沁沙地的形成及影响》，引自中国地理学会历史地理专业委员会《历史地理》编辑委员会编：《历史地理》（第七辑），上海人民出版社 1990 年版。

⑦　裘善文、李取生、夏玉梅：《东北平原西部沙地古土壤与全新世环境变迁》，载于《第四纪研究》1992 年第 3 期。

⑧　林年丰、汤洁、卞建民、杨建强：《东北平原第四纪环境演化与荒漠化问题》，载于《第四纪研究》1999 年第 5 期。

为西辽河平原生态环境脆弱，人类经济活动最易触发沙漠化[1]。薛娴等通过历史文献记载、遥感监测和野外调查等手段研究了中国北方农牧交错区历史时期的沙漠化过程[2]。杨世华分析了赤峰地区沙化的自然和社会原因[3]。

五、海岸线变迁

林汀水考察了辽东湾海岸线的历史变迁，认为辽东湾海岸各地段变迁的快慢与水系的变迁和河口位置的变化有关系[4]。方国智综合应用多时相遥感影像数据、历史地形图、水文统计数据等，研究了辽宁省海岸线近百年的历史变迁[5]。谌艳珍等认为清末民初到新中国成立前辽河水系的变迁和流域生态环境的破坏，导致盘锦海岸线迅速向海湾中心外推[6]。陈曦等研究了辽宁省海岸线近百年变迁的特征，认为清末民初到 1932 年，海岸线变化最大，陆地面积增加最多，年增加速率也较快[7]。白玉川等研究认为辽东湾东北侧海岸线变迁主要是辽河下游泥沙在入海口处淤积所致[8]。

①　刘祥、侯兰英、张志：《西辽河平原土地沙漠化地质环境演变研究》，载于《内蒙古农业大学学报（自然科学版）》2001 年第 3 期。
②　薛娴、王涛、吴薇等：《中国北方农牧交错区沙漠化发展过程及其成因分析》，载于《中国沙漠》2005 年第 3 期。
③　杨世华：《赤峰市土地沙化形成的原因及其治理探析》，载于《农业与技术》2018 年第 16 期。
④　林汀水：《辽东湾海岸线的变迁》，载于《中国历史地理论丛》1991 年第 2 期。
⑤　方国智：《基于 RS 和 GIS 的辽宁省海岸线百年变迁研究》，中国地质大学硕士学位论文，2009 年。
⑥　谌艳珍、方国智、倪金、胡克：《辽河口海岸线近百年来的变迁》，载于《海洋学研究》2010 年第 2 期。
⑦　陈曦、倪金、邴智武、赵旭：《辽宁省海岸线近百年变迁特征分析》，载于《地质与资源》2011 年第 5 期。
⑧　白玉川、杨艳静、王靖雯：《渤海湾海岸古气候环境及其对海岸变迁的影响》，载于《水利水运工程学报》2011 年第 4 期。

六、自然资源开发

许多边疆史研究论著均涉及东北边疆地区的资源开发①。研究东北土地开垦史和土地制度史、东北农业史、东北林业经济史、东北农业近代化、东北地区经济史等方面的专著均包含土地和森林等自然资源开发的内容②。

自然资源开发包括农业、土地、森林、草原、山区海岛开发等。成崇德讨论了清代边疆地区的农牧业和屯垦等③。农业开发是土地开发的一种重要形式。景爱探讨了元明时期农业的衰退与清代农垦的发展④。白凤岐从畜牧业、农业、林业、商业四个方面讨论了明清时期辽宁地区的蒙古族经济发展情况⑤。李宾泓梳理了历代松花江流域的农业开发情况⑥。张杰认为清代辽东半岛的农业开发具有招民开垦、移民出关开发，招徕移民，封禁政策对农

① 马汝珩、马大正主编：《清代边疆开发研究》，中国社会科学出版社 1990 年版；马大正主编：《中国古代边疆政策研究》，中国社会科学出版社 1990 年版；马汝珩、马大正主编：《清代的边疆政策》，中国社会科学出版社 1994 年版；马汝珩、成崇德主编：《清代边疆开发》（上下），山西人民出版社 1998 年版；马大正主编：《中国东北边疆研究》，中国社会科学出版社 2003 年版。

② 彭雨新编著：《清代土地开垦史》，农业出版社 1990 年版；乌廷玉、张云樵、张占斌：《东北土地关系史研究》，吉林文史出版社 1990 年版；衣保中：《东北农业近代化研究》，吉林文史出版社 1990 年版；王长富编著：《东北近代林业经济史》，中国林业出版社 1991 年版；衣保中：《中国东北农业史》，吉林文史出版社 1993 年版；刁书仁：《东北旗地研究》，吉林文史出版社 1994 年版；孔经炜：《新编中国东北地区经济史》，吉林教育出版社 1994 年版；衣兴国、刁书仁：《近三百年东北土地开发史》，吉林文史出版社 1994 年版；衣保中、乌廷玉、陈玉峰、李帆：《清代东北土地制度研究》，吉林文史出版社 1994 年版；陈桦：《清代区域社会经济研究》，中国人民大学出版社 1996 年版；成崇德主编：《清代西部开发》，山西古籍出版社 2002 年版；衣保中等：《区域开发与可持续发展——近代以来中国东北区域开发与生态环境变迁的研究》，吉林大学出版社 2004 年版；钞晓鸿：《生态环境与明清社会经济》，黄山书社 2004 年版；李为：《清代粮食短缺与东北土地开发》，吉林人民出版社 2011 年版；谢国桢：《清初流人开发东北史》，山西人民出版社 2014 年版。

③ 成崇德：《清代边疆农牧业、屯垦研究概述》，载于《中国边疆史地研究导报》1988 年第 2 期。

④ 景爱：《历史时期东北农业的分布与变迁》，载于《中国历史地理论丛》1987 年第 2 期。

⑤ 白凤岐：《浅谈明清时期辽宁蒙古族的经济》，载于《满族研究》1991 年第 4 期。

⑥ 李宾泓：《历史时期松花江流域的农业开发与变迁》，引自中国地理学会历史地理专业委员会《历史地理》编辑委员会：《历史地理》（第十辑），上海人民出版社 1992 年版。

业开发有所阻碍的特点①。衣保中考察了东北地区农业发展的历史②。刘克祥考察了清末和北洋政府时期东北的土地开垦和农业发展，认为东北的土地垦辟和农业发展分流吸收了关内过剩人口、减轻了关内人口压力，缓解了华北地区粮食紧张情况③。李三谋认为明代辽东军政合一体制下的农业经济表现出区别于内地的特点，但军政合一的形式不宜普遍长久施行④。李令福梳理了清代黑龙江流域农耕区的形成与发展，认为大量汉族移民移入成为农业开发的决定因素，农耕区的形成与拓展和移民趋向一致，是同步的⑤。

　　衣保中认为清末以来，伴随着移民和土地开发等，东北作为一个具有近代意义的经济区域单元初步形成⑥。衣保中从清政府弛禁放荒政策和朝鲜移民迁入的角度，考察了清末东北地区水田开发的历史⑦。衣保中认为近代以来东北平原黑土开发付出了沉重的生态代价，突出表现为严重的黑土退化、侵蚀和流失⑧。乌兰图雅认为20世纪是科尔沁草原垦殖扩大时期，垦殖拓展导致了大面积土地沙漠化⑨。穆崟臣讨论了清代热河蒙地开发对社会变迁和生态环境的影响⑩。曹小曙等考察了1902～1990年西辽河流域土地开垦的时空过程，指出不合理的人类活动对西辽河流域的环境产生了重大影响⑪。季静考察了清代西辽河流域蒙地开垦的历史进程，在此基础上总结了蒙地开垦

———————————

　　① 张杰：《清代辽东半岛的农业开发》，载于《社会科学辑刊》1992年第4期。
　　② 衣保中：《东北地区农业发展的历史线索》，载于《中国农史》1994年第1期。
　　③ 刘克祥：《清末和北洋政府时期东北地区的土地开垦和农业发展》，载于《中国经济研究》1995年第4期。
　　④ 李三谋：《明代辽东都司卫所的农经活动》，载于《中国边疆史地研究》1996年第1期。
　　⑤ 李令福：《清代黑龙江流域农耕区的形成与扩展》，载于《中国历史地理论丛》1999年第3期。
　　⑥ 衣保中：《论清末东北经济区的形成》，载于《长白学刊》2001年第5期。
　　⑦ 衣保中：《论清末东北地区的水田开发》，载于《吉林大学社会科学学报》2002年第1期。
　　⑧ 衣保中：《近代以来东北平原黑土开发的生态环境代价》，载于《吉林大学社会科学学报》2003年第5期。
　　⑨ 乌兰图雅：《20世纪科尔沁的农业开发与土地利用变化》，载于《自然资源报》2002年第2期。
　　⑩ 穆崟臣：《清代热河蒙地开发与社会变迁研究》，东北师范大学硕士学位论文，2005年。
　　⑪ 曹小曙、李平、颜廷真、韩光辉：《近百年来西辽河流域土地开垦及其对环境的影响》，载于《地理研究》2005年第6期。

的特点、社会文化及生态环境影响①。关亚新认为清政府在清前期采取的多种土地利用形式复苏了辽西的生态环境，清中期对辽西土地利用的不当导致了生态环境的衰退，清晚期对辽西土地利用的失误造成了生态环境的恶化②。梁伟岸考察了清代内蒙古东部农区北移与当地自然环境变化的因果关系③。成崇德分析了清代前期对蒙古的封禁政策与人口迁徙、经济开发及生态环境变化的关系④。

方修琦等考察了清代东北地区的土地开发，指出清代东北地区的土地开发体现了自然区位条件、地形因素以及政策等对土地开发的限制和影响⑤。李为等论述了清代东北土地开发的过程、特点和驱动因子，指出巨大的人口压力、连年的灾荒以及清朝政府的土地开发政策是造成清代晚期东北地区大规模移民和土地开发加快的重要原因⑥。季静考察了近300年来敖汉旗土地利用方式的改变及其生态环境影响⑦。萧凌波等探讨了清代东蒙农业开发的消长及气候变化背景⑧。景爱认为清代科尔沁大量垦荒，破坏了森林和草场，导致了土地沙漠化的发生和加剧⑨。乌兰图雅讨论了清代科尔沁的垦殖及其环境效应⑩。特克寒认为清代热河蒙地农业垦殖使这一地区的经济、社会生

①　季静：《简述清代西辽河流域蒙地农业化问题》，载于《赤峰学院学报（汉文哲学社会科学版）》2009年第10期。

②　关亚新：《清代辽西土地利用与生态环境变迁研究》，吉林大学博士学位论文，2011年。

③　梁伟岸：《清代内蒙古东部农区北移及自然变动——兼论晚清民国时期各界应对自然环境恶化的生态理念》，载于《文化产业》2020年第4期。

④　成崇德：《清代前期对蒙古的封禁政策与人口、开发及生态环境的关系》，载于《清史研究》1991年第2期。

⑤　方修琦、叶瑜、葛全胜、郑景云：《从城镇体系的演变看清代东北地区的土地开发》，载于《地理科学》2005年第2期。

⑥　李为、张平宇、宋玉祥：《清代东北地区土地开发及其动因分析》，载于《地理科学》2005年第1期。

⑦　季静：《近三百年来敖汉旗土地利用方式的改变及其对生态环境的影响》，载于《辽宁大学学报（哲学社会科学版）》2011年第2期。

⑧　萧凌波、方修琦、叶瑜：《清代东蒙农业开发的消长及其气候变化背景》，载于《地理研究》2011年第10期。

⑨　景爱：《清代科尔沁的垦荒》，载于《中国历史地理论丛》1992年第3期。

⑩　乌兰图雅：《清代科尔沁的垦殖及其环境效应》，载于《干旱区资源与环境》1999年10月增刊。

活和民族关系及草原生态都发生了很大变化①。钱占元认为清朝蒙垦新政对生态环境造成的破坏不言而喻②。阎光亮认为禁垦蒙地客观上保护了内蒙古地区的生态环境③。张秀华认为清末放垦蒙地总体上造成了影响深远的生态破坏④。于晓娟认为清末热河蒙地放垦一方面促进了热河社会的发展，另一方面破坏了热河地区的生态环境，引发了严重的环境危机⑤。

田锋认为清末放垦蒙地、滥伐滥垦对草原生态造成了破坏，与土地沙化有关⑥。季静认为自然环境不是清代喀喇沁蒙地开垦的唯一因素，但开垦改变了当地的自然环境，农田取代了牧场，草原景观消失⑦。季静认为开垦引发的自然的弹性供养能力与人类社会的刚性需求的尖锐矛盾是短时间无法消除的⑧。汪澎澜认为关内天灾人祸是清末蒙荒招垦的重要原因⑨。

部分学者对森林资源开发进行了研究。衣保中和叶依广考察了清末以来东北森林资源的开发及其环境代价⑩。刘彦威考察了清代漠南蒙古及东北地区的森林砍伐情况⑪。王荣亮考察了清代民国时期长白山地区的森林开发及其导致的生态变迁⑫。范立君和曲立超讨论了清朝封禁政策的兴废与松花江流域的森林开发，认为清末开禁加速了森林开发，导致松花江流域森林面积

---

①　特克寒：《清代热河蒙地的垦殖及影响》，载于《内蒙古社会科学（汉文版）》2005 年第 4 期。

②　钱占元：《清朝蒙垦》，载于《思想工作》2006 年第 9 期。

③　阎光亮：《论清代禁垦蒙地政策》，载于《社会科学辑刊》2007 年第 4 期。

④　张秀华：《清末放垦蒙地的实质及其对蒙古经济社会发展的影响》，载于《吉林大学社会科学学报》2007 年第 3 期。

⑤　于晓娟：《清末热河地区的蒙地放垦及其影响》，载于《赤峰学院学报（汉文哲社版）》2009 年第 4 期。

⑥　田锋：《清末新政蒙地放垦政策探讨》，载于《内蒙古社会科学》（汉文版）2009 年第 2 期。

⑦　季静：《清代喀喇沁地区蒙地开垦的背景与成因新论》，载于《东北史地》2010 年第 5 期。

⑧　季静：《清代喀喇沁地区的蒙地开垦之影响新论》，载于《内蒙古民族大学学报（社会科学版）》2010 年第 6 期。

⑨　汪澎澜：《清末蒙荒招垦国内原因及解禁探析》，载于《白城师范学院学报》2010 年第 2 期。

⑩　衣保中、叶依广：《清末以来东北森林资源开发及其环境代价》，载于《中国农史》2004 年第 3 期。

⑪　刘彦威：《清代漠南蒙古及东北地区的森林砍伐》，载于《古今农业》2005 年第 4 期。

⑫　王荣亮：《清代民国长白山森林开发及其生态环境变迁史研究》，内蒙古师范大学硕士学位论文，2010 年。

和蓄积量明显减少①。王希亮探讨了俄日对东北森林的殖民开发，以及因此引发的人类生存环境和生产生活方式等生态空间的变迁②。高歌讨论了清末黑龙江地区森林的开发与破坏，认为清末森林资源演变的过程中，国内移民对森林的开发表现出了盲目性、无序性特征，沙俄等外国势力在此过程中则体现出了对森林资源的掠夺性、粗放性开发特征③。

部分学者对山区海岛开发进行了研究。张士尊考察了明代辽东东部山区的海岛开发，认为在明朝中期以后内外环境压力下，明朝边疆政策的调整和地区建设向东推进及流民大量涌入导致辽东东部山区和海岛加速开发④。李智裕和高辉讨论了明代辽东都司东部山区的范围、开发及其影响⑤。

部分学者探讨了草原草地开发。衣保中考察了清代以来东北草原的开发及其导致的生态破坏⑥。王景泽和陈学知考察了清末科尔沁草原的开发与生态环境变迁的关系，认为由于长期的掠夺式性开发，科尔沁草原破坏严重，农牧矛盾日益尖锐，不合理的土地开发致使土地沙化和盐碱化⑦。

明清时期来自关内移民和流民成为开发东北的主体，他们对东北的开发做出了重要贡献。李兴盛讨论了清初流人对黑龙江地区的开发做出的贡献⑧。张岗讨论了清代北方流民对直隶口外开发做出的贡献⑨。许淑明讨论了清末吉林省的移民对农业开发的促进⑩。刁书仁认为清代关内汉族民人流

①　范立君、曲立超：《清朝封禁政策的兴废与松花江流域森林开发》，载于《兰台世界》2012 年第 15 期。

②　王希亮：《近代中国东北森林的殖民开发与生态空间变迁》，载于《历史研究》2017 年第 1 期。

③　高歌：《论清末黑龙江地区森林资源的开发与破坏》，辽宁师范大学硕士学位论文，2019 年。

④　张士尊：《明代辽东东部山区海岛开发考略》，载于《辽宁大学学报（哲学社会科学版）》2002 年第 4 期。

⑤　李智裕、高辉：《明代辽东东部山区开发考略》，载于《东北史地》2011 年第 4 期。

⑥　衣保中：《清代以来东北草原的开发及其生态环境代价》，载于《中国农史》2003 年第 4 期。

⑦　王景泽、陈学知：《清末科尔沁草原的开发与生态环境的变迁》，载于《学习与探索》2007 年第 3 期。

⑧　李兴盛：《清初流人及其对黑龙江地区开发的贡献》，载于《学习与探索》1980 年第 5 期。

⑨　张岗：《清代北方流民对直隶口外的开发》，载于《河北学刊》1986 年第 3 期。

⑩　许淑明：《清末吉林省的移民和农业的开发》，载于《中国边疆史地研究》1992 年第 4 期。

入东北呈现由南到北的特点，但乾隆以后流民的流向有所变化①。衣保中和
张立伟认为清朝以来内地民人大规模迁入蒙地垦殖，其粗放的经营方式和无
序活动，对内蒙古地区的生态环境产生了严重破坏和影响②。杨小梅和马云
认为外来人口不断进入东北，为东北地区农业开发提供了人力、技术、资本
等方面的支持，促进了东北地区的农业发展③。

七、人口、移民与环境

　　研究明清时期东北人口和移民史的论著均不同程度地涉及移民与环境的
关系④。李雨潼和王咏考察了唐至清东北地区的人口迁移，认为人口迁移的
意愿、规模等与东北地区丰富的自然资源直接相关⑤。张士尊考察了清代东
北南部地区移民与环境变迁的关系，认为随着移民的进入，东北南部地区的
土地接连被开发，人口对环境的压力越来越大，导致了该区环境变化⑥。张
士尊探讨了清代中朝之间"瓯脱"地带的开禁和环境变迁⑦。珠飒认
为清代内地人地矛盾、自然灾害和战乱、清朝的政策导向、蒙旗私招私垦

---

　　① 刁书仁：《论清代东北流民的流向及对东北的开发》，载于《清史研究》1995 年第 3 期。
　　② 衣保中、张立伟：《清代以来内蒙古地区的移民开垦及其对生态环境的影响》，载于《史学集刊》2011 年第 5 期。
　　③ 杨小梅、马云：《浅析人口流入对清代东北地区农业发展的积极影响》，载于《吉林广播电视大学学报》2017 年第 12 期。
　　④ 钟悌之编辑：《东北移民问题》，日本研究社 1931 年版；王海波编：《东北移民问题》，中华书局 1932 年版；曹树基：《中国移民史》第五卷，复旦大学出版社 2022 年版；曹树基：《中国移民史》第六卷（上、下），复旦大学出版社 2022 年版；张士尊：《清代东北移民与社会变迁：1644 – 1911》，吉林人民出版社 2003 年版；范立君：《近代关内移民与中国东北社会变迁（1860 – 1931）》，人民出版社 2007 年版；马平安：《近代东北移民研究》，齐鲁书社 2009 年版；孙春日：《中国朝鲜族移民史》，中华书局 2009 年版；高乐才：《近代中国东北移民研究》，商务印书馆 2010 年版；赵英兰：《清代东北人口社会研究》，社会科学文献出版社 2011 年版；范立君：《东北移民文化》，社会科学文献出版社 2019 年版。
　　⑤ 李雨潼、王咏：《唐朝至清朝东北地区人口迁移》，载于《人口学刊》2004 年第 2 期。
　　⑥ 张士尊：《清代东北南部地区移民与环境变迁》，载于《鞍山师范学院学报》2005 年第 3 期。
　　⑦ 张士尊：《清代中朝之间"瓯脱"地带人口与环境变迁考》，载于《吉林师范大学学报（人文社会科学版）》2005 年第 3 期。

现象等都是汉族移民进入内蒙古地区的原因①。范立君认为近代人口迁移给东北社会带来了负面影响②。珠飒探讨了内蒙古东三盟移民与地理环境的关系③。

赵兰英论述了清代东北人口活动与自然环境的相互影响④。红梅探讨近 300 年以来科尔沁地区的人口变化及其自然影响因素⑤。颜廷真等考察了清代 260 余年间西辽河流域蒙古族和汉族人口的变化，认为由于清政府不合理的开发政策使人口增长过快，加大了对资源的压力，造成了植被破坏、野生动物锐减和土地退化及水土流失⑥。沈盟论述了黑龙江省满族移民旗屯的形成背景，认为具有地理环境优越、旗屯格局较为独特、满族旗屯的本土化的建置特点⑦。方修琦等分析了东北移民开垦与华北水旱灾的互动关系，为认识极端气候事件异地响应提供了实证⑧。季静分析了清代东蒙移民的原因、历程及其影响，认为移民对东蒙地区的生态环境造成了严重影响⑨。

赵英兰考察了清代东北地区的人口状况，认为东北地区的自然环境不仅影响了人口的流动与分布、人口的构成及组织形式，也影响了东北地区民众的经济和文化生活⑩。李治亭比较了"闯关东"和"走西口"，认为封禁令

---

① 珠飒：《清代汉族移民进入内蒙古地区的原因》，载于《内蒙古大学学报（人文社会科学版）》2005 年第 3 期。

② 范立君：《近代东北移民与社会变迁（1860 - 1931）》，浙江大学博士学位论文，2005 年。

③ 珠飒：《清代内蒙古东三盟移民研究》，内蒙古大学博士学位论文，2005 年。

④ 赵兰英：《清代东北人口与群体社会研究》，吉林大学博士学位论文，2006 年。

⑤ 红梅：《科尔沁地区近三百年人口变化及其效应研究》，内蒙古师范大学硕士学位论文，2006 年。

⑥ 颜廷真、白梅、田文祝：《清代西辽河流域人口增长及其对环境的影响》，载于《人文地理》2007 年第 2 期。

⑦ 沈盟：《黑龙江省满族移民旗屯建置述略》，载于《黑龙江史志》2014 年第 13 期。

⑧ 方修琦、叶瑜、曾早早：《极端气候事件—移民开垦—政策管理的互动——1661~1680 年东北移民开垦对华北水旱灾的异地响应》，载于《中国科学》（D 辑）《地理科学》2006 年第 7 期。

⑨ 季静：《简述清代东蒙移民问题》，载于《赤峰学院学报（汉文哲学社会科学版）》2008 年第 9 期。

⑩ 赵英兰：《生态环境视域下清代东北地区人口状况解读》，载于《吉林大学社会科学学报》2009 年第 5 期。

延缓了资源的过度开发，在一定程度上保护了生态环境①。毕洪娜论述了明初辽东都司的自然地理环境，讨论了人口地理分布的原因等问题②。李智裕认为明代中朝之间"瓯脱"地带人口变迁的实质是不同政权针对辽东政局发展所进行的人口政策调整的结果③。陈跃讨论了清入关前东北地区人口的迁移，认为人口迁移对入关前东北地区生态环境造成了很大影响④。

八、动植物、作物与人

研究中国动植物史的成果大多涉及东北⑤。研究东北物种的论著很多⑥。"黑龙江省珍稀动物保护与利用研究丛书"对七种珍稀动物展开了研究⑦。

---

① 李治亭：《"闯关东"与"走西口"的比较研究》，载于《东北史地》2010 年第 3 期。

② 毕洪娜：《明初辽东都司人口及其地理分布探究——以〈辽东志〉为中心》，东北师范大学硕士学位论文，2012 年。

③ 李智裕：《明代中朝之间"瓯脱"地带人口变迁考》，载于《东北史地》2012 年第 3 期。

④ 陈跃：《清入关前东北地区人口迁移述论》，《沈阳故宫博物院院刊》（第十四辑），现代出版社 2014 年版。

⑤ 何业恒：《中国珍稀兽类的历史变迁》，湖南科学技术出版社 1993 年版；何业恒：《中国珍稀鸟类的历史变迁》，湖南科学技术出版社 1994 年版；何业恒：《中国虎与中国熊的历史变迁》，湖南师范大学出版社 1996 年版；何业恒：《中国珍稀爬行类两栖类和鱼类的历史变迁》，湖南师范大学出版社 1997 年版；文榕生：《中国珍稀野生动物分布变迁》，山东科学技术出版社 2009 年版；文榕生编著：《中国古代野生动物地理分布》，山东科学技术出版社 2013 年版；文榕生：《中国珍稀野生动物分布变迁（续）》（上中下），山东科学技术出版社 2018 年版；文榕生：《中国珍稀野生动物分布变迁地图集》，山东科学技术出版社 2019 年版。

⑥ 中国科学院动物研究所兽类研究组编著：《东北兽类调查报告》，科学出版社 1958 年版；王本祥等编：《人参的研究》，天津科学技术出版社 1985 年版；东北保护野生动物联合委员会编：《东北鸟类》，辽宁科学技术出版社 1988 年版；丛佩远：《东北三宝经济简史》，农业出版社 1989 年版；汪玢玲：《中国虎文华》，中华书局 2007 年版；蒋竹山：《人参帝国——清代人参的生产、消费与医疗》，浙江大学出版社 2015 年版；孙海义：《中国东北虎保护研究》，东北林业大学出版社 2016 年版；文焕然等著、文榕生选编整理：《中国历史时期植物与动物变迁研究》，重庆出版社 2019 年版。

⑦ 孙海义编著：《东北虎》，东北林业大学出版社 2011 年版；田秀华、王进军等编著：《东方白鹳》，东北林业大学出版社 2011 年版；靳玉文、孙红瑜：《狗獾》，东北林业大学出版社 2011 年版；刘丙万、贾竞波编著：《驼鹿》，东北林业大学出版社 2011 年版；李晓民编著：《大天鹅》，东北林业大学出版社 2011 年版；于红贤编著：《东北林蛙》，东北林业大学出版社 2011 年版；葛东宁：《花尾榛鸡》，东北林业大学出版社 2011 年版。

　　蒋竹山考察了清代的人参生产、消费与医疗。滕德永概述了改革开放以来清代东北人参问题的研究情况①。王佩环探讨了清代东北采参业的勃兴、发展和衰落过程②。林仲凡介绍了明清时期东北各地人参的采挖、种植、贮藏、加工、鉴别的情况③。叶志如从人参专采专卖制度考察清代宫廷的特供保障，认为人参的专采专卖是保障清代皇室内廷特供生活的重要经济来源④。宫喜臣等研究了明清时期东北采参业和清廷采参制度，认为明嘉靖年间上党人参基本采绝导致人参采集中心转至东北⑤。佟永功研究了清代盛京参务由内务府及盛京上三旗包衣佐领经办和盛京将军衙门经办的两个阶段，总结了不同阶段的经办特点⑥。刘贤考证了历代长白山人参栽培的历史⑦。

　　蒋竹山探讨了清代东北人参的变迁与清政府的歇山轮采政策的关系，分析了秧参案出现的原因和特点以及对日后参务管理的影响⑧。蒋竹山认为随着人参的商品化，清代有关人参的书写从博物学调查转向了商品指南⑨。赵郁楠从东北参场管理、各朝采参政策和机构的管理以及人参管理等方面考述了清代东北参务管理全貌⑩。滕德永探讨了嘉道时期人参变价过程中的人参加价银制度⑪。刘明昕和王喜臣依据清末民初地方志考证了人参在吉林省的分布情况，通过梳理吉林省 70 余种地方志中有关人参的史料，分析了当时

　　① 滕德永：《改革开放以来的清代东北人参问题研究述评》，载于《地域文化研究》2018 年第 4 期。

　　② 王佩环：《清代东北采参业的兴衰》，载于《社会科学战线》1982 年第 4 期。

　　③ 林仲凡：《明清时代我国东北各地人参的开采与经营》，载于《中国农史》1988 年第 4 期。

　　④ 叶志如：《从人参专采专卖看清宫廷的特供保障》，载于《故宫博物院院刊》1990 年第 1 期。

　　⑤ 宫喜臣、骆云和、段凤芹：《明清时代的东北采参业》，载于《人参研究》1990 年第 4 期。

　　⑥ 佟永功：《清代盛京参务活动述略》，载于《清史研究》2000 年第 1 期。

　　⑦ 刘贤：《长白山人参栽培史小考》，载于《东北史地》2004 年第 7 期。

　　⑧ 蒋竹山：《生态环境、人参采集与国家权力——以嘉庆朝的秧参案为例的探讨》，引自王利华主编：《中国历史上的环境与社会》，生活·读书·新知三联书店 2007 年版。

　　⑨ 蒋竹山：《清代的人参书写与分类方式的转向——从博物学到商品指南》，载于《华中师范大学学报（人文社会科学版）》2008 年第 2 期。

　　⑩ 赵郁楠：《清代东北参务管理考述》，中央民族大学硕士学位论文，2007 年。

　　⑪ 滕德永：《嘉道时期内务府人参"加价银"问题辨析》，载于《东北史地》2013 年第 4 期。

社会生产力和自然条件下吉林地区人参产业分布和人参贸易形式①。王爽考察了清代前期东北人参的垄断管制、人参私采活动和法律治理及行政管理，认为这些措施无法管制民间私下刨采②。闫科技考察了清朝前中期禁采人参之法令及司法实践③。李忠跃从经济、政治军事和文化生态等方面分析了人参对明末清初辽东变局的社会影响，认为明末以来粗放掠夺式的人参采掘是造成近现代东北野山参衰微和生态退化的成因④。

部分学者对东北虎进行了研究。马逸清利用《盛京通志》等文献考察了 19 世纪东北虎的分布和变迁⑤。一些成果考察了东北虎的分布和种群数量⑥。张士尊讨论了康熙二十一年（1682 年）东北虎在东北南部的分布情况及其与环境的关系⑦。李钟汶等认为古代东北虎的分布区较少受人类干扰，但近代以来随着人口增长、政策变化和生产力的发展、对东北虎分布区内土地的利用，严重影响了东北虎的生存和繁衍⑧。田瑜等考察了东北虎种群的时空动态演变及其原因⑨。曹志红研究了东北虎的历史变迁及人虎关系的变化⑩。

① 刘明昕、王喜臣：《从清末民初地方志看人参在吉林省的分布情况》，载于《长春中医药大学学报》2018 年第 5 期。
② 王爽：《清前期东北人参私采及管理研究（1644－1795）》，辽宁师范大学硕士学位论文，2018 年。
③ 闫科技：《清朝前中期（1644－1850）禁采人参之法令及司法实践研究》，杭州师范大学硕士学位论文，2019 年。
④ 李忠跃：《龙兴之物——人参与明末清初的辽东变局》，载于《深圳社会科学》2019 年第 4 期。
⑤ 马逸清：《东北虎分布区的历史变迁》，载于《自然资源研究》1983 年第 4 期。
⑥ 高中信、马建章、马逸清：《中国东北虎分布历史变迁》，引自夏武平、张洁主编：《人类活动影响下兽类的演变》，中国科学技术出版社 1993 年版；赫俊峰、于孝臣、史玉明：《东北虎分布区的历史变迁及种群变动》，载于《林业科技》1997 年第 1 期。
⑦ 张士尊：《康熙二十一年"东北虎"在东北南部地区的分布》，载于《满族研究》2005 年第 2 期。
⑧ 李钟汶等：《东北虎分布区土地利用格局与动态》，载于《应用生态学报》2009 年第 3 期。
⑨ 田瑜等：《东北虎种群的时空动态及其原因分析》，载于《生物多样性》2009 年第 3 期。
⑩ 曹志红：《老虎与人：中国虎地理分布和历史变迁的人文影响因素研究》，陕西师范大学博士学位论文，2010 年。

　　部分学者对物产和作物进行了研究。陈树平讨论了玉米和番薯在东北的传播①。刘世哲讨论了明代女真物产的输入②。苏建新探讨了吉林果子楼的设置、职能及采捕呈进贡品情况③。衣保中探讨了鸦片战争前东北农作物的种类和分布情况④。何群从生态人类学视角考察了清代以来大小兴安岭地区的自然环境与狩猎文化⑤。朱香玲考察了清代民国时期东北的土特产，认为土特产在东北的开发经历了从自然物产到商品化的演变过程⑥。张学珍等试图复原 17 世纪后期中国东北地区的自然植被格局⑦。陆姝研究了清代吉林打牲乌拉鱼贡⑧。马贝贝讨论了清代采珠八旗的生态文化影响⑨。安大伟以清代东北方志物产志为中心，考察了清末知识分子的知识转型及其反映的社会变迁⑩。李新宇考察了清代东北采捕的缘起和官营采捕的衰落、专司采捕的打牲乌拉衙署，揭示了东北各地物产的多样性与丰富性⑪。

　　田静考察了明代辽东的马市贸易，认为辽东马市贸易是明代东北地区经济的差异性和发展不平衡的产物⑫。林延清考察了明代辽东马市性质的演

　　①　陈树平：《玉米和番薯在中国传播情况研究》，载于《中国社会科学》1980 年第 3 期。
　　②　刘世哲：《明代女真物产输入几种》，载于《黑龙江文物丛刊》1984 年第 4 期；刘世哲：《明代女真几种物产输出述议》，载于《民族研究》1984 年第 6 期。
　　③　苏建新：《清代吉林果子楼及其贡品初探》，载于《北方文物》1991 年第 3 期。
　　④　衣保中：《清代东北的农作物种类与分布》，载于《古今农业》1996 年第 4 期。
　　⑤　何群：《清以来大小兴安岭环境与狩猎文化的生态人类学观察——鄂伦春族个案》（上），载于《满语研究》2007 年第 1 期；何群：《清以来大小兴安岭环境与狩猎文化的生态人类学观察——鄂伦春族个案》（下），载于《满语研究》2007 年第 2 期。
　　⑥　朱香玲：《清代民国时期东北土特产经济述略》，吉林大学硕士学位论文，2008 年。
　　⑦　张学珍、王维强、方修琦等：《中国东北地区 17 世纪后期的自然植被格局》，载于《地理科学》2011 年第 2 期。
　　⑧　陆姝：《清代吉林打牲乌拉鱼贡研究》，长春师范大学硕士学位论文，2014 年。
　　⑨　马贝贝：《清代打牲乌拉采珠八旗研究》，长春师范大学硕士学位论文，2019 年。
　　⑩　安大伟：《知识书写与社会变迁——清代东北方志物产志研究》，载于《辽宁大学学报（哲学社会科学版）》2020 年第 3 期。
　　⑪　李新宇：《清代打牲乌拉官营采捕研究》，吉林师范大学博士学位论文，2021 年。
　　⑫　田静：《明代辽东的马市贸易》，载于《史学月刊》1960 年第 6 期。

变①。陈祺讨论了明代辽东马市的发展及其历史影响②。汪玢玲讨论了关于鹿的民俗文化③。李凤飞考察了贡貂制度与清代东北的治策④。滕亘考察了历史时期东北棕熊、黑熊的分布以及对熊的开发和利用⑤。

　　部分学者对清代东珠进行了研究。美国学者谢健在《帝国之裘》有专章论述。赵雄探讨了东珠在清代的地位和打牲总管衙门的设立及采捕业的发展和衰落⑥。王云英探讨了女真人的渔猎情况和清朝对东珠的使用与采捕⑦。汪玢玲和陶金讲述了打牲乌拉贡珠与东珠的历史⑧。王雪梅和翟敬源认为东珠采捕既满足了清朝统治者对传统装饰和奢华生活的需求，又体现了皇权政治的需要⑨。李侠讨论了松花江地区东珠业的发展⑩。杨泽平探讨了明清时期的采珠活动和东珠的管理与使用⑪。安宁认为东珠采捕业从一个侧面折射出了清政府从兴起走向鼎盛再到衰败的过程⑫。陈跃考察了清代东北贡珠文化及其演变⑬。陶东明从东珠朝珠的角度考察了清代满族文化中的佛教因素⑭。李新宇根据《康熙朝·黑图档》满文档案研究了东珠的使用等问题⑮。

----

①　林延清：《明代辽东马市性质的演变》，载于《南开史学》1981 年第 2 期。

②　陈祺：《明代辽东马市及其历史影响》，载于《东北师大学报》1987 年第 1 期。

③　汪玢玲：《关于鹿的民俗考论》，载于《东北师大学报（哲学社会科学版）》1988 年第 3 期。

④　李凤飞：《贡貂制度与清代东北治策》，载于《求是学刊》2001 年第 5 期。

⑤　滕亘：《历史时期人们对熊类的认识和利用》，陕西师范大学硕士学位论文，2009 年。

⑥　赵雄：《关于清代打牲乌拉东珠采捕业的几个问题》，载于《历史档案》1984 年第 4 期。

⑦　王云英：《清代对东珠的使用和采捕制度》，载于《史学月刊》1985 年第 6 期；王云英：《论清代对东珠的使用及采捕》，引自沈阳故宫博物馆研究室主编：《沈阳故宫博物馆文集 1983－1985》，1985 年版。

⑧　汪玢玲、陶金：《打牲乌拉贡珠与东珠故事》，载于《社会科学战线》1989 年第 4 期。

⑨　王雪梅、翟敬源：《清代打牲乌拉的东珠采捕》，载于《北方文物》2012 年第 2 期。

⑩　李侠：《松花江东珠兴衰记》，载于《黑龙江史志》2012 年总第 279 期。

⑪　杨泽平：《明清时期"南珠"、"东珠"初探》，广东省社会科学院硕士学位论文，2014 年。

⑫　安宁：《略述清代东珠采捕与打牲乌拉》，载于《黑龙江民族丛刊》2015 年第 3 期。

⑬　陈跃：《清代东北贡珠文化及其演变》，引自黄松筠主编：《东北地域文化与生态文明研究》，长春出版社 2016 年版。

⑭　陶东明：《从东珠朝珠看清代满族文化中的佛教因素》，吉林艺术学院硕士学位论文，2016 年。

⑮　李新宇：《浅析清代对东珠的使用——以〈康熙朝·黑图档〉一份满文档案译释为中心》，载于《吉林师范大学学报（人文社会科学版）》2021 年第 6 期。

九、灾害、灾荒与救荒

　　这方面的研究成果相对较多①，大体可分为以下几类：一是探讨灾害、灾荒发生的历史概况及其时空分布特征。张士尊考察了明代辽东的自然灾害②。魏琳等考察了东北黑土区近 500 多年旱涝灾害的演变情况③。郭家宝等考察了清代东北三省不同时段旱涝灾害的时空分布特征④。颜停霞等统计了明代辽宁雹灾的次数。⑤ 二是探讨人为因素导致的环境破坏与灾害发生的关系。文焕然和何业恒考察了东北西部天然林的破坏与自然灾害的关系⑥。郭松平、吴明心和李国华考察了凌源地区森林的盛衰与自然灾害的关系⑦。

---

　　① 邓拓：《中国救荒史》，上海书店 1984 年版；陈高佣等编：《中国历代天灾人祸表》，上海书店 1986 年版；李文海等：《近代中国灾荒纪年》，湖南教育出版社 1990 年版；李文海、周源：《灾荒与饥馑：1840－1919》，高等教育出版社 1991 年版；李文海、周源：《灾荒与饥馑：1840－1919》，人民出版社 2020 年版；李文海等：《近代中国灾荒纪年续编（1919－1949）》，湖南教育出版社 1993 年版；李文海等：《中国近代十大灾荒》，上海人民出版社 1994 年版；李向军：《清代荒政研究》，中国农业出版社 1995 年版；孟昭华编著：《中国灾荒史记》，中国社会出版社 1999 年版；复旦大学历史地理研究中心主编：《自然灾害与中国社会历史结构》，复旦大学出版社 2001 年版。赵玉田：《明代北方的灾荒与农业开发》，吉林人民出版社 2003 年版；［法］魏丕信，徐建青译：《十八世纪中国的官僚制度与荒政》，江苏人民出版社 2006 年版；赫治清主编：《中国古代灾害史研究》，中国社会科学出版社 2007 年版；赵玉田：《文明、灾荒与贫困的一种生成机制——历史现象的环境视角》，吉林人民出版社 2008 年版；鞠明库：《灾害与明代政治》，中国社会科学出版社 2011 年版；夏明方：《近世棘途——生态变迁中的中国现代化进程》，中国人民大学出版社 2012 年版；包庆德：《清代内蒙古地区灾荒研究》，人民出版社 2015 年版；于春英：《清代东北地区水灾与社会应对》，社会科学文献出版社 2016 年版；赵玉田：《环境与民生——明代灾区社会研究》，社会科学文献出版社 2016 年版；珠飒：《清至民国时期内蒙古灾害与社会救济研究》，民族出版社 2020 年版。

　　② 张士尊：《明代辽东自然灾害考略》，载于《鞍山师范学院学报》2001 年第 4 期。

　　③ 魏琳、鞠敏睿、徐金忠：《东北黑土区近 500 多年旱涝灾害变化》，载于《黑龙江水利》2017 年第 8 期。

　　④ 郭家宝、毕硕本、邱湘开、张莉：《清代东北三省旱涝灾害时空特征分析》，载于《广西师范大学学报（自然科学版）》2021 年第 6 期。

　　⑤ 颜停霞、毕硕本、魏军、李禧亮：《明代雹灾的时空特征分布》，载于《热带地理》2013 年第 5 期。

　　⑥ 文焕然、何业恒：《历史时期"三北"防护林区的森林——兼论"三北"风沙危害、水土流失等自然灾害严重的由来》，载于《河南师大学报（自然科学版）》1980 年第 1 期。

　　⑦ 郭松平、吴明心、李国华：《凌源森林盛衰和自然灾害》，载于《农业考古》1986 年第 1 期。

赵玉田考察了明代东北移民粗放式耕作引起的灾害①。三是探讨灾害引发的社会后果和影响。王景泽认为明末东北地区自然灾害的频发导致了建州女真的兴起，灾荒也成为努尔哈赤起兵反明的主要诱因之一②。四是考察灾害应对与救荒。包庆德论述了清代内蒙古地区的灾荒，于春英讨论了清代东北地区的水灾与社会应对，珠飒讨论了清至民国时期内蒙古地区的灾害与社会救济③。陈跃探讨了清末民初辽东半岛风暴潮的基本状况、特点、危害及政府的赈恤与社会救助④。荆杰和王凤杰考察了近代东北的水灾、荒政措施、筹赈模式等，认为近代东北荒政体系的近代化丰富了传统东北赈灾救荒体系⑤。陈跃讨论了清代东北自然灾害的概况和清政府主导下的社会救灾防灾活动，认为清代东北救灾方式以政府为主导，民间积极参与为辅⑥。姜雪娜考察了明末辽东地区的水旱灾害及社会应对⑦。五是挖掘文献中的灾害史资料。魏刚依据《明实录》探讨了明代辽东的灾害及社会救治⑧。关亚新利用《燕行录》得出清代辽西地区沙尘天气有季节上的集中性、地带上的多发性和周期变化的特点⑨。郑毅以《盛京时报》为中心讨论了近代东北灾荒史研究中新闻资料的使用⑩。霍速利用《盛京时报》研究了清末东北的灾患⑪。

---

① 赵玉田：《明代北方灾荒的社会控制》，载于《东北师大学报》2002 年第 5 期。
② 王景泽：《明末东北自然灾害与女真族的崛起》，载于《西南大学学报（社会科学报）》2008 年第 4 期。
③ 包庆德：《清代内蒙古地区灾荒研究》，人民出版社 2015 年版；于春英：《清代东北地区水灾与社会应对》，社会科学文献出版社 2016 年版；珠飒：《清至民国时期内蒙古灾害与社会救济研究》，民族出版社 2020 年版。
④ 陈跃：《清末民初辽东半岛的风暴潮灾害》，引自朱诚如、王天有主编：《明清论丛》（第 11 辑），故宫出版社 2011 年版。
⑤ 荆杰、王凤杰：《清末民初东北荒政述略》，载于《社会科学战线》2011 年第 12 期。
⑥ 陈跃：《清代东北地区灾害救助研究》，载于《东北师大学报（哲学社会科学版）》2014 年第 6 期。
⑦ 姜雪娜：《明末辽东地区水旱灾害及社会应对》，吉林大学硕士学位论文，2009 年。
⑧ 魏刚：《明代辽东灾害救治述论》，载于《大连大学学报》2010 年第 5 期。
⑨ 关亚新：《清代辽西地区沙尘天气的特点及成因》，载于《史学集刊》2017 年第 1 期。
⑩ 郑毅：《近代东北灾荒史研究中新闻资料使用探析——以〈盛京时报〉为中心》，载于《北华大学学报（社会科学版）》2013 年第 1 期。
⑪ 霍速：《清末东北灾患研究——以〈盛京时报〉为中心》，吉林大学硕士学位论文，2011 年。

十、疾病与医疗卫生史

　　疾病和瘟疫史研究集中于清末民国时期发生在东北的大鼠疫。郭蕴深考察了 1910～1911 年的哈尔滨大鼠疫①。何君明和杨学锋梳理了 1910 年初东北大瘟疫的发生情况②。管书合讨论了 1910～1911 年东三省鼠疫的疫源问题，认为伍连德当时得出的鼠疫由旱獭传入基本上是没有疑问的③。李春华考察了黑龙江大鼠疫的详细情况和疫情未能得到及时控制的原因④。陈雁考察了 1910～1911 年的东北鼠疫及社会应对⑤。杜丽红从疾疫史和文化史角度分析了清末东北鼠疫防控策略对文化的冲击⑥。杜丽红还从权力结构与防疫模式视角探讨了清末东北大鼠疫期间防疫决策的执行⑦。田阳考察了 1910 年吉林省鼠疫的流行情况，讨论了当时的应对措施和效果不显著的原因，认为各级政府和官吏的鼠疫防治工作标志着中国现代防疫制度的建立⑧。管书合考察了清末营口地区鼠疫的流行与辽宁近代防疫之滥觞，认为 1899～1907 年营口地区鼠疫的防治标志着辽宁省乃至东北三省自办近代意义防疫的开端⑨。杜丽红考察了清末东北鼠疫防控中的交通遮断，认为交通遮断虽具有某种程度的现代性，但从政治运作角度来看，实质上是从中央到地方各种政治势力之间既合作又斗争的过程⑩。胡成从疾疫史和政治史的角度论述了

---

　　①　郭蕴深：《哈尔滨 1910–1911 年的大鼠疫》，载于《黑龙江史志》1996 年第 5 期。

　　②　何君明、杨学锋：《历史的惨痛不应忘记——记清朝末年我国东北地区爆发的一次大规模流行性瘟疫》，载于《贵州档案》2003 年第 5 期。

　　③　管书合：《1910–1911 年东三省鼠疫之疫源问题》，载于《历史档案》2009 年第 3 期。

　　④　李春华：《记黑龙江省一次特大鼠疫》，载于《黑龙江史志》2003 年第 4 期。

　　⑤　陈雁：《20 世纪初中国对疾疫的应对——略论 1910～1911 年的东北鼠疫》，载于《档案与史学》2003 年第 4 期。

　　⑥　杜丽红：《清末东北鼠疫防控策略的文化冲击探析》，载于《人文杂志》2022 年第 10 期。

　　⑦　杜丽红：《权力结构与防疫模式——清末东北大鼠疫期间防疫决策的执行》，载于《中山大学学报（社会科学版）》2022 年第 5 期。

　　⑧　田阳：《1910 年吉林省鼠疫流行简述》，载于《社会科学战线》2004 年第 1 期。

　　⑨　管书合：《清末营口地区鼠疫流行与辽宁近代防疫之滥觞》，载于《兰台世界》2009 年第 10 期。

　　⑩　杜丽红：《清末东北鼠疫防控与交通遮断》，载于《历史研究》2014 年第 2 期。

1910～1911 年间东北鼠疫蔓延期间发生的主权之争①。

孔展考察了清代辽宁地区的疫情分布，导致疫病流行的相关因素，疫病的防治措施，疫病的学术研究、疫病文化、疫病的影响等②。姜文浩梳理了晚清奉天地区疫灾的时空分布，分析了疫灾频发的驱动力量，讨论了各方的防治举措③。杜丽红从财政史和疾疫史角度考察了清末东北的防疫举措，探讨了防疫的复杂性及其缘由、经费筹集与财政运作、经费开支与防疫之政，认为东北防疫已不是传统意义上的施药治瘟，而是一项涉及面极广的庞大行政工程，强调东北防疫中的最大政治是满足列强要求、避免列强干涉④。宋抵考察了清初崇德年间满族的一次天花大流行及防痘术⑤。高勇和乌云毕力格讨论了清代东北地区的天花预防、治疗及社会影响⑥。梅莉和晏昌贵讨论了明代辽东传染病的相关情况⑦。杜丽红考察了清末东北官聘西医及其薪资情况⑧，还以营口为例考察了近代中国地方卫生行政的诞生，认为在英、俄、日三国干涉下产生的营口卫生行政具有非原创性、强制性、多元性、异质性、殖民性的特点⑨。

---

① 胡成：《东北地区肺鼠疫蔓延期间的主权之争（1910.11－1911.4）》，引自《中国社会历史评论》（第九卷），天津古籍出版社 2008 年版。还有不少研究清末东北鼠疫的硕士学位论文，比如李银涛：《清末宣统年间东三省鼠疫研究》，河南大学硕士学位论文，2004 年；曹晶晶：《1910－1911 年的东北鼠疫及其控制》，吉林大学硕士学位论文，2005 年；李皓：《庚辛鼠疫与清末东北社会变迁》，东北师范大学硕士学位论文，2006 年；丁美艳：《宣统年间东北鼠疫灾难应对之防疫法规研究》，辽宁大学硕士学位论文，2007 年。

② 孔展：《清代辽宁地区疫病史研究》，辽宁中医药大学硕士学位论文，2022 年。

③ 姜文浩：《晚清奉天疫灾——现代化及内外开放下的环境变动与社会动员》，载于《南京林业大学学报（人文社会科学版）》2022 年第 4 期。

④ 杜丽红：《清末东北防疫中的"财"与"政"》，载于《近代史研究》2020 年第 6 期。

⑤ 宋抵：《清初满族预防天花史证》，载于《满族研究》1995 年第 1 期。

⑥ 高勇、乌云毕力格：《清代天花的预防治疗及其社会影响》，载于《内蒙古大学学报（人文社会科学版）》2003 年第 4 期。

⑦ 梅莉、晏昌贵：《关于明代传染病的初步考察》，载于《湖北大学学报（哲学社会科学版）》1996 年第 5 期。

⑧ 杜丽红：《清末东北官聘西医及其薪津状况考析》，载于《中国经济史研究》2018 年第 4 期。

⑨ 杜丽红：《近代中国地方卫生行政的诞生：以营口为中心的考察》，载于《近代史研究》2019 年第 4 期。

十一、围场和柳条边

围场是清代的一种特殊现象，研究成果丰富①，讨论的焦点如下：

一是清代塞外围场的资源管理与环境变迁。赵珍研究了清代塞外围场分布格局与资源构成，认为康乾时期围场资源占有和利用格局发生的变化以及嘉道以来停围与资源衰减的现实导致动物资源衰减趋势突出，指出围场资源环境巨大变迁正是由于急剧增加的移民与清廷双方需求和利用围场资源利用矛盾的激化、围场资源存量与利用不敷的生态危机，清廷不得已采取的农业经济政策等诸多因素共同作用于围场这一纯自然生态环境而引发，与清代以来整个东北和华北部分地区的野生动植物资源变迁形成联动②。赵珍还认为官私伐树是改变围场土地资源利用方式的前奏，为安置人口把农耕施于森林草原区带来了重要和持久的影响③。赵珍系统考察了清代塞外围场的自然资源管理，认为围场的管理制度客观上起到了保护围场生态资源的作用④。

二是盛京围场。赵静璇从盛京地区八旗围场的建置、管理、纳贡、资源和环境、兴衰和开放、历史作用六个方面，对有关盛京围场的研究进行了概括，提出了盛京地区八旗围场研究有待进一步探讨的一些问题⑤。关亚新研究了盛京围场管理机构的初设、变更、增设及卡伦的设置，认为盛京围场管理机构的调整表面上是逐步完善对盛京围场的管控，实质上是对围场管理的

---

① 罗运治：《清代木兰围场的探讨》，（台北）文史哲出版社 1989 年版；唐军政主编：《清代皇家猎苑——木兰围场》，（香港）亚洲出版社 1990 年版；赵珍：《资源、环境与国家权力——清代围场研究》，中国人民大学出版社 2012 年版；陈妮娜主编：《东丰皇家鹿苑通考》，吉林文史出版社 2013 年版；文平编著：《木兰围场研究》，九州出版社 2014 年版；张学军主编：《木兰围场传说》，中国三峡出版社 2016 年版；张学军：《中国木兰围场史》，民族出版社 2016 年版。
② 赵珍：《清代塞外围场格局与动物资源盛衰》，载于《中国历史地理论坛》2009 年第 1 辑。
③ 赵珍：《清代塞外围场土地资源环境变迁》，载于《中国人民大学学报》2007 年第 6 期。
④ 赵珍：《清代塞外围场的资源管理》，载于《中国人民大学学报》2008 年第 5 期。
⑤ 赵静璇：《清代盛京围场研究》，载于《品味·经典》2021 年第 7 期。

诸多弊病倒逼清廷做出调整①。赵珍对盛京围场的管理机构名称及官佐、围场处的主要职责和卡伦设置进行了研究，认为围场处的日常事务对围场资源环境的保护及利用方面的作用尤其明显②。赵珍考察了光绪时期盛京围场捕牲定制的困境，讨论了围场资源环境基础和鹿羔数量减少与捕牲相关部门及定制、调整的关系，认为资源环境原本具有的系统性、结构性和复杂性是不以人们的意志为转移的③。周爽考察了清代盛京围场贡鹿的时间及次数、种类和数量、养鹿官山的贡鹿数量和种类④，认为清代盛京围场贡鹿制度经历了初无完备定额阶段，定额、定制阶段，定制时期的五次调整的发展，最终形成定制⑤。李博敏考察了盛京围场的兴衰演变⑥。任玉雪和李荣倩利用档案文献、历史地图和地理信息系统，绘制了盛京围场地图，认为从行政区划的角度来讲，盛京围场无疑应纳入盛京将军辖区⑦。

三是木兰围场。对木兰围场的讨论最多。钮仲勋和浦汉昕讨论了木兰围场的建立、自然地理、自然资源的保护和破坏、生态环境恶化及木兰围场的衰败与开禁⑧。景爱认为辽、金、元三代均有打围的传统，契丹人和女真人擅长哨鹿。满族人为女真人后裔，两者生活方式和习俗有颇多相同之处。清代的木兰秋狝既是继承了辽金的旧制，又因时代不同有所创新。集体围猎本是人类历史早期的狩猎方式，围场打围是上古遗风的残留，但在辽、金、元、清几代则被赋予了新的意义⑨。阎崇年分析了康熙皇帝设置木兰围场的

①　关亚新：《清代盛京围场管理机构的演变》，引自朱诚如、徐凯主编：《明清论丛》（第十四辑），故宫出版社 2014 年版。

②　赵珍：《清代盛京围场处》，载于《历史档案》2009 年第 4 期。

③　赵珍：《光绪时期盛京围场捕牲定制的困境》，载于《中国边疆史地研究》2011 年第 3 期。

④　周爽：《清代盛京围场贡鹿活动探析》，载于《东北亚研究论丛》（长师大）2014 年第 1 期。

⑤　周爽：《清代盛京围场贡鹿定制探究》，载于《唐山师范学院学报》2014 年第 1 期。

⑥　李博敏：《盛京围场兴衰》，载于《沈阳故宫博物院院刊》2014 年第 1 期。

⑦　任玉雪、李荣倩：《清代盛京围场的隶属与盛京、吉林将军辖区的分界》，载于《中国历史地理论丛》2016 年第 4 辑。

⑧　钮仲勋、浦汉昕：《清代狩猎区木兰围场的兴衰和自然资源的保护与破坏》，载于《自然资源》1983 年第 1 期。

⑨　景爱：《木兰围场建置考》，载于《传统文化与现代化》1994 年第 2 期。

气候因素①。景爱考察了木兰围场遭到的破坏和沙漠化②，以及木兰围场从绿色皇苑到黄色沙场的历史变迁③。贺建和赵晓彤考察了清代"木兰行围"制度的演变④。玉海利用清代翁牛特右翼旗印务处档案，得出康熙三十四年（1664 年）翁牛特旗献地之时才是真正的木兰围场始置时间⑤。刘文波讨论了康乾时期清帝的北巡活动和木兰围场的设置等问题⑥。王晓辉考察了清代木兰围场管理制度的演变与边疆治理等，认为木兰围场管理制度构成了清代边疆治理的重要组成部分⑦。关青云认为木兰围场设置的原因有强军、绥藩、防变、屏障，理想的军事位置、政治地位、气候环境等条件让木兰围场成为皇家御用猎苑⑧。陈肖寒考察了清代木兰围场的基本规制和木兰秋狝、围场管理体制、嘉庆至道光年间围场的衰落和同治至光绪年间围场的开垦，阐释了木兰围场从皇家禁地转变为一般行省制度下行政区划的演变过程⑨。单嗣平讨论了清代政治环境观在木兰围场的实践和影响，认为围场管理不力导致大量盗猎情况并非是木兰围场环境变化的罪魁祸首，木兰围场森林资源的大肆开发、动物自由迁徙以及围场间物种交流的重要通道被人为切断、狩猎对当地动物资源的过度利用，这三种情况才是导致环境恶化的原因⑩。毕宪明

① 阎崇年：《康熙皇帝与木兰围场》，载于《故宫博物院院刊》1994 年第 2 期。
② 景爱：《木兰围场的破坏与沙漠化》，载于《中国历史地理论丛》1995 年第 2 期。
③ 景爱：《从绿色皇苑到黄色沙场——木兰围场的历史变迁》，载于《科技潮》2001 年第 4 期。
④ 贺建、赵晓彤：《清代"木兰行围"制度演变》，载于《河北民族师范学院学报》2013 年第 3 期。
⑤ 玉海：《清代翁牛特右翼旗献地及木兰围场始置时间新考》，载于《吉林师范大学学报（人文社会科学版）》2019 年第 3 期。
⑥ 刘文波：《康乾时期的清帝北巡与木兰围场设置问题探析》，载于《内蒙古师范大学学报（哲学社会科学版）》2021 年第 1 期。
⑦ 王晓辉：《清代木兰围场管理制度的演变与边疆治理》，载于《黑龙江民族丛刊》2016 年第 6 期。
⑧ 关青云：《清代木兰围场设置原因考》，载于《中国民族博览》2018 年第 9 期。
⑨ 陈肖寒：《清代木兰围场的治理与周边政治单元的关系》，载于《江苏师范大学学报（哲学社会科学版）》2018 年第 1 期。
⑩ 单嗣平：《皇家猎场中的生态危机——试论清代政治环境观在木兰围场的实践与影响》，载于《泰山学院学报》2018 年第 2 期。

探讨了木兰围场的放垦与生态变迁的关系①。

黄松筠考察了清代吉林围场的设置与开放等，认为吉林围场可分为吉林西围场、伯都讷围场、阿勒楚喀所属蜚克图围场和南荒围场，认为设置吉林围场的目的有作为习武狩猎的基地、为清廷统治者提供贡品②。赵珍对清嘉道以来伯都讷围场的周边移民及垦殖筹划和实施、深度放垦与资源环境的关系及垦地民地化过程中的利益再分配进行了研究，认为清代对资源环境的调控受国家权力支配，国家权力和政策是环境系统改变的主要动力③。吴强稼梳理了清代吉林围场的历史沿革，考察了清廷在吉林围场安置"京旗闲散"的举措和吉林围场的"双城堡屯田""伯都讷屯田"。他还考证了吉林围场的迁移人口数量、垦地面积、粮食产量等④。

刁书仁考察了清代盛京围场、吉林围场、黑龙江围场的基本情况以及设置目的和围场制度⑤，认为清代吉林、盛京围场的开放标志着封禁政策的失败，围场的开放促进了东北开发⑥。王铁男考察了清代围场木材资源的开发与管理，认为围场采伐的木料支撑了清代各类大型工程的营造⑦。钮仲勋和浦汉昕考察了历史时期承德、围场一带的农业开发与植被变迁⑧。韩光辉考察了清初以来围场地区人地关系的演变⑨。关亚新分析了清代东北养息牧牧

---

① 毕宪明：《木兰围场放垦与生态变迁》，载于《承德日报》（文史版）2008年7月3日，第7版；毕宪明：《木兰围场放垦与生态变迁》，引自王依荣主编：《探索 思考 对策——承德市优秀社会科学研究成果作品集》（二），河北大学出版社2012年版。

② 黄松筠：《清代吉林围场的设置与开放》，载于《东北史地》2007年第5期。

③ 赵珍：《清嘉道以来伯都讷围场土地资源再分配》，载于《历史研究》2011年第4期。

④ 吴强稼：《清代吉林围场与移民屯田》，载于《社会科学战线》1994年第6期。

⑤ 刁书仁：《清代东北围场论略》，载于《满族研究》1991年第4期。

⑥ 刁书仁：《清代吉林、盛京围场开放述略》，载于《史学集刊》1993年第4期。

⑦ 王铁男：《清代围场木材资源开发与管理》，载于《科学·经济·社会》2019年第3期。

⑧ 钮仲勋、浦汉昕：《历史时期承德、围场一带的农业开发与植被变迁》，载于《地理研究》1984年第1期。

⑨ 韩光辉：《清初以来围场地区人地关系演变过程研究》，载于《北京大学学报（哲学社会科学版）》1998年第3期。

场的变迁及影响①。

柳条边作为清代的边防工程，对清朝的统治具有重要地位。黑龙和寇博文梳理了国内学者有关柳条边的研究情况②。杨树森对清代柳条边做了系统研究③。刘兴晔考察了辽北柳条边的基本概况，并对顺治、康熙元年、康熙十年、乾隆以后的柳条边进行了研究④。管书合考证了柳条边的始建年代⑤。张敏考察了清代柳条边的时空分布，认为凤凰城边门以南的柳条边是接海的⑥。安万明通过实地踏查研究了新民县境内清代柳条边和彰武台边门遗址⑦。闫栋栋考察了清代柳条边的概念、设置目的、废弛原因和作用及影响⑧。邬冰、谷义和田兆有考察了辽东柳条边的界限和研究区域、两侧满族县域空间差异、遗址两侧满族聚居县域的文化弥合⑨。薛洪波和肖钢考察了柳条边的建置、修筑目的、废弛的原因及现状等，认为柳条边的修筑达到了保护特产、以界"内外"、保持满族旧俗的目的⑩。李喜林探讨了柳条边设置的原因和废弛等⑪。郭梦頔探讨了柳条边的设置、发展及其影响⑫。齐心探讨了清代柳条边的修筑及其原因、柳条边的解禁和废弛及其对东北地区民

①　关亚新：《试析清代东北养息牧牧场的变迁及影响》，载于《史学集刊》2008 年第 3 期；关亚新：《试析清代东北养息牧牧场的变迁及影响》，引自辽宁省哲学社会科学学术年会编委会编：《当代中国辽宁——发展·创新·和谐——辽宁省第二届哲学社会科学学术年会获奖成果文集》，辽宁大学出版社2009 年版。

②　黑龙、寇博文：《国内柳条边研究综述》，载于《渤海大学学报（哲学社会科学版）》2016 年第3 期。

③　杨树森主编：《清代柳条边》，辽宁人民出版社 1978 年版。

④　刘兴晔编著：《辽北柳条边》，辽宁人民出版社 2021 年版。

⑤　管书合：《柳条边始建年代考略》，载于《中国边疆史地研究》2020 年第 3 期。

⑥　张敏：《"根本亦须防"——清代柳条边的时空分布》，载于《江汉论坛》2019 年第 1 期。

⑦　安万明：《辽宁省新民县境内清代柳条边遗迹踏查纪略》，载于《北方文物》1986 年第 3 期。

⑧　闫栋栋：《试论清朝建设的柳条边》，载于《新西部（理论版）》2016 年第 13 期。

⑨　邬冰、谷义、田兆有：《辽东柳条边遗址两侧满族聚居空间差异与文化弥合——以凤凰城边门至暧阳边门柳条边遗址连线为例》，载于《东北史地》2016 年第 2 期。

⑩　薛洪波、肖钢：《浅谈清代柳条边》，载于《吉林师范大学学报（人文社会科学版）》2004 年第5 期。

⑪　李喜林：《清代的柳条边》，载于《兰台世界》1999 年第 4 期。

⑫　郭梦頔：《浅析清初柳条边的设置》，载于《神州》2012 年第 26 期。

族融合的影响①。管书合探讨了清初设置柳条边与蒙古之间的关系，认为康熙时期柳条边的扩充和新增的根本目的在于处理清廷与蒙古的关系，不应将其视为民族隔离、军事或行政区划的分界线②。王晨峰考察了柳条边的结构和分布、对东北的封禁作用、移民对柳条边的冲击、清末柳条边的废弛等问题③。毕继民认为辽西柳条边是为了防止蒙古牧民进入盛京地区放牧设置的，也是盛京地区与蒙古的行政界线，但并不是一条国界线④。施立学认为清廷1860年以后解除了对东北的封禁，但吉林柳条边并未随之废弛⑤。

柳条边的性质是讨论的焦点。吕患成认为柳条边不仅是政区界线，还是世界上最早最大的自然保护区界限⑥。张杰从国防需要、民族团结、行政管理、人参贸易等方面阐释了柳条边和印票的作用⑦。施立学认为柳条边的设置具有保护环境和动植物资源的作用⑧。关亚新认为清代柳条边在客观上起到了保护生态环境的作用，但柳条边内外流民的大量涌入对生态环境造成了破坏，柳条边的不当垦种引发了自然灾害频发⑨。宋伟宏和滕飞探讨了柳条边的封禁对东北生态资源保护的影响，认为柳条边保护了东北独特的野生动物和山林植被等⑩。陈跃认为柳条边在一定程度上延缓了东北的经济开发，起到了保护东北自然资源和生态环境的客观效果，随着清政府解除对东北的封禁，柳条边对生态环境的保护作用也随之消失⑪。

---

① 齐心：《清代柳条边与东北地区的民族融合》，载于《兰台世界》2012年第10期。

② 管书合：《何谓"以界蒙古"——清初设置柳条边与蒙古之关系再探讨》，载于《吉林大学社会科学学报》2021年第2期。

③ 王晨峰：《浅析柳条边的历史与发展》，载于《环球人文地理》2014年第24期。

④ 毕继民：《清初辽西柳条边浅谈》，载于《兰台世界》2012年第34期。

⑤ 施立学：《柳条边伊通边门》，载于《满族研究》2006年第1期。

⑥ 吕患成：《对柳条边性质的再认识》，载于《松辽学刊（自然科学版）》1990年第4期。

⑦ 张杰：《柳条边、印票与清朝东北封禁新论》，载于《中国边疆史地研究》1999年第1期。

⑧ 施立学：《东北柳条边的封禁及对东边道生态文化的影响》，载于《东北史地》2007年第3期。

⑨ 关亚新：《清代柳条边对东北地区生态环境的作用及影响》，载于《史学集刊》2010年第6期。

⑩ 宋伟宏、滕飞：《柳条边封禁与对东北生态资源的保护》，引自大连市近代史研究所、旅顺日俄监狱旧址博物馆编：《大连近代史研究》第13卷，沈阳：辽宁人民出版社2016年版。

⑪ 陈跃：《中国东北柳条边修筑及其生态环境效应——以清前期为限》，载于《西北大学学报（自然科学版）》2016年第2期。

十二、战争、军事与环境

对于战争与环境关系讨论的不多。孙文良和李治亭考察了松锦决战对明清战局的影响，将松锦决战与萨尔浒战役进行比较，认为清军在城外旷野发挥了最大优势，而明军却避长就短，最终被全部歼灭[①]。关亚新探讨了努尔哈赤和皇太极与明王朝之间的战争、明末清初战争对辽西生态环境的影响。在努尔哈赤与明朝的战争中，广宁之战使辽西土地荒废，宁远之战损耗了辽西资源。在皇太极与明朝的战争中，燕京之战损伤了蒙古草原，松锦之战导致辽西土地荒芜。明末清初的战争导致辽西平原、辽西丘陵地带的环境受到了严重破坏，辽西地区的生态环境几近跌回自然状态[②]。

还有讨论东北地区人地关系的文献。邓辉等从地理学角度考察了燕山以北农牧交错带人地关系的历史演变[③]。颜廷真和韩光辉考察了清代以来300余年间西辽河流域的行政格局、人口、土地利用、动植物等人地关系要素的变化，得出行政交错格局的变化使流域内农业人口增加并确立了以农业为主的生产方式，清代以来政府实行的移民开垦政策是流域人地关系恶化的主导因素，牧民游牧生活方式的转变是流域人地关系恶化的重要因素，气候和土壤条件是区域农业开发后流域人地关系加速恶化的基本因素四个结论[④]。赵奎涛考察了明末清初以来大凌河流域人地关系和生态环境演变的

---

　① 孙文良、李治亭：《论明与清松锦决战》，载于《辽宁大学学报（哲学社会科学版）》1982 年第 5 期。

　② 关亚新：《明末清初战争对辽西生态环境的破坏及影响》，载于《哈尔滨工业大学学报（社会科学版）》2013 年第 3 期。

　③ 邓辉等：《从自然景观到文化景观——燕山以北农牧交错地带人地关系演变的历史地理学透视》，商务印书馆 2005 年版。

　④ 颜廷真：《清代以来西辽河流域的人地关系研究及环境变迁》，北京大学博士学位论文，2002 年；颜廷真、韩光辉：《清代以来西辽河流域人地关系的演变》，载于《中国历史地理论丛》2004 年第 1 辑。

历史进程①。

　　明清东北史文献浩如烟海，其中蕴含着丰富的环境史资料，有待深入挖掘。迄今相关研究成果大多延续传统的研究范式，未来应进一步将环境史研究范式引入其中。积极关注和了解国外的相关研究，采用国际视野，学习和借鉴其研究范式，变革思维，从多方面推进明清东北环境史研究。

---

①　赵奎涛：《明末清初以来大凌河流域人地关系与生态环境演变研究》，中国地质大学博士学位论文，2010 年。

近代东北环境史研究

王艳婷　　滕海键

晚清以来是东北地区自然环境变化最快的时期，这与近代化、人口大量移入和资源开发，以及殖民主义和工业化等诸多因素密切相关。国内学界围绕近代东北地区人与自然的关系发表了许多研究成果，现综述如下。

一、环境变迁及其生态影响

气候变迁会引发生态系统整体发生变化，进而对人类社会产生多方面的影响。孙凤华和赵春雨考察了辽宁近百年气温变化的基本特征①。孙凤华、袁健和路爽考察了东北地区近百年来气候的变化与突变②。黄普基、杨煜达和郑微微根据《燕行录》考察了 16 ~ 19 世纪东北南部地区冬季气温的变化③。关亚新和张志坤考察了辽西地区生态环境的历史变迁及其产生的影响④。陈凤臻从全球视角考察了松辽平原的生态环境变迁⑤。

尹怀宁、汤姿和吕芳探讨了东北平原西部近百年来生态环境退化的机

---

① 孙凤华、赵春雨：《辽宁近百年气温变化基本特征分析》，载于《辽宁气象》2002 年第 3 期。

② 孙凤华、袁健、路爽：《东北地区近百年气候变化及突变检测》，载于《气候与环境研究》2006 年第 1 期。

③ 黄普基、杨煜达、郑微微：《〈燕行录〉资料反映的 16 - 19 世纪东北南部地区冬半年气温变化》，载于《中国历史地理论丛》2012 年第 3 辑。

④ 关亚新、张志坤：《辽西地区生态的历史变迁及影响》，载于《社会科学辑刊》2002 年第 1 期。

⑤ 陈凤臻：《全球变化下松辽平原生态环境变迁研究》，吉林大学博士学位论文，2009 年。

制，认为人口增长以及对水资源、土地和生物资源的不合理利用，与该地区气候变化形成共振，导致土地荒漠化加快①。孙继敏和刘东生考察了东北黑土地的荒漠化②。乌兰图雅考察了 20 世纪科尔沁沙地出现的大面积沙化，发现这种沙化是随着农业垦殖区在沙地的不断扩大而日渐加重的③。

二、土地开发与环境变迁

衣保中等立足于"经济—社会—生态复合体"系统，以人地关系为主线考察了近代东北地区的区域开发与生态环境变迁的关系，揭示了近代东北地区自然与人类社会的相互影响、相互作用的整体历史演变轨迹④。

衣保中指出东北平原以广袤肥沃的黑土地著称于世。自清末大规模丈放以来，经过一个世纪的开发，东北平原实现了从"北大荒"到"北大仓"的历史巨变，东北黑土带成为我国重要的商品粮基地。黑土开发付出了沉重的生态代价，突出表现为严重的黑土退化、侵蚀和流失，甚至出现荒漠化趋势⑤。

衣保中通过回顾三江平原湿地开发的历史过程，分析了三江平原大面积开发对生态环境的消极影响，指出在 100 多年的开发中，三江平原耕地面积不断增加，粮食产量不断提高。在开发的同时，垦建脱节，重用轻养，致使三江平原湿地面积不断减少，水旱灾害增多，风蚀、盐碱化日益严重，动植

---

① 尹怀宁、汤姿、吕芳：《东北平原西部近百年来生态环境退化机制分析》，载于《水土保持研究》2003 年第 4 期。

② 孙继敏、刘东生：《中国东北黑土地的荒漠化危机》，载于《第四纪研究》2001 年第 1 期。

③ 乌兰图雅：《20 世纪科尔沁的农业开发与土地利用变化》，载于《自然资源学报》2002 年第 2 期。

④ 衣保中等：《区域开发与可持续发展——近代以来中国东北区域开发与生态环境变迁研究》，吉林大学出版社 2004 年版。

⑤ 衣保中：《近代以来东北平原黑土开发的生态环境代价》，载于《吉林大学社会科学学报》2003 年第 5 期。

物种类急剧减少，生物多样性下降，最终导致生态环境的整体恶化①。

　　衣保中考察了黑龙江黑土带清末以来经历的一个多世纪的垦殖过程，指出这种开发使该地付出了沉重的生态代价，造成了土壤肥力下降、土壤侵蚀严重等问题，部分地区甚至面临荒漠化危机②，并考察了 20 世纪东北区域的土地开发模式及其带来的生态影响③。衣保中讨论了清末民初以来东北地区资源的枯竭及其与经济开发模式转换的关系，认为在东北老工业基地形成的历史中，矿产资源的大规模开发发挥了关键作用。清末民初，伴随着"封禁"政策的废弛，东北矿产资源的开发全面展开。俄、日等资本主义势力侵入东北后，加强了对东北矿产资源的掠夺性开采。新中国成立后，在国家的大力投资下，矿冶业、石油工业迅速发展，使东北地区成为我国重要的能源基地和重化工业基地。一个多世纪的高强度开发致使东北的矿产资源遭到了严重的破坏，资源枯竭最终成为制约老工业基地可持续发展的重要因素④。

　　范立君系统研究了近代以来松花江流域的农业、林业、渔业开发，认为这些活动在促进松花江地区社会经济发展的同时，也造成了流域内生态环境的破坏⑤。

　　叶瑜等从长时段的视角重建了东北地区过去 300 年耕地覆盖空间格局的变化，揭示出人类生产活动大幅度改变了区域自然景观⑥。曹小曙等考察了1902～1990 年西辽河流域土地开垦的时空过程，指出不合理的人类活动对

---

① 衣保中：《近百年来三江平原土地开发与区域生态环境的可持续发展》，载于《社会科学战线》2014 年第 8 期。

② 衣保中：《生态环境视角下黑龙江流域黑土带垦殖的历史反思》，载于《黑龙江社会科学》2014 年第 3 期。

③ 衣保中：《20 世纪东北区域土地开发模式及其对生态环境的影响》，引自《中国农业历史学会第九次学术研讨会论文集》，2002 年。

④ 衣保中：《东北地区资源枯竭的成因及开发模式的转换》，载于《吉林大学社会科学学报》2007 年第 6 期。

⑤ 范立君：《近代松花江流域经济开发与生态环境变迁》，中国社会科学出版社 2013 年版。

⑥ 叶瑜、方修琦、任玉玉等：《东北地区过去 300 年耕地覆盖变化》，载于《中国科学 D 辑：地球科学》2009 年第 3 期。

西辽河流域的环境产生了重大影响①。王大任从生态的维度，系统考察了近代东北整体生态系统变迁中的环境、帝国主义、阶级结构、市场化等因素，探讨了生态系统变动与农业的互动关系②。其另一文以政治生态学视角讨论了近代东北地力问题③。格日乐塔娜考察了 20 世纪前 30 年巴林左右二旗的土地开垦④。乌兰图雅考察了 20 世纪科尔沁的农业开发与土地利用的变化⑤，乌敦考察了 20 世纪科尔沁土地利用方式的变化⑥。

韩茂莉等考察了巴林左旗聚落空间的演变，发现其经历了由疏至密、由优至劣的过程，且农田的扩展和资源的有限性构成了人地关系矛盾的焦点⑦。曾早早等通过聚落地名考察了过去 300 年吉林省土地开垦历程⑧。

三、森林开发与环境变迁

森林开发和林业及相关问题是学者讨论较多的主题。衣保中和叶依广指出，东北地区是我国森林资源最丰富的地区之一。但清末以来，随着东北开发的全面展开，尤其是林业产业的兴起，大量木材被采伐，并作为一种重要的贸易品大量输出海外。俄、日两个帝国主义国家乘机大肆掠夺东北的森林

---

① 曹小曙、李平、颜廷真、韩光辉：《近百年来西辽河流域土地开垦及其对环境的影响》，载于《地理研究》2005 年第 6 期。

② 王大任：《压力与共生——动变中的生态系统与近代东北农业经济》，中国社会科学出版社 2014 年版。

③ 王大任：《近代东北地力问题的政治生态学诠释》，载于《杭州师范大学学报（社会科学版）》2019 年第 4 期。

④ 格日乐塔娜：《清末官垦在巴林左右二旗的推行》，载于《前沿》2008 年第 12 期。

⑤ 乌兰图雅：《20 世纪科尔沁的农业开发与土地利用变化》，载于《自然资源学报》2002 年第 2 期。

⑥ 乌敦：《20 世纪科尔沁地区的土地利用变化研究》，内蒙古师范大学硕士学位论文，2005 年。

⑦ 韩茂莉、张暐伟：《20 世纪上半叶西辽河流域巴林左旗聚落空间演变特征分析》，载于《地理科学》2009 年第 1 期。

⑧ 曾早早、方修琦、叶瑜：《基于聚落地名记录的过去 300 年吉林省土地开垦过程》，载于《地理学报》2011 年第 7 期。

资源。滥砍盗伐使东北的森林资源遭到严重破坏，付出了沉重的环境代价①。

谭玉秀和范立君通过对 20 世纪上半期国内外有关松花江流域森林资源的调查数据的梳理及考辨，初步勾勒出清前中期至 20 世纪三四十年代松花江流域森林资源的概貌及演变特点：森林资源由南向北逐渐减少，由分散的点式采伐到沿江、沿铁路线等的线式开采，呈由点到线逐渐削减的特点②。

范立君和曲立超考察了中东铁路对近代松花江流域森林资源的影响，指出中东铁路是松花江流域最早修建的一条铁路，堪称世界上最长的一条森林铁路。中东铁路的建成通车使松花江流域森林资源的开发和利用有了显著进步，木材的采伐、运输更便利，木材市场和林产品加工的兴起促进了林业的发展，但过度采伐也导致森林资源的大幅度削减，进而对生态环境造成了破坏③。

叶瑜等考察了近 300 年来伴随着区域开发和林业的兴起，东北地区的林地和草地覆盖发生的变化，指出这种变化对区域气候产生了很大影响④。

自民国之初开始，随着森林资源开发的不断扩大，林业逐渐形成为一个重要的产业。叶磊考察了鸭绿江采木公司在木材生产领域进行的各项经营活动，从多重维度分析了林业生产中的各种纠纷，揭露了其经营业务的实质及影响⑤。池翔讨论了民国初年奉天陵地森林的近代转型及其引发的纠纷，探讨了国有林权如何继承和挑战了清代的土地制度遗产，并重塑了本地的森林

① 衣保中、叶依广：《清末以来东北森林资源开发及其环境代价》，载于《中国农史》2004 年第 3 期；衣保中：《近代东北地区林业开发及其对区域环境的影响》，载于《吉林大学社会科学学报》2000 年第 3 期。

② 谭玉秀、范立君：《20 世纪上半期国内外有关松花江流域森林资源的调查及考辨》，载于《社会科学辑刊》2013 年第 5 期。

③ 范立君、曲立超：《中东铁路与近代松花江流域森林资源开发》，载于《吉林师范大学学报（人文社会科学版）》2009 年第 3 期。

④ 叶瑜、方修琦、张学珍等：《过去 300 年东北地区林地和草地覆盖变化》，载于《北京林业大学学报》2009 年第 5 期。

⑤ 叶磊：《鸭绿江采木公司与日本对东北林业生产的殖民介入（1908 – 1931）》，载于《近代史研究》2022 年第 3 期。

空间①。她还以日俄战争前后鸭绿江右岸的林木开采为对象，考察了林业发展过程中的森林消长与边疆形态的关联，从森林史的视角重新审视了东北边疆的近代化过程。池翔认为林业的发展引发了东北自然资源管理和边境秩序的重大转变，并随着林业开发的深入和伐木工人力量的增长，林业作为一种新的秩序重塑了东北边疆②。吉林全省林业总局的设立是清政府有意识地建立现代森林管理机制的里程碑事件，政府试图利用该机构抵制日俄两国的经济入侵。池翔在清末新政视野下考察了吉林全省林业总局的设立，厘清了该局的发展过程，揭示了清末新政在各地区的矛盾交汇和复杂面向③。

郝英明和李莉等探讨了东三省林业的管理及其与近代林业兴起的关系④。郑宇从森林资源产业化切入，系统梳理了近代东北森林资源产业化的进程，内容涵盖近代各阶段东北林业的开放、征税、采伐、运输、加工、市场交易等各个环节，分析了林产业的发展程度及其特征⑤。李欣宁和谷玉考察了东北20世纪三四十年代木材及林特产品生产史料⑥。陈科探讨了民国时期东北地区的木材利用概况，涉及造纸、火柴制作、胶合板生产和焦炭制作等⑦。工立三讨论了近代东北森林资源的产业化及其影响⑧。

近代东北森林遭到了日俄等帝国主义国家的疯狂掠夺。王长富考察了古代和近代东北的林业发展史，包括近代东北林业资源概况、日俄等国对东北森林资源的掠夺，以及木材生产、林业生产、木材税收和森林经营等方面的

① 池翔：《向死谋生——民初奉天陵地森林的近代化转型及其纠纷》，载于《求是学刊》2020年第3期。

② 池翔：《重塑边疆——鸭绿江右岸的林木采伐、森林交涉与边疆秩序》，载于《重庆大学学报》2020年第5期。

③ 池翔：《林业何以成"局"——清末新政视野下的吉林全省林业总局》，载于《清华大学学报（哲学社会科学版）》2019年第3期。

④ 郝英明、李莉等：《清末东三省林业的管理及近代林业的萌芽》，载于《北京林业大学学报（社会科学版）》2011年第3期。

⑤ 郑宇：《近代东北森林资源产业化研究》，上海社会科学院出版社2020年版。

⑥ 李欣宁、谷玉：《东北三四十年代木材及林特产品生产史料辑》，载于《林业勘察设计》1997年第4期。

⑦ 陈科：《环境史视域下民国时期东北木材利用工业研究》，渤海大学硕士学位论文，2018年。

⑧ 工立三：《近代东北森林资源产业化及其影响》，吉林大学硕士学位论文，2007年。

史料。作者还考察了清朝对东北森林的管理与开发制度、民国时期东北森林的开发和管理、日俄对东北森林资源的掠夺、民族森林工业等①。陶炎系统考察了自远古至新中国成立前东北森林的开发和利用及其产生的生态影响，揭露了日俄对东北森林资源的掠夺和殖民②。

王希亮系统考察了日俄对东北森林的破坏性开发及其引发的生态后果，指出近代以来，先是俄国以合办营建东省铁路为名，大肆砍伐滨绥、滨洲铁路沿线以及中俄边界中国一侧的森林。随之，日本通过日俄战争攫取了俄国在东北的权益，鸭绿江、浑江流域的森林从此遭受了空前浩劫。"九一八"事变日本独占东北后，包括大小兴安岭、长白山、张广才岭、完达山、老爷岭等森林资源丰富的林区均遭到毁灭性砍伐。日俄两个帝国主义国家对东北森林破坏性的殖民开发，前后攫取东北木材达4.4亿立方米，致使东省铁路沿线、鸭浑两江流域森林资源消失殆尽，长白山、大小兴安岭等重点林区也变成过伐林地。森林资源的锐减造成了东北地区生态环境的恶化，也引发了人类生存环境以及生产生活方式等生态空间的变迁③。

李志英以整体视角探讨了日俄对东北森林资源的掠夺性开发及其造成的环境影响，认为森林的变化乃至消失的影响不限于东北地区，对中国乃至朝鲜、俄国远东的气候影响都是巨大的④。秦玉霞以松花江流域为例，揭露了日本对东北森林资源的开发对该地区生态环境造成的破坏⑤。张传杰和孙静丽从宏观的角度考察了日本帝国主义对我国东北森林资源的掠夺，指出20

① 王长富编著：《东北近代林业经济史》，中国林业出版社1991年版；王长富编著：《东北近代林业科技史料研究》，东北林业大学出版社2000年版；王长富：《我国古、近代森林资源演变史的研究》，载于《林业经济》1987年第1期；王长富：《沙皇俄国掠夺中国东北林业史考》，吉林人民出版社1986年版。

② 陶炎：《东北林业发展史》，吉林省社会科学院1987年印行；陶炎：《东北林业史》，辽沈书社1990年版。

③ 王希亮：《近代中国东北森林的殖民开发与生态空间变迁》，载于《历史研究》2017年第1期。

④ 李志英：《近代以来日俄侵占东北的环境影响——着重于森林资源的考察》，载于《晋阳学刊》2019年第3期。

⑤ 秦玉霞：《日本掠夺东北森林资源对生态环境的破坏和影响——以松花江流域为例》，载于《边疆经济与文化》2019年第4期。

世纪上半叶日本帝国主义掠夺东北森林资源的目的是为了支援和扩大战争①。王晓峰考察了日俄战争至伪满时期日本通过"满铁""调查"图们江流域的森林资源，揭露了日本通过"满铁"来实现"经营满洲"的侵略本质②。饶野考察了日本对我国东北和鸭绿江右岸森林资源的掠夺③。

四、草地资源开发

东北地区拥有丰富的草地资源，清代以来随着蒙地开放，大量移民迁入草原区开辟垦区，尤其是日本侵入东北后大肆掠夺草地资源，致使东北草原面积日渐萎缩。衣保中考察了清代以来东北草原的开发及其造成的生态环境代价④。王景泽和陈学知考察了清末科尔沁草原的开发与生态环境变迁的关系，指出由于长期掠夺式的开发经营，科尔沁草原破坏严重，农牧矛盾日益尖锐。不合理的土地开发，造成了土地沙化、盐碱化等问题⑤。

五、水环境与水利开发

金颖采用多学科结合的研究方法，将宏观背景与微观个案相结合，系统地探讨了近代东北的水利开发史⑥。吴蓓通过对近代松花江水利开发的考察，

---

① 张传杰、孙静丽：《日本对我国东北森林资源的掠夺》，载于《世界历史》1996 年第 6 期。

② 王晓峰：《"满铁"对图们江流域森林资源的"调查"》，载于《东北史地》2013 年第 1 期。

③ 饶野：《20 世纪上半叶日本对鸭绿江右岸我国森林资源的掠夺》，载于《中国边疆史地研究》1997 年第 3 期；冯其坤：《伪满时期日本对东北森林的经营与掠夺研究》，西北农林科技大学硕士学位论文，2016 年；张竞文：《20 世纪上半期日本对中国东北森林资源的调查与掠夺》，东北师范大学硕士学位论文，2007 年；冯其坤、郭风平：《20 世纪前期日本对中国东北地区森林调查历史研究》，载于《佳木斯大学社会科学学报》2016 年第 2 期。

④ 衣保中：《清代以来东北草原的开发及其生态环境代价》，载于《中国农史》2003 年第 4 期。

⑤ 王景泽、陈学知：《清末科尔沁草原的开发与生态环境的变迁》，载于《学习与探索》2007 年第 3 期。

⑥ 金颖：《中国东北地区水利开发史研究（1840 - 1945）》，中国社会科学出版社 2012 年版。

从社会、灾害和水利三者的互动关系出发，探讨了自然灾害对社会发展的影响及水利活动对流域自然环境的作用①。侯雁飞和张兴家以日本对丰满水电站和镜泊湖水电站的开发为例，揭露了日本对中国经济侵略和军事扩张的本质②。魏玉婷和李之吉分析了近代以来随着城市建设的快速发展，长春城市水系景观的历史变迁③。王艳艳考察了近代晚清、民国、伪满时期当局以及民众对东北地区水资源开发利用的历史④。任晨考察了1898～2000年第二松花江流域水环境的历史变迁⑤。

六、湿地及矿产资源开发

衣保中考察了三江平原湿地开发的历史及其对环境的消极影响⑥。马宝建通过考察三江平原从清末之前的"龙兴之地"变为清末民初的"农耕之地"的过程，认为在清统治阶层的观念中，东北地区的农用价值已取代了之前的渔猎价值，并分析了造成这种变化的原因⑦。工林楠考察了1895～1931年东北煤炭资源的开发⑧。杨昕沫考证了清末漠河金矿的开采史⑨。

---

① 吴蓓：《近代松花江水利开发研究》，吉林大学博士学位论文，2008年。
② 侯雁飞、张兴家：《日本帝国主义对松花江水电资源的掠夺开发》，载于《北华大学学报（社会科学版）》2001年第1期。
③ 魏玉婷、李之吉：《浅析近代长春城市水系景观变迁》，载于《吉林广播电视大学学报》2013年第1期；魏玉婷：《长春近代城市水系景观变迁及其修复研究》，吉林建筑大学硕士学位论文，2013年。
④ 王艳艳：《近代东北水资源开发与利用研究》，吉林大学硕士论文，2007年。
⑤ 任晨：《一百年来第二松花江流域水环境的历史变迁（1898－2000）》，东北师范大学硕士学位论文，2008年。
⑥ 衣保中：《近百年来三江平原土地开发与区域生态环境的可持续发展》，载于《社会科学战线》2014年第8期。
⑦ 马宝建：《近代东北地区人地观念演变研究（1840－1919）——以三江平原为例》，载于《东北史地》2012年第1期。
⑧ 工林楠：《近代东北煤炭资源开发研究（1895－1931）》，吉林大学博士学位论文，2010年。
⑨ 杨昕沫：《清末漠河金矿考》，载于《前沿》2015年第9期。

七、人口、移民与环境

　　李程程考察了清至民国时期的"闯关东"对东北自然环境的影响①。衣保中和张立伟探讨了清代以来内蒙古地区的移民开垦及其对生态环境造成的影响②。丁绍通和韩宾娜考察了东北地区人口空间分布格局形成的自然和人文社会因素③。赵崧杰梳理了15～19世纪图们江流域的移民与区域贸易，认为区域贸易与跨界人口流动对边疆生态起到了平衡作用④。马伟讨论了伪满时期的日本移民对东北土地关系的影响⑤。王松阳考察了东北开禁以来关内移民对土地资源及环境变迁的影响⑥。

八、工业化、城市化与环境

　　衣保中和林莎考察了近代东北工业化道路，指出在百余年的工业化进程中，东北基本上采取了传统的工业模式，即依靠掠夺自然资源和破坏环境来换取经济的高速增长，这使东北成为全国资源破坏和环境污染最严重的地区⑦。

---

　　① 李程程：《"闯关东"带来的东北地区自然资源与环境变迁》，载于《牡丹江大学学报》2019年第11期。
　　② 衣保中、张立伟：《清代以来内蒙古地区的移民开垦及其对生态环境的影响》，载于《史学集刊》2011年第5期。
　　③ 丁绍通、韩宾娜：《1930年代东北地区人口的时空演变及其影响》，载于《地域文化研究》2018年第3期。
　　④ 赵崧杰：《15至19世纪图们江流域的生态移民与区域贸易》，载于《中国历史地理论丛》2019年第4期。
　　⑤ 马伟：《从东北日本移民看伪满时期的土地关系及其社会影响》，载于《长白学刊》2013年第1期。
　　⑥ 王松阳：《东北开禁以来的关内移民与土地资源及环境的变迁》，载于《炎黄地理》2022年第12期。
　　⑦ 衣保中、林莎：《东北地区工业化的特点及其环境代价》，载于《税务与经济》2001年第6期。

九、灾害与救荒史

谭玉秀和范立君考察了"九一八"事变前社会各界和政府为应对东北水灾所采取的各项措施，分析了救灾效果不显著的原因，认为由于当时东北的局势动荡，治理水患的经费捉襟见肘，官员素质良莠不齐与不尽全力地履行职责等，致使灾况未获得有效的缓解①。

范立君和马馨雨通过考察 1949～1985 年松花江流域水旱灾害的历史，发现水灾多于旱灾，涝灾多于洪灾。作者认为造成洪涝灾害的原因有自然和社会两个方面，是由降水多、气候寒冷、地形高中低的自然因素以及对松花江流域不合理开发造成的水土流失，政府重防洪、轻治涝等社会因素共同促成的②。

方修琦考察了 17 世纪中后期东北移民垦殖与华北水旱灾的关系，揭示了气候变化与政策响应的互动③。王虹波考察了民国时期吉林的荒政问题，探讨了 1912～1931 年吉林的灾荒与社会应对、辽宁水灾的发生与救济④，同时还考察了自然灾害对民生造成的影响⑤。董虹廷从两个方面分析了 1912～1949 年辽宁水旱灾害的成因：一是辽宁地区的季风气候、"凹"字型地形、幅合状水系以及草甸土和砂性土壤等自然地理因素构成的孕灾环境；二是森

---

① 谭玉秀、范立君：《九一八事变前东北水灾与社会应对》，载于《哈尔滨工业大学学报（社会科学版）》2011 年第 6 期。

② 范立君、马馨雨：《松花江流域洪涝灾害成因探源（1949－1985）》，载于《吉林师范大学学报（人文社会科学版）》2016 年第 2 期。

③ 方修琦：《极端气候事件—移民开垦—政策管理的互动——1661－1680 年东北移民开垦对华北水旱灾的异地响应》，载于《中国科学 D 辑：地球科学》2006 年第 7 期。

④ 王虹波：《1912－1931 年间吉林灾荒的社会应对》，载于《通化师范学院学报》2010 年第 1 期；王虹波：《民国前期吉林荒政研究》，载于《通化师范学院学报》2010 年第 11 期；王虹波：《1912－1931 年间吉林灾荒与救济》，载于《东北史地》2009 年第 5 期；王虹波：《1912－1931 年间辽宁水灾与救济》，载于《社会科学辑刊》2009 年第 5 期；王虹波：《民国时期东北地区的巫术救荒》，载于《求索》2010 年第 6 期。

⑤ 王虹波：《民国时期自然灾害与灾民生活》，载于《通化师范学院学报》2009 年第 6 期；王虹波：《民国时期自然灾害对乡村民生环境的影响》，载于《通化师范学院学报》2007 年第 11 期。

林锐减、过度农垦以及工矿业的勃兴等人为因素导致的自然环境退化[①]。王燕考察了清末松花江流域的农业开发与自然灾害的关系，着重分析了导致自然灾害的人为因素[②]。韩健夫等重建了公元 1000～2000 年中国北方地区极端干旱事件序列，在此基础上分析了极端干旱事件的发生特征和规律[③]。郎元智从文化史角度讨论了近代东北赈灾过程中的地域特色，并从时代、政治和社会因素三个方面分析了形成此种文化特色的原因[④]。张建英讨论了近代旱灾发生时的民俗观念，认为东北地区的民俗观念经历了从清末的愚昧落后到新文化运动时期的科学应对，再到军阀时期对科学思想的失望，最后到新中国成立前期科学应对灾害的观念成熟的过程[⑤]。郑毅探讨了近代东北灾荒史研究中对《盛京时报》资料的利用[⑥]。张欣悦等整理了 1930 年 7 月至 1931 年 8 月辽宁西部地区各县水灾赈济史料，以再现水灾发生时的情形以及赈灾过程[⑦]。吴戈研究了东北地区大陆地震史料，总结了地震记录资料的特点，以更好地了解东北地区历史上地震活动的基本情况[⑧]。

十、疾病与医疗社会史

学界对东北地区的瘟疫和医疗史的研究集中于 1910～1930 年发生的两次影响很大的鼠疫，这两次鼠疫引起了国际社会的高度关注，有多国政界、

---

① 董虹廷：《民国时期辽宁水旱灾害成因分析（1912 - 1949）》，载于《防灾科技学院学报》2020 年第 2 期；董虹廷：《环境史视野下民国时期辽宁水旱灾害研究》，渤海大学硕士学位论文，2020 年；董虹廷：《民国时期辽宁水旱灾害研究（1912—1948）》，载于《防灾科技学院学报》2019 年第 4 期。

② 王燕：《清末松花江流域的农业开发与自然灾害研究》，东北师范大学学位论文，2005 年。

③ 韩健夫、杨煜达、满志敏：《公元 1000 - 2000 年中国北方地区极端干旱事件序列重建与分析》，载于《古地理学报》2019 年第 4 期。

④ 郎元智：《近代东北赈灾中的地域文化特色》，载于《文化学刊》2010 年第 2 期。

⑤ 张建英：《近代中国东北旱灾害发生时民族观念的演进》，载于《商业文化·财金视点》2007 年第 6 期。

⑥ 郑毅：《近代东北灾荒史研究中的新闻资料使用探讨——以〈盛京时报〉为中心》，载于《北华大学学报（社会科学版）》2013 年第 1 期。

⑦ 张欣悦、孙乃伟：《张学良赈济水灾史料一组》，载于《民国档案》1997 年第 4 期。

⑧ 吴戈：《东北大陆地震史料研究与分析》，载于《东北地震研究》1991 年第 1 期。

医疗、媒体介入其中，产生了很大的国际影响。

　　东北大鼠疫是中国近代史上的重大事件，学界从疫病史、社会史和政治史等多学科多视角考察了东北鼠疫的疫源、发生和蔓延、应对、控制和防治、社会影响、外国势力的介入以及由此产生的复杂矛盾和关系等。

　　管书合考察了1910～1911年东三省鼠疫的源头，分析了学界提出的疫起满洲里与旱獭两种说法①。曹树基与李玉尚对清末民初东北地区的鼠疫发生地和传播方式做了较为细致的探讨，认为东北鼠疫来源主要是呼伦贝尔草原的旱獭和松辽平原的达乌尔黄鼠，东北鼠疫传播模式是"铁路与城市"。

　　曹晶晶和田阳等研究了20世纪初东北鼠疫的发生和蔓延②。陈婷和王旭、陈雁、徐建平和翟砚辉、曹晶晶、尤敬民、王银考察了20世纪初东北大鼠疫的控制、应对与防治③。谷永清探讨了1910～1911年东北鼠疫大流行的原因及各国政府的应对，认为东北鼠疫的成功处置是20世纪人类应对突发公共卫生事件的典范④。杜丽红考察了中国政府在应对东北鼠疫时采取的交通遮断措施，认为这一措施实质上是从中央到地方各种政治势力之间既合作又斗争的过程，展现了清政府应对鼠疫之类突发事件的能力⑤。

　　李皓考察了庚辛鼠疫与清末东北社会变迁的关系，梅爽从社会心理史的

---

　　①　管书合：《1910-1911年东三省鼠疫之疫源问题》，载于《历史档案》2009年第3期。
　　②　曹晶晶：《1910年东北鼠疫的发生及蔓延》，载于《东北史地》2007年第1期；田阳：《1910年吉林省鼠疫流行简述》，载于《社会科学战线》2004年第1期。
　　③　陈婷、王旭：《孟宪彝与1910-1911年长春鼠疫防治》，载于《东北史地》2008年第6期；徐建平、翟砚辉：《1921年东北鼠疫传入与直隶省的应对》，载于《近代史研究》2022年第6期；陈雁：《20世纪初中国对疾疫的应对——略论1910-1911年的东北鼠疫》，载于《档案与史学》2003年第4期；尤敬民：《1911年直隶鼠疫防治研究》，河北师范大学硕士学位论文，2012年；曹晶晶：《1910-1911年的东北鼠疫及其控制》，吉林大学学位论文，2004年；王银：《1910-1911年中国东北鼠疫及防治研究》，苏州大学学位论文，2005年。
　　④　谷永清：《1910-1911年东北肺鼠疫的政府防控与民间应对》，载于《东岳论丛》2020年第7期。
　　⑤　杜丽红：《清末东北鼠疫防控与交通遮断》，载于《历史研究》2014年第4期；胡成：《东北地区肺鼠疫蔓延期间的主权之争（1910.11-1911.4）》，载于《中国社会历史评论》2008年第1期；孟祥丽：《1910-1911年中国东北北部的鼠疫灾害与沙俄》，黑龙江省社会科学院硕士学位论文，2008年；曹晶晶：《1910年东北鼠疫的发生与蔓延》，载于《东北史地》2007年第1期。

视角考察了 1910～1911 年的东北鼠疫①。20 世纪初发生在东北的鼠疫引发了国际势力的渗入，由此产生了错综复杂的关系。陈致远梳理了近代以来东北地区几次鼠疫大流行的原因和过程，探讨了鼠疫大流行与日军细菌战之间的关系②。赵欣考察了国际社会在应对这次瘟疫的过程中开展的各种形式的合作，认为国际卫生防疫力量逐渐摆脱了地缘政治、经济等因素的影响，开启了卫生防疫全球化的进程③。安贵臣和杜才平考察了 1911 年国际防疫会议召开的历史背景④。孟祥丽讨论了东北北部的鼠疫灾害与沙俄的关系⑤。

其他问题有近代日本对东北畜疫的因应⑥，民国时期东北克山病的流行等⑦。赵士见考察了 1931～1945 年日本对中国东北地区的畜疫处理，认为近代日本对东北地区的畜疫由起初的应对性调查转为主动"施疫"，这一转变是日本侵华战场、调查成果与细菌武器研发相互作用的产物⑧。

十一、殖民主义和殖民掠夺

衣保中和马伟考察了日本"东亚劝业会社"对中国东北土地资源的掠夺。他们还以"满铁"调查资料为中心，考察了日本对东北畜牛资源的掠取⑨。解学诗通过辑录"满铁"攫取矿权、掠夺资源和压榨中国劳工三个方

---

① 李皓：《庚辛鼠疫与清末东北社会变迁》，东北师范大学硕士学位论文；2006 年；梅爽：《鼠疫与谣言——1910－1911 年东北鼠疫社会心理史分析》，东北师范大学学位论文，2008 年。

② 陈致远：《近代东北鼠疫与日军的鼠疫细菌战活动》，载于《武陵学刊》2019 年第 3 期。

③ 赵欣：《国际视域下的近代中国东北鼠疫与卫生防疫的全球化（1910－1930）》，载于《历史教学》（下半月刊）2020 年第 12 期。

④ 安贵臣、杜才平：《1911 年的国际防疫会议背景分析》，载于《台州师专学报》2000 年第 4 期。

⑤ 孟祥丽：《1910－1911 年中国东北北部的鼠疫灾害与沙俄》，黑龙江省社会科学院硕士学位论文，2008 年。

⑥⑧ 赵士见：《由"调查"走向"施疫"——近代日本对东北畜疫的因应（1895－1945）》，载于《民国档案》2020 年第 3 期。

⑦ 龚胜生、刘晓峥、贾珂：《民国时期东北地区克山病流行的时空特征与环境因素》，载于《地理研究》2022 年第 3 期。

⑨ 衣保中、马伟：《日本"东亚劝业会社"对中国东北土地资源的掠夺》，载于《吉林大学社会科学学报》2017 年第 5 期；马伟、衣保中：《日本对东北畜牛资源掠取刍议——以满铁调查资料为考察中心》，载于《中国农史》2017 年第 3 期。

面的档案资料，揭露了日本掠夺东北煤炭和石油等重要资源的历史①。李雨桐探究了日本通过"满铁"及"满炭"两大系统对东北煤炭资源进行掠夺并在掠夺过程中将东北煤炭资源运往日本国内的情况进行了调查。日本资本的侵入及不计后果的开采方式，严重打击了东北的煤炭工业，使东北的煤炭业完全成为日本殖民经济体制的附庸②。她还从资源流失去向的角度梳理了近代中国东北的铁路、煤炭、铁矿和金矿资源的演变历程③，揭露了日本对东北煤炭④、矿产⑤、金矿⑥、铁矿⑦等资源的掠夺。

　　揭露日俄等帝国主义对中国工矿及其他资源掠夺的研究较多⑧。孙瑜发表了许多这方面的成果。李薇等通过考察殖民当局对各种资源的分布、藏量及其工业价值等状况的调查，剖析了日本殖民工业乃至整个东北的工业发展路线⑨。王大任从政治生态学视角考察了东北地力下降的问题，认为资本主义世界市场体系的资源吸附和日本殖民当局对农产品的掠夺政策对其产生了

　　① 解学诗著：《满铁档案资料汇编（第7卷）：掠夺东北煤炭石油资源》，社会科学文献出版社2011年版。
　　② 李雨桐：《近代日本操控东北煤炭业的过程解析》，载于《吉林广播电视大学学报》2018年第5期。
　　③ 李雨桐著：《近代中国东北路矿资源流失问题研究》，中国社会科学出版社2020年版。
　　④ 李雨桐、于雪：《伪满时期中国东北煤炭资源的流失及其影响》，载于《社会科学战线》2020年第12期；李雨桐：《近代日本对东北煤炭资源"开发"的伪善性研究》，载于《吉林广播电视大学学报》2019年第4期；李雨桐：《"九一八"事变前日本对东北煤炭的觊觎》，载于《外国问题研究》2014年第2期。
　　⑤ 李雨桐：《近代日本对东北矿产资源的操控》，载于《通化师范学院学报》2020年第9期。
　　⑥ 李雨桐：《伪满时期中国东北金矿问题述略》，载于《大庆师范学院学报》2017年第5期；李雨桐：《满铁对中国东北金矿资源的掠夺（1931–1945）》，载于《哈尔滨师范大学社会科学学报》2017年第4期。
　　⑦ 李雨桐、高乐才：《20世纪初日本对中国大陆铁矿资源的调查与掠夺》，载于《北方论丛》2015年第1期。
　　⑧ 比如，佟静、赵一虹：《略述日本帝国主义对东北工矿业的掠夺》，载于《辽宁师范大学学报》1998年第5期；董晓峰：《满铁对中国东北森林资源的掠夺》，载于《大连近代史研究》2014年第11卷；姚焱超：《近代日本对东北森林资源掠夺政策探究——从"中日合办"到"统制垄断"》，载于《农业考古》2017年第3期；李兆京：《伪满时期日本对黑龙江地区煤炭资源侵夺研究》，哈尔滨师范大学学位论文，2021年；王广军：《近代日本对阜新煤炭资源的掠夺（1908–1945）》，东北师范大学硕士学位论文，2006年。
　　⑨ 李薇、宋承荣：《日本对大连工业资源的调查与掠夺探析》，载于《大连理工大学学报（社会科学版）》2000年第3期。

重要影响①。马铁民从经济史的视角考察了近代日本在中国东北推行的水田农业开发模式，力求阐明"资源导向型"殖民开发活动的政策展开过程、具体举措和实际效果，从而揭示其殖民经济侵略的本质②。

　　李宏丹以奉天为中心讨论了民国初期东北城市环境卫生治理问题③。张妍妍探讨了民国初期沈阳城市环境卫生管理问题④。

　　刘扬探讨了影响近代东北民间信仰的生态机制，揭示了东北民间信仰传承了尊重自然及人与自然和谐的生态意识⑤。迟明照揭示了东北独特的自然环境与习俗文化的关系⑥。马永欣考察了东北的野生动物群与自然环境、东北民族的狩猎和渔猎文化，探讨了动物与东北民族生活习俗的关系等⑦。

　　综合来看，既往东北近代环境史研究的主题集中在资源开发，特别是移民垦殖、土地和农业开发、林业开发，以及俄日等帝国主义势力对东北自然资源的掠夺等方面。而城市环境史、环境思想史、民族生态文化、物种跨界交流等方面的研究比较薄弱。东北近代环境史研究的一大特点是具有非常突出的"衰败论"叙事和"揭露史"范式，即揭示自然资源开发对自然环境造成的破坏。对于殖民主义与环境，主要是揭露以俄日为代表的帝国主义对中国东北自然资源的掠夺和破坏。研究范式比较单一。东北是多元文化和不同生态的交汇区，人与自然的历时性关系复杂多变。未来可引入边疆环境史范畴，讨论跨界文化交流与多元生态的互动。其中物种的交流和交换应引起高度重视。近代东北与其他区域甚至全球性物种的交流和交换值得

　　① 王大任：《近代东北地力问题的政治生态学诠释》，载于《杭州师范大学学报（社会科学版）》2019 年第 4 期。
　　② 马铁民：《伪满成立前日本在中国东北的农业掠夺开发——经济殖民视角下的水田农业开发模式分析》，载于《史学集刊》2021 年第 4 期。
　　③ 李宏丹：《民国初期东北城市环境卫生治理研究——以奉天省为中心》，辽宁大学硕士学位论文，2015 年。
　　④ 张妍妍：《物质生态环境与人——以近代东北城市为例》，宁夏大学硕士学位论文，2004 年。
　　⑤ 刘扬：《生态视野下的近代东北民间信仰探析》，载于《东北史地》2014 年第 4 期。
　　⑥ 迟明照：《近代东北自然环境与东北习俗文化》，吉林大学硕士学位论文，2007 年。
　　⑦ 马永欣：《试论近代东北地区动物资源与少数民族经济文化》，吉林大学硕士学位论文，2007 年。

深入探讨。东北近代环境史研究的推进尤其有必要引入国际视野，关注国外的相关研究动向，借鉴国外的环境史研究范式，深入挖掘近代东北地方文献中蕴含的丰富的环境史资料，加速推进近代东北环境史研究上升到新的高度。

第三部分

东北环境史文献史料研究

"东北区域环境史"资料收集、整理
与研究及相关问题[*]

滕海键

系统开展区域环境史文献资料的收集、整理与研究工作是推进区域环境
史研究的前提条件和基础性工作。这项工作也有助于促进地方文献学和区域
环境史文献学的发展。对于开展这项工作的必要性，以往取得的主要成就，
存在的问题及工作取径等问题，都有必要进行探讨。

一、开展环境史资料收集、整理与研究的必要性和意义

史料是历史研究的基础。史料对于历史研究的重要性不言而喻。历史研
究是一种实证研究，要用史实来说话。没有史料，历史研究便无从谈起。古
今中外许多著名历史学家都强调史料对于历史研究的重要价值。梁启超说
过："史料为史之组织细胞，史料不具或不确，则无复史之可言。"① 胡适讲
过，历史是在史料基础上建构的，"史家若没有史料，便没有历史"②，他认
为收集史料远重于修史。傅斯年提出，"史学即史料学"，强调史学应以史

———————

＊ 本文以《东北区域环境史资料搜集、整理与研究相关问题初论》为题发表于《辽宁大学学报（哲
学社会科学版）》2020 年第 3 期，编入本书时内容略有修改。

① 梁启超：《中国历史研究法》，中华书局 2012 年版，第 48 页。

② 胡适著，季羡林主编：《胡适全集》（第三卷），安徽教育出版社 2003 年版，第 138 页。

料为根本，认为史料重于一切①。冯尔康强调："没有史料，便没有史学，史料实乃史学研究的基础。"他认为："详细地、全面地占有历史资料，在科学的思想指导下分析材料，从中得出客观事实所固有的结论，是历史研究的基本方法、科学的方法，而占有资料是这个方法的必要组成部分，是历史研究的第一步工作。"② 国外学者的相关论述也很多，比如有人强调："没有资料就没有历史；资料的贫乏就意味着历史的贫乏。"③ 历史研究重史料与中国古代尤其是清代重训诂考据的传统有关，同时也受到了近代西方实证主义科学观念的影响。但从根本上说，这还是由历史学科本身的特点决定的，因为历史学就其本质而言是一门实证学科。

作为史学的分支学科或考察和研究历史的一种视角的环境史，史料同样具有非常重要的价值，不可或缺。王利华讲过："史料是做好生态环境史研究的关键。史料之于史家，犹如食料之于厨师。"④ 史料是环境史研究的基础，这也是由环境史资料的特点及环境史快速发展的趋势决定的。

第一，环境史资料的特点决定了开展环境史资料收集、整理与研究的必要性。与传统史料相比，环境史文献资料有分散性、隐匿性、残缺性、多样性和广泛性等特点。环境史资料分散于各种形式的文献载体中，如典籍文献、考古资料、各类方志、档案、文书、游记、杂著乃至诗歌中。古代史籍文献里少有专门的环境史史料，而是分散在不同的角落，躲藏在字里行间甚至文字的背后⑤。环境史资料的地区分布也不均衡，时间上时断时续。往往只有零星信息，资料残缺不全，既不连续也不系统。"环境史料在不同历史时期阶段分布的不平衡、不规律，即便同一朝代记录的资料也存在前后期的

---

① 傅斯年：《历史语言研究所工作之旨趣》，引自岳玉玺等编：《傅斯年选集》，天津人民出版社1996年版，第174页。

② 冯尔康：《清史史料学》，沈阳出版社2004年版，第4页。

③ 纽金特：《创造性的史学》，引自李剑鸣：《历史学家的修养和技艺》，上海三联书店2007年版，第248页。

④ 王利华：《徘徊在人与自然之间——中国生态环境史探索》，天津古籍出版社2012年版，第250页。

⑤ 周琼：《环境史史料学刍论——以民族区域环境史研究为中心》，载于《西南大学学报》2014年第6期。

不平衡，不同时期史料的详略、类型及重点取舍不一。"① 环境史史料文献总量庞大，分藏各地，相关记录穿插、夹杂在各种各样的典籍中，查找、掌握不易；环境史文献中各种记录质量有高有低②。东北的环境资料不但具有上述特点，而且其分散性、残缺性、时空分布的非均衡性尤为突出，这就需要把分散在各地多种多样的文献及各种载体中的环境史资料查找并收集起来，加以归类、整理和研究，为开展环境史研究提供系统详实条理化的文献资料。

第二，中国环境史研究的快速发展对环境史资料的收集、整理与研究提出了客观要求。一方面，我们看到，环境史研究多年来一直如火如荼地进行，乃至成为一门"显学"；另一方面，环境史文献学及环境史资料的收集、整理与研究却比较"沉寂"，与环境史研究相比严重滞后。迄今，中国的环境史文献史料学刚刚起步，相关工作和研究非常薄弱，这与中国环境史研究快速发展的形势很不相称。这一局限和矛盾在东北环境史研究中表现得更突出，由此也严重制约了东北环境史研究的发展。学界尚未对东北区域的环境史资料开展系统专门的收集、整理和研究，环境史资料分散、隐匿、残缺和匮乏问题十分严重，许多颇有价值的论题无法深入研究。利用单一文献、重复使用有限资料等问题，导致实证研究的不足。以往东北地方史史料的整理与研究大多从民族史、边疆史、文化史等角度展开，历史学界编辑出版了很多史料汇编，唯独不见环境史史料汇编或史料集。虽然学界整理和出版了不少诸如农业史、林业史、灾害史等方面的文献资料，但明确提出环境史史料概念并进行环境史史料整理和研究的成果尚不多见。因此加速开展东北区域的环境史文献资料的收集、整理与研究极为迫切。

对分散、隐匿、残缺的环境史资料进行系统、分门别类的收集和辑录，分类和整理，辨析、校勘和研究，编辑与出版，乃至建立文献数据库，为环

---

① 周琼：《环境史史料学刍论——以民族区域环境史研究为中心》，载于《西南大学学报》2014 年第 6 期。

② 钞晓鸿：《文献与环境史研究》，载于《历史研究》2010 年第 1 期，第 29 ~ 33 页。

境史研究提供翔实可靠的基础史料，不但能够便利和促进环境史研究，还可促进地方史文献史料学、区域环境史文献史料学的发展和完善①。环境史研究的深入开展有赖于环境史文献史料学的发展，开展东北区域环境史资料的收集、整理与研究，能够切实提升实证研究的水平，不但有望改变东北区域环境史研究的滞后局面，还可为中国环境史研究的整体发展做出贡献。环境史文献史料学是环境史学科的不可或缺的组成部分，系统开展区域环境史资料的收集、整理与研究，将会促进环境史学科体系的发展。东北区域的环境史文献史料学属于地方文献史料学的组成部分，开展这项工作可为地方文献史料学研究提供新内容，能够促进地方文献史料学的发展和完善。在开展环境史文献史料收集、整理与研究中，可以探索环境史文献史料学不同于其他史料的特点，进而在环境史文献史料整理与研究的理论与方法上有所创新。

二、东北区域环境史资料收集、整理与研究的主要进展

迄今尚无专门针对东北区域系统的冠名为"环境史资料"的整理与研究成果。不过，在针对全国和东北区域的相关文献资料及其他文献资料的整理和研究成果中，包含着一些东北地区的环境史资料。

第一，针对全国的环境史及相关文献资料的整理与研究成果一般都包含东北区域的内容。以全国为范围的环境史相关资料的辑录、整理与研究成果和文献大多包含东北地区的相关资料和信息。长期以来，农史、水利史、林业史、气候史、灾荒和灾害史、地方史、民族史、历史地理学等学科领域整理和编辑出版了很多文献资料集或资料汇编，这些文献资料虽未明确标示"环境史资料"，但却包含着不少环境史信息，为环境史研究提供了很多基

---

① 国内有许多学者对环境史文献资料学相关问题都做了前瞻性探讨和研究，比如王利华、王子今、钞晓鸿、周琼等，探讨的问题涉及环境史资料的价值、特点和分类，环境史资料收集、甄别、整理、分析、研究和使用中注意的问题等。

础性的资料。仅举几例:《中国历史强震目录(公元前 23 世纪－公元 1911年)》《中国近代地震目录(公元 1912－1990 年)》对地震情况进行了编目,其中包含着东北地区的地震史信息;《清代江河洪涝档案史料丛书》对中国历史上的洪涝干旱史料进行了整理,为研究清代江河洪涝灾害提供了丰富的史料;《中国近五百年旱涝分布图集》收录了 1470～1979 年全国旱涝史料并对其进行了整理和绘制;《中国农业自然灾害史料集》《中国历史大洪水调查资料汇编》对海洋(溢)灾害、农业灾害、大洪水等灾害史料进行了整理;《近代中国灾荒纪年》《近代中国灾荒纪年续编(1919－1949)》《中国荒政全书》等为灾荒史料整理和研究成果;气候史料整理以《中国三千年气象记录总集》为代表。国家清史编纂工程还创设了《清史·生态环境志》。另外,《清代奏折汇编:农业·环境》对清代奏折等档案中的农业和环境史料进行了整理。还有对《美国哈佛大学图书馆藏未刊中国旧海关史料(1860－1949)》的分类、编目和整理成果。包括台湾地区在内的国内学界编辑的上述类别的文献成果非常多,国外也编辑了不少类似成果,其中很多都包含着或多或少的有关东北地区的环境史资料和相关信息。

第二,老一辈学者撰写的有关东北地区的相关文献中大多包含着一些环境史资料和信息。有关东北地方史、边疆史地、民族史等领域的文献史料编辑成果中包含着不少环境史资料和信息。近代以来,随着边疆史学的创立和发展,老一辈边疆史学家在阅读和整理大量史籍文献与亲身考察的基础上撰写、编辑出版了很多有关东北边疆史地方面的文献史料。例如,何秋涛所著的《朔方备乘》精于边界地理考证。曹廷杰基于对黑龙江中下游和乌苏里江以东实地考察写下了《东三省舆地图说》。胡传和屠寄等勘查了境内外地形、地貌,山川形势,绘图撰书。屠寄的《黑龙江舆图》对黑龙江境内的山川城池做了详细介绍。近人对东北史地文献史料编辑贡献最大者之一当属金毓黻,他先后编辑出版了《辽东文献纪略》8 卷及《辽海丛书》10 集 100册等,其中包含的地理风俗等与环境相关的信息颇多。

第三,新中国成立后,学界编辑了一些与环境史相关的文献目录和资料汇编。例如,中央民族学院编辑组编写的《东北历史地图集·东北地区·资

料汇编》（1979）；中央民族学院编写的《东北地区民族历史地理文献目录》
（1973）；孙进己、冯永谦和冯季昌主编的《东北历史地理论著汇编》
（1987），此书收集了 1984 年以前关于东北历史地理的相关研究成果。任万
举和乔钊主编的《九十年东北地方史研究资料索引大全》（1992）收集了东
北史论文和相关资料 18000 条，共计 70 万字（包括历史地理、考古、游记
等方面的资料）。东北三省 17 家图书馆还联合编制了《东北地方文献联合目
录》，这是目前最大且最系统完整的东北地方文献联合目录。其他如《吉林
省旧志资料类编（矿产矿务篇）》《吉林省旧志资料类编（林牧渔篇）》《吉
林省旧志资料类编（自然灾害篇)》《黑龙江省林业史料汇编》《伪满时期东
北林业史料译编》《东北三四十年代木材及林特产品生产史料辑》《满洲气
象累年报告》《东北地区卫生流行病学资料汇编》《华北、东北近五百年旱
涝史料》《清代江河洪涝档案史料丛书·清代辽河、松花江、黑龙江流域洪
涝档案史料》等都包含着不少东北地区环境史资料和相关信息。

　　第四，日本、朝鲜，包括俄国等国外政府、组织或个人曾对中国东北开
展过调查，并据此编辑了不少相关文献资料。所谓的日本满蒙学者曾把相关
成果汇编成《满洲历史地理》《满鲜地理历史研究报告》等。《燕行录》最
具代表性。明清时期高丽及其后的朝鲜王朝曾定期派遣使节出使中国，他们
将沿途所见所闻记录下来，形成了特殊的"燕行录"，后被编辑成册。《燕
行录》记录了东北矿产、森林、山川、地形、河流、水源、建筑等自然及人
文状况。对《燕行录》的整理和研究，也成为了一种专门的学问。

　　第五，清代东北流人写下了很多日记等题材作品，这些作品中有很多包
含着与环境史相关的信息。马丽在《清代东北流人方志文献研究》一文中
研究了 12 位流人或随戍探亲者撰写的方志。刁书仁在《清前期东北流人编
撰的几种方志及其史料价值》一文中考察和分析了清前期东北流人编撰的几
种方志的史料价值。清代东北流人写作的文献多为风土民情等方面的见闻和
经历，具有直观性特点。学界对这些文献及其他诗文杂著的整理和研究提供
了一些环境史资料线索和相关信息。

　　第六，学界对东北区域的森林史、水利史、地震等灾害史及瘟疫史等方

面的史料也进行了初步的分析、考证和研究。例如涛严耕在《清代东北地区森林史料述论》一文中分析了清代以来东北地区森林资源史料的来源和途径；李欣和宁谷玉在《东北三、四十年代森林资源及其调查规划史料研究》一文中研究了黑龙江省森林资源调查管理局收集的大量史料；季山在《东北古代水利史料补遗》一文中根据田野考古发现和文献资料，编撰了若干条东北地区古代水利史料；吴戈在《东北大陆地震史料研究与分析》中根据地震史料研究了东北大陆地震载录的特点；王道瑞在《清末东北地区爆发鼠疫史料》一文中研究了东北地区鼠疫史料；安大伟、张宝珅在《金代东北文献〈鸭江行部志〉考略》一文中考察了金代文学家王寂第二次巡查辽东各州县时撰写的行程录所反映的东北自然风貌，等等。

此外，自 20 世纪 50 年代末开始，学界开始对东北地方报刊文献进行了整理和研究，这些报刊文献中包含着很多有关东北地区自然灾害的信息，如地震、水灾、火灾、蝗灾等方面的资料。

迄今冠名"环境史"的系统的文献资料收集、整理和研究成果极少，这项工作基本为空白。对环境史文献资料进行辨析、勘误、考证和研究的成果寥寥无几，这种局面的成因既与环境史文献的分散、隐匿和缺乏有关，同时也与环境史意识的缺失以及对环境史研究的重要价值认识不够有关。

三、东北区域环境史资料收集、整理与研究的局限与未来取径

环境史资料收集、整理与研究工作的主要内容是从各种文献典籍及多种形式的资料（考古调查发掘报告、调查与口述资料、各种史籍文字资料、岩画碑刻等非文字资料等）中搜查、寻找环境史相关史料，并将其辑录下来，按照一定的标准分门别类地进行整理和编纂（包括标点和注释、甄别和辨析、勘误和校对等），使其系统化、条理化，在此基础上评估这些资料的价值，形成系统的环境史资料汇编，最终完成环境史文献资料体系和资料库的建设，为环境史实证研究提供系统和全面、丰富多样的史料。

　　开展区域环境史资料收集、整理与研究工作，首先要考虑的是从哪些文献入手，采用何种方法，以怎样的标准，来选择和辑录史料。

　　要辨识哪些属于环境史资料，首先要了解何为环境史，环境史的研究对象和内容为何。如果说环境史研究的对象是历史上人与自然的互动关系，那就不但要收集涉及特定区域历代环境变迁的资料，还要收集那些经济、社会、政治、文化、民俗等方面的资料，包括不同时期人们对自然环境的感知和认识、开发利用资源的各种方式和政策，以及由此衍生出的社会关系等。

　　环境史以生态学为理论指导，环境史资料的收集、整理和研究也要有生态意识，应将人类社会与自然生态系统视为一个统一整体。在具体操作层面，需要注意文献资料的全面性和多样性，从各种形式的文献中收集环境史资料。以往环境史研究所用史料以及收集、整理和研究的对象多限于正史典籍等文献，对其他形式的文献如考古、碑刻、非文字的图像资料、田野考察和社会调查资料、口述和报刊资料，域外相关资料等，都未给予足够重视。周琼教授以边疆民族区域为中心，提出环境史史料不但包括传统文献和地下考古发掘资料，还应包括田野调查资料、非文字资料和跨学科资料①。作为边疆民族地区，东北区域的地方文献、地方史、民族史、文化史、边疆史地、边疆考古、环境考古、气候史、农史、林史、地理学和生态学等学科的研究成果和各类文献及其他资料载体中都包含很多环境史资料，应拓宽区域环境史资料搜查的范围，系统地收集和整理环境史文献资料。

　　由于时代的差异，不同历史时期含有环境史资料的载体等具体情况各不相同，因此收集和整理的文献对象及方法也应有所区别。对于东北区域，史前环境史资料主要源于考古报告和简报、考古论文集、学术论文与网络资源等。可以按照时代的先后顺序（旧石器时代、新石器时代、青铜器时代）、资料的类别（植物考古、动物考古、地学考古、考古遗址及考古学文化空间分布资料），分区进行资料的收集、整理和研究。重点从各类遗存考古发掘

---

　　① 周琼：《环境史史料学刍论——以民族区域环境史研究为中心》，载于《西南大学学报（社会科学版）》2014 年第 6 期。

和调查反映的植被、动物群和地貌等环境信息，以及经济形态和生业模式等入手来分类整理。在此基础上，从古环境重建的角度，分析史前东北时空框架下人地互动关系的演变历史及其规律。古籍文献中散见一些有关东北地理环境的零星信息，比如《尚书·禹贡》有介绍东北历史地理的内容；《逸周书·职方解》有详述东北人口、山川和物产的内容；《周礼·冬官》有东北地区独特的自然资源信息的内容；《山海经》以山为经，以川为纬，旁及博物，层次分明地记载了东北的地理知识；《吕氏春秋》也记载了一些关于东北自然地理、水系、风俗等方面的史料，这些都是可以收集与整合研究的。

辽金时期的资料收集与辑录的对象主要是典籍文献、考古资料、石刻壁画等。主要是正史及其他各类史书、宋人使辽语录和使辽诗等。《辽史》（《地理志》《历象志》《食货志》《游幸表》）、《金史》（《地理志》《河渠志》《食货志》）、《契丹国志》、《辽史拾遗》、《辽史地理志考》、《辽史地理志补正》、《太平寰宇记》等文献中载有辽金时期的地理、天文、风俗、灾异等信息。《范石湖集》《燕魏杂记》《欧阳修全集》《苏魏公文集》《栾城集》《使辽诗》《乘轺录》《奉使辽金行程录》《熙宁使契丹图抄》《北辕录》《王沂公行程录》《刁奉使北语诗》《胡峤陷北记》《奉使行程录》等记录有辽金时期东北地区的地理、山川、植被、风土、天气与物产等信息，大多为作者所见所闻。近几十年来辽金考古取得了很大成就，有大量发现。辽金石刻和壁画资料中也含有零星的环境史资料。以往的实证研究涉及的论题有辽金时期东北的自然环境及其历史变迁、自然灾害、农牧渔猎及其对环境的影响、地理环境与辽金民俗的关系等，实证研究往往受制于资料的缺乏。

明清时期的文献浩瀚庞杂，内含的环境史资料非常丰富。明清史籍文献种类较多。一是明清时期编制有大量方志，这些方志中多有物产、山川、苑囿、灾害等记载，方志中辑录的诗文、图像等均含有环境信息。二是笔记杂著，如《盛京景物辑要》《扈从东巡日录》《柳边纪略》《宁古塔山水记》《凤城琐录》《奉天地略》《东北舆地释略》《奉天万国鼠疫研究会始末》《蒙古游牧记》等。三是诗文集和奏疏。四是明清实录及政书。五是游记笔记类，如《燕行录全集》《东鞑纪行》《东北亚搜访记》《满洲地志》《满洲通志》《满洲地方志》《黑龙江旅行记》《鞑靼旅行记》等。六是明清档案及档案史料汇编，如《清代辽河松花江黑龙江流域洪涝档案史料》《明代辽东档案汇编》《清代黑龙江历史档案编》《清代吉林档案史料选编》等。七是编辑的《辽海丛书》《长白丛书》《黑水丛书》等。含有环境史资料的文献载体非常多，如碑刻等实物、铭文图像等，这些文献载体也应纳入收集范围。明清时期东北的自然环境变迁、移民—农业开发与环境变迁、围场与柳条边、自然灾害等是以往实证研究较多的论题，未来拓展的空间很大。

晚清民国以来，东北地方史文献种类以及史料载体更趋多元化，资料的丰富程度超过了以往任何时期。这一时期的文献类别主要有以下几种：一是档案和地方志。这些档案和方志含有很多有关灾害和瘟疫、气候、经济等方面的资料。二是报纸杂志。为数众多的全国性、地方性报纸和杂志是记录这一时期东北环境史资料的重要载体，如《盛京时报》《晨报》《民报》《（伪）满洲国政府公报》《东三省民报》《气象杂志》等，以及日本在华创设的报纸如《满蒙研究》《满洲评论》《新京商工月报》《奉天日日新闻》等。三是日本人的调查资料。四是民国时期及后人编辑的相关史料类编和汇编，民国地方政府对各地的土地、人口、森林、水利、种植业、工矿业等方面的调查资料。其他如《东北区水旱灾害》《调查松花江上流森林报告》《东三省农林垦务调查报告》等。还有杂记和文学作品、图片音像、调查口述等。开展近代环境史研究现实意义更强。东北环境史资料的收集、整理和研究的重心应放在近现代，侧重围绕近代化、工业化、城市化，以及资源开发与环境变迁、殖民主义与环境、灾害疾疫史等主题开展资料的收集、整理工作。

因不同时期文献的类型和来源不同，资料收集的重心和方法应有所区别。史前时期应以考古资料尤其是环境考古资料为主要收集和整理对象；辽金时期应以历史文献为重心，重视宋人使辽语录和使辽诗，以及考古和石刻资料；明清时期除了档案、方志等文献外，还应将诸如《燕行录》之类的日记体裁的文献纳入进来。晚清民国时期除档案、方志外，应把报刊、国外文献、调查资料、非文字资料作为重点。在充分占有文献的基础上，综合运用历史文献学、校勘学、目录学等学科方法搜查、辑录、整理和研究。

　　针对东北区域环境史资料的分布情况以及既往相关工作的局限，在遵循资料收集与整理的一般原则和方法与程序外，对不同类型的文献应各有侧重。东北的档案文献、考古资料、域外文献、满文和蒙文等文献、非文字性资料、跨学科资料相对丰富，但以往没有给予足够重视。东北的方志有自身的局限性。应根据不同文献的特点和优劣等，采取不同的工作方案。

　　东北存有大量明清档案，这些档案中包含着很多环境史资料，但迄今对这些档案的挖掘和利用还非常有限。李治亭讲过："东北三省存有大量文字档案，以清中叶以后为最丰富，多如山积。尤其是辽宁方面还存有更珍贵的明档即明在辽东统治时期留下的档案。可惜，利用这些档案进行东北史研究的，亦属极少。"① 因此，档案是今后资料整理和辑录的主要对象之一。

　　考古调查、发掘和研究资料可作文献资料的补充。金毓黻就曾非常重视地下出土的文物考古资料，认为文物考古资料可以订正文献记载之疏漏②。20世纪，尤其是新中国成立以来，东北区域的考古工作取得了很大进展，积累了大量考古资料，这些资料中包含着不少环境信息。李治亭指出："东北考古在近30年中取得了划时代的进展，一系列重大发现震惊了世界。对于地方史研究来说，提供了极其丰富的实物实证，是最可靠的史料。我们对此没有重视，很多珍贵的文物所包含的历史信息没有或很少引进东北史的研究。"③ 以往历史学、民族学、文化学学者偏重对古籍文献的整理、诠释和研究，而忽视了对考古资料的整理和利用，这种局面也有待改变。

　　域外文献同样不容忽视。近代以来，俄、日乃至欧美等国家政府、组织和个人来中国东北游历或调查，留下了大量各种形式的文献记录，这些文献包含着很多环境史信息。迄今，在东北史研究中，除"满铁"资料外，对国外文献的发掘和利用仍处于"缺位"状态。日本有关我国东北地区的文献不但数量多，而且研究价值也很高。众所周知，日本近代以来对中国东北

---

①③　李治亭：《东北地方史研究的回顾与展望》，载于《中国边疆史地研究》2001年第4期。

②　景爱：《战前东北历史地理研究述评》，载于《学习与探索》1981年第4期。

的经济、文化、社会和资源等方面进行了大量调查，这些调查资料有一些近年来陆续被整理出版或公开①。老一辈东北史学者金毓黻先生非常重视东北史研究中日本文献资料的价值，他说，世界各国学者研究我国东北史，"必取日本之著作为基本材料"②。他指出，日本人研究中国东北史，"其搜材之富，立说之繁，著书之多，亦足令人惊叹，试检其国谈东洋史之专辑，十册之中，必有一册属于东北，论东方学术之杂志，十篇之中，必有一篇属于东北，总其部居，校其篇目，林林总总，几于更仆难数"③。因此，档案文献、考古资料和域外文献尤其是日本存有的有关中国东北的历史文献资料是今后开展东北区域环境史资料收集、整理和研究的重中之重。

此外还要高度重视的有地方民族文献、非文字资料、跨学科资料、口述资料等。首先，作为历史上多民族生活的地区，东北有着丰富的民族语言文字资料，特别是满文和蒙文资料，其中有大量内容反映了民族文化及民俗与自然环境的关系，有待深入挖掘。其次，东北区域现存有大量非文字资料，如图像、岩画和壁画、各种历史文化遗存乃至音像资料等，需要充分发掘和利用。再次是跨学科资料，包括地质学、地理学、气象学、生物学、生态学、土壤学、水文学、农学等学科的文献资料。最后是口述资料，特别是近代史研究资料。开展实地考察也是获取环境史资料的重要途径。东北边疆史地的开拓学者，如曹廷杰、胡传、屠寄、金毓黻等人，都非常重视调查特别是田野考察。金毓黻先生研究东北史地，"凡足迹所能至，不惮跋涉山川，狎犯霜露以赴之"④。当代东北历史地理学人景爱和冯季昌等也十分重视田野考察。近几十年来东北历史地理研究取得的成果，是同大量实地考察分不

---

① 这批资料主要集中在辽宁、吉林两省，近年来国内广西师范大学出版社出版了不少影印的原始资料，华中师范大学则组织翻译了一部分。国外有日本国会图书馆（国立国会図書館デジタルコレクション）、亚洲资料中心（アジア歴史資料センター）等机构的网站也公布了大量的扫描件。

② 王夏刚、曹德良：《抗战时期金毓黼东北史研究述论》，引自《大连近代史研究》（第6卷），辽宁人民出版社2009年版，第497页。

③ 金毓黼：《东北通史》，重庆五十年代出版社，辽宁大学1981年翻印，第2页。王夏刚、曹德良：《抗战时期金毓黼东北史研究述论》，引自《大连近代史研究》（第6卷），辽宁人民出版社2009年版，第490页。

④ 景爱：《关于近三十年东北史地研究中几个问题的简述》，载于《学习与思考》1979年试刊号。

开的。另外，近代以来东北学界编辑的丛书和类书，比如"长白丛书""辽海丛书""黑水丛书"等，都值得充分利用。与国内其他地区相比，东北的地方志局限很大，但仍不失为搜查环境史资料的重要来源之一。

根据东北区域历史文化的特点，应加强针对边疆环境史和民族环境史文献资料的收集、整理和研究。东北区域历史上曾是北方游牧渔猎民族的栖息之地，这一地区纬度较高、气候寒冷。同时，该地区又处于边疆，历史上曾与周边国家和域外民族发生过错综复杂的关系，其地历史上人与自然地理环境的关系也有许多不同于内地的独特性。因此，无论是实证研究还是资料收集和整理都应有所不同，不但重视收集能够反映区域特点的边疆民族环境史资料，还应探讨开展边疆民族环境史资料研究的理论、方法和路径。

对于环境史资料，不仅要收集和整理，还要进行研究，对收集到的资料的真实性和客观性及其研究价值等，要进行甄别、勘误、分析、研究和评估。首先，环境史资料的分散性决定了收集和辑录的必要。其次，要对收集的资料进行系统整理。"不曾整理的材料，没有条理，不容易检寻，最能消磨学者有用的精神才力，最足阻碍学术的进步。"[1] 最后，对收集到的文献资料要进行校勘、训诂和考证等。"校勘是书的本子上的整理，训诂是书的字义上的整理。没有校勘，我们定读误书；没有训诂，我们便不能懂得书的真意义。"[2] 考证的方法：一是理证，二是书证，三是物证，四是实地考察[3]。对于资料要存疑，不能拿来就用。民国学者陈寅恪一向对史籍中的记载持存疑态度，善于通过对多种史籍中的材料进行对照、比较、考证和鉴别，来分辨这些材料的真伪和可信度[4]。钞晓鸿指出，有一些史料存在记录者的主观臆测、错误与疏漏，因此应对史料进行分析、考证、校勘、辨伪[5]。总之，环境史资料并非只要收集、辑录和集中起来即可，还需要做校对、勘

---

① 胡适著，季羡林主编：《胡适全集》（第二卷），安徽教育出版社 2003 年版，第 14 页。
② 胡适：《中国哲学史大纲》，河北教育出版社 2001 年版，第 27 页。
③ 陈智超：《陈垣——生平学术教育与交往》，安徽大学出版社 2010 年版，第 157 页。
④ 吴定宇：《学人魂——陈寅恪传》，上海文艺出版社 1996 年版，第 162 页。
⑤ 钞晓鸿：《文献与环境史研究》，载于《历史研究》2010 年第 1 期。

误、考证、辨识和研究等进一步的工作。

　　环境史资料的收集、整理和汇编需要找到某种标准，使之条理化和系统化。资料的整理和编辑可按如下标准进行：一是按时间顺序；二是根据地区进行，比如可分辽西、辽东和辽南地区、辽河平原、松嫩平原、三江平原、科尔沁沙地等；三是按照文献类型进行，如正史、地方文献、明清档案，以及日记、文学作品、报纸杂志等；四是按照专题进行，如森林环境史，水环境史，矿藏、草原、土地等自然资源开发与利用及其环境影响，近代化、工业化与环境，殖民主义与环境，移民、农业与环境等。

　　总之，环境史文献资料的收集、整理与研究是开展东北区域环境史研究的基础性工作，而这项工作刚刚起步。东北区域环境史文献资料的分布特点以及环境史研究快速发展的趋势决定了开展环境史资料收集、整理与研究的必要性和紧迫性。回顾和梳理以往学界的相关工作和主要进展，发现这项工作亟待展开。当下有必要从方法到路径等方面对如何开展这项工作进行系统的思考，在了解各种文献和资料载体的具体情况以及时空分布特点等信息的基础上，从宏观整体上制定环境史文献资料搜集和整理的工作重心、工作路线和工作方案，以按部就班、切实有效地推进这项具有开创性的工作。

宋人使辽语录中的环境史料[*]

孙伟祥

随着近年来史学界对环境史研究理论的不断深化与研究角度的不断创新，对辽代自然环境及相关问题的研究已成为辽史研究的热点之一，取得了丰硕的成果。本文通过宋使出使辽朝的语录来讨论当时东北的环境状况。

一、宋人使辽语录概况

辽朝虽然立国有两百余年，较早仿照中原修史制度设置相应的职官，并四次组织大规模修订本朝国史的活动，但是由于诸多原因，相关史书未得到广泛流传并相继散佚，直到元末才正式出现在吸收辽朝官修史书部分内容基础上编纂而成的一百一十六卷篇幅的《辽史》，在史料和内容方面均存在不少明显疏漏与错讹之处。因此，由辽人自己书写的第一手史料相对缺乏一直是治辽史者面临的不可否认的现实。面对这种客观的不利局面，首先需要我们进一步穷尽史料，这其中除了对《辽史》内容进行更加细致的爬梳之外，也需要将史料范围扩大到同时代乃至前后时代的域内中原政权及域外其他政权的相关记载。由于《辽史》中关于环境方面的相关记载主要分布于《本纪》《志》《表》等部分，相对分散且数量不多。因此，对于辽代自然环境

---

* 本文以《宋人使辽语录中的环境史料辨析》为题发表于《辽宁大学学报（哲学社会科学版）》2020 年第 3 期，编入本书时内容略有修改。

及相关问题的研究需要在立足《辽史》记载的基础上，更加注重从同时期其他政权相关史书中选取准确史料对其进行补充。这其中与辽朝长期和平对峙的北宋政权留下的相关史书中包含一些相关记载，特别是由北宋使者依托出使辽朝期间实地考察与见闻而写成的语录体史料。

广义上的北宋使者使辽语录大致分为三类，即常使所作行程录、泛使向朝廷提交的专题报告，以及使团成员私人记录①。这其中不仅包括各类官员上奏公文，也包含私人著述，甚至使者在往返辽朝途中所作的诗歌。总体而言，其记载内容角度十分宽泛，作为第一视角对辽朝史实的记录，理应极具史料价值。关于其具体内容与格式，除了私人著述的语录无统一格式外，史书记载，（范坦）"使于辽，复命，具语录以献。徽宗览而善之，付于鸿胪，令后奉使者视为式"②。直到北宋末年，其具体内容与格式应该没有专门的严格规定。然而，北宋神宗熙宁八年（公元 1075 年），沈括作为回谢辽使出使辽朝返回之后作《熙宁使虏图抄》，在前言部分明确记载其主要内容，"山川之险夷、远近、卑高、横从之殊，道途之涉降纡屈，南北之变，风俗、车服、名秩、政刑、兵民、货食、都邑（音译），觇察变故之详"③。从中可以看出，依照沈括的理解，使臣撰写语录应主要关注当时辽朝境内的地理地貌、政局动向、制度沿革、风俗人情等，根据目前传世的北宋使者语录来看，大致沿袭了这一原则。再结合广义的语录范围，虽然北宋朝廷并没有公开正式限定语录的格式，但使者所撰语录内容大致类似，主要是记载使者沿途言行与所见自然风貌，实时窥探辽朝境内虚实。这就能理解北宋使者所作语录对于我们当前审视与还原辽代自然环境问题的重要意义。

根据相关学者的研究可知，北宋自太祖开宝八年（公元 975 年）至徽宗宣和三年（公元 1121 年），共派遣 654 人出使辽朝 725 次④。由这个使者群

---

① 刘浦江：《宋代使臣语录考——10 - 13 世纪中国文化的碰撞与融合》，上海人民出版社 2006 年版，第 253～256 页。

② ［元］脱脱：《宋史》（卷二八八）《范坦传》，中华书局 1977 年版，第 9680 页。

③ 沈括：《熙宁使虏图抄》，引自赵永春：《奉使辽金行程录》（增订本），商务印书馆 2017 年版，第 94 页。

④ 王慧杰：《宋朝遣辽使者群体研究》，社会科学文献出版社 2016 年版，第 325 页。

体撰写的语录数量本应十分庞大，但由于诸多原因，目前仅传世仅有22篇，且在这22篇语录中不乏内容不完整者。据笔者统计，内容涉及辽朝环境史料者计15篇，分别为路振所著《乘轺录》、王曾所著《王沂公行程录》、晁迥所著《虏中风俗》、薛映所著《薛映记》、宋绶所著《契丹风俗》、王珪所著《奉使契丹诗》、刘敞所著《刘敞使北诗》、欧阳修所著《出使契丹诗》、陈襄所著《神宗皇帝即位使辽语录》、苏颂所著《前后使辽诗》、沈括所著《熙宁使虏图抄》、苏辙所著《奉使契丹二十八首》、彭汝砺所著《使辽诗》、张舜民所著《张舜民使辽录》、陆游所录《陆佃使辽见闻》等①。这些语录中包含着不少环境史资料。

二、宋人使辽语录包含的环境史资料

上述存世的15篇北宋使者语录记载的关于辽代自然环境的相关内容可以分为以下两大类。

（一）自然地理环境状况

首先是对辽朝自然地理环境的记载。对于这一方面的记载，北宋使者一般按照行程分为三段区域进行记述。第一段为辽宋边境至幽州以北古北口地区的自然地理环境。这一区域原本是中原政权占据地区，之前一直凭借燕山山脉阻断北方民族南下。按照相关语录记载，"其地平斥"②，"平原不尽"③，自然地理特征以平坦为主，最多"道微险，有丘陵"④，与中原地区地势类

---

① 本文所引用宋使出使辽朝语录名目与内容均以赵永春先生辑录《奉使辽金行程录》（增订本）中校勘为准。

② 沈括：《熙宁使虏图抄》，引自赵永春：《奉使辽金行程录》（增订本），商务印书馆2017年版，第97页。

③ 刘敞：《顺州马上望古北诸山》，引自赵永春：《奉使辽金行程录》（增订本），商务印书馆2017年版，第45页。

④ 路振：《乘轺录》，引自赵永春：《奉使辽金行程录》（增订本），商务印书馆2017年版，第14页。

似。同时，这一地区由于北部紧邻燕山山脉，河流众多。第二段为古北口至辽朝中京以南地区。这一地区的自然地理环境与中原地区差距开始明显，由于当地多为奚人居住，诸语录称其为"奚境""虏境""蕃境"等，以示区分。其地势基本特征为"奚山缭绕百重深"①，"山川之气险丽雄峭，路由峡见，诡屈降陟，而潮里之水贯泻清冽"②。即该区域主要以重山为主，间分布以众多河流，道路曲折。第三段为中京及以北至上京地区。这一区域地势相对平坦，"连山渐少多平田"③，间以丘陵，"陵不堪峻"④，但是总体地势较高，开始进入高原地带。同时河流开始变少，"复逾沙陀十余叠"⑤，"辽土直沙漠"⑥，出现多处广阔的沙地。

其次是关于气候的记载。相较中原政权而言，辽朝所处纬度较高，气候相对寒冷。北宋使者意识到这一点，在语录中多有体现。其中，据路振《乘轺录》记载，"地寒凉，虽盛夏必重裘，宿草之下，掘深尺余，有层冰，至秋分则消释……地苦寒，井泉经夏常冻"⑦。薛映在语录中记载，"临潢西北二百余里号凉淀，在馒头山南，避暑之处，多丰草，掘丈余，即坚兵云"⑧。在以路振与薛映为代表的北宋使臣眼中，辽地为不同于中原的苦寒之地。

除此之外，辽朝疆域内另外一个代表性的气候特征为多风且干旱。关于多风气候，欧阳修在其出使辽朝期间所作诗歌中有多次明确记载，"北风卷

---

① 苏颂：《次行奚山》，引自赵永春：《奉使辽金行程录》（增订本），商务印书馆 2017 年版，第86 页。

②⑤ 沈括：《熙宁使虏图抄》，引自赵永春：《奉使辽金行程录》（增订本），商务印书馆 2017 年版，第 97 页。

③ 苏辙：《出山》，引自赵永春：《奉使辽金行程录》（增订本），商务印书馆 2017 年版，第 128 页。

④ 沈括：《熙宁使虏图抄》，引自赵永春：《奉使辽金行程录》（增订本），商务印书馆 2017 年版，第 99 页。

⑥ 苏辙：《木叶山》，引自赵永春：《奉使辽金行程录》（增订本），商务印书馆 2017 年版，第 129 页。

⑦ 路振：《乘轺录》，引自赵永春：《奉使辽金行程录》（增订本），商务印书馆 2017 年版，第 21 页。

⑧ 薛映：《薛映记》，引自赵永春：《奉使辽金行程录》（增订本），商务印书馆 2017 年版，第 31 页。

地来峥嵘""北风吹沙千里黄""北风吹雪犯征裘""紫貂裘暖朔风惊"
等①。此处北风、朔风在欧阳修笔下已然成为对辽朝气候的首要印象。关于
干旱气候，陈襄曾借辽人牛玹之口明确记载为"本京久旱"②。沈括初见潢
河时，"俯中顿有潭，潭南沙涧……凡雨暴至，辄涨溢，不终日而复涸"③。
陈襄与沈括记载地区均为契丹人、奚人世代居住的腹心，在宋人眼中，干旱
一直是辽地最重要的气候特征之一。

最后是辽朝的自然资源记载。北宋使者语录中十分关注辽朝境内资源状
况，可以将其概括为动物、林木、矿物资源等。其中，对辽朝境内的动物种
类繁多的记载尤多。北宋使者在当地官员沿途接待过程中，主要食用各种肉
类，"熊、肪、羊、豚、雉兔之肉为濡肉，牛、鹿、雁、鸷、熊、貉之肉为
腊肉"④，如此繁多的动物不乏野生动物。这在记载契丹人的穿着中亦有体
现。据宋绶在《契丹风俗》中记载，"贵者被貂裘，貂以紫黑色为贵，青色
为次。又有银鼠，尤洁白。贱者被貂鼠、羊、鼠、沙狐裘"⑤。契丹人无论
身份高低，均以各类动物皮毛御寒，实际上反映宋人对辽地动物资源丰富的
认识。除此之外，北宋使者亦多次记载辽朝皇帝在捺钵地钩鱼，射猎鹅、
鸭、鹿等野生动物的活动。同时，北宋使者在沿途经过辽地群山时，亦专门
记载了其丰富的林木资源。王曾在语录中的记载就非常典型。在其进入辽境
甫始，便感慨"山多鸟兽、林木"⑥，在进入奚境后再次出现专门记载，"山

---

① 欧阳修：《出使契丹诗》，引自赵永春：《奉使辽金行程录》（增订本），商务印书馆 2017 年版，
第 54、55、57 页。

② 陈襄：《神宗皇帝即位使辽语录》，引自赵永春：《奉使辽金行程录》（增订本），商务印书馆
2017 年版，第 73 页。

③ 沈括：《熙宁使虏图抄》，引自赵永春：《奉使辽金行程录》（增订本），商务印书馆 2017 年版，
第 101 页。

④ 路振：《乘轺录》，引自赵永春：《奉使辽金行程录》（增订本），商务印书馆 2017 年版，第
15 页。

⑤ 宋绶：《契丹风俗》，引自赵永春：《奉使辽金行程录》（增订本），商务印书馆 2017 年版，第
35 页。

⑥ 王曾：《王沂公行程录》，引自赵永春：《奉使辽金行程录》（增订本），商务印书馆 2017 年版，
第 27 页。

中长松郁然，深谷中多烧炭为业"①。另外，对于辽地矿产资源的状况，北宋使臣也多有关注，除了多次出现的跟冶铁有关的"银冶山""铁浆馆"之外，还有专门记载，"西北有铁冶，多渤海人所居，就河漉沙石，炼得铁"②。这说明宋朝使臣认为辽地应当有较为丰富的铁矿、银矿等自然资源。

（二）人与自然环境的关系

北宋使者特别关注辽人的居住和生产方式，另有一些灾害的记载。

对于辽人居住与生产方式，北宋使者多有记载。其中，作为传统上属于中原地区的燕京地带多有记载。据《乘轺录》，幽州"居民棋布，巷端直，列肆者百室，俗皆汉服，中有胡服者，盖杂契丹、渤海妇女者"③。说明幽州地区基本没有改变原有的居住与生产方式，即便是契丹人、渤海人居住时亦以房屋为主。在幽州以北的奚境，"所在分奚、契丹、汉人、渤海杂处之"，"居人草庵板屋，亦务耕种，但无桑柘……亦有挈车帐，逐水草而猎"④。上文所引渤海人冶铁史料也反映了这一区域在宋人眼中为多民族共聚居地区，只是生产方式具有多样性，出现农业、游牧渔猎、手工业并举的局面，居住方式亦采取房屋与毡帐混合。对于中京以北契丹人的传统聚居地，在宋使的记载中已经开始改变传统单一的毡帐游牧生活，经济上开始向奚地多种经济方式过渡，即"营井邑以变穹庐，服冠带以却毡毳"⑤。

宋人对辽朝境内的灾害也有记载，包括风灾、雪灾、旱灾、蝗灾等。其中，刘敞在出使途经黑河馆时遭遇到一次比较严重风灾，他记载道，"（辽地）自古常风霾……鸟雀失食悲，虎豹亡群哀"⑥。此次风灾导致动物无法

---

①②④ 王曾：《王沂公行程录》，引自赵永春：《奉使辽金行程录》（增订本），商务印书馆 2017 年版，第 27 页。

③ 路振：《乘轺录》，引自赵永春：《奉使辽金行程录》（增订本），商务印书馆 2017 年版，第 15 页。

⑤ 路振：《乘轺录》，引自赵永春：《奉使辽金行程录》（增订本），商务印书馆 2017 年版，第 22 页。

⑥ 刘敞：《黑河馆连日大风》，引自赵永春：《奉使辽金行程录》（增订本），商务印书馆 2017 年版，第 50 页。

觅食、失群，反映了当时生态环境开始恶化。结合辽地多沙地的地理环境，当地风灾往往会以风沙漫日的形态出现。欧阳修曾记载，"旷野多黄沙，当午白日昏。风力若牛弩，飞沙还射人"①。宋绶记载，土河地区"聚沙成墩，少人烟"②。欧阳修将所见风沙的威力比作牛弩，宋绶的记载说明风沙导致了土河沿岸人口聚落迁移的史实。对于水灾的记载，除上文所引沈括对于潢河遇暴雨必然涨溢的事例之外，苏颂在渡神水沙碛区域时曾庆幸"地险已万状……幸无涨天灾"③，这种惧怕水灾的心理从侧面反映了宋人得出的辽地多水灾的结论。对于旱灾、蝗灾的发生，路振曾有明确的记载，燕京地区"水旱虫蝗之灾，无蠲减焉"④，将辽朝经济较为发达、人口密集的燕山以南地区描绘为灾害频繁区域，是对当时人与自然关系的概括。

三、宋人使辽语录中环境史资料的特点

通过北宋使者使辽语录中关于环境方面的记载，我们可以了解到当时辽朝境内自然环境的客观状况及变化特点和趋势。但需要指出的是，由于受到许多因素的影响，北宋使臣语录中对于辽朝境内自然环境的相关记载亦呈现出以下几个特点，进而反映出相关记载自身存在的某些问题与局限。

（一）区域性

根据《辽史》记载，辽朝全盛时，"东至于海，西至金山，暨于流沙，北至胪朐河，南至白沟，幅员万里"⑤。即辽朝疆域东至今天的日本海，西

---

① 欧阳修：《书素屏》，引自赵永春：《奉使辽金行程录》（增订本），商务印书馆 2017 年版，第53 页。

② 宋绶：《契丹风俗》，引自赵永春：《奉使辽金行程录》（增订本），商务印书馆 2017 年版，第35 页。

③ 苏颂：《和过神水沙碛》，引自赵永春：《奉使辽金行程录》（增订本），商务印书馆 2017 年版，第83 页。

④ 路振：《乘轺录》，引自赵永春：《奉使辽金行程录》（增订本），商务印书馆 2017 年版，第16 页。

⑤ 《辽史》（卷三十七），中华书局 1974 年版，第 438 页。

至阿尔泰山，南至白沟，北至克鲁伦河。在如此广阔的疆域之内，不唯南北纬度跨越较大，东西经度跨越幅度不小，因此，辽朝境内各地自然环境的特殊性与复杂性相对明显。

与此同时，辽宋交聘制度正式确立之后，虽然大量北宋使者出使辽朝，然而其最终接受到辽朝皇帝接见的地点和出使路线相对而言呈现出集中的特点。对于受到辽朝皇帝接见的地点即北宋使者于辽朝境内的行程终点而言，王曾在语录中专门记载，"初，奉使者止达幽州，后至中京，又至上京，或西凉淀、北安州、炭山、长泊"①。大致为辽朝的京城或辽朝皇帝捺钵所在地。虽然按照王曾的理解其终点似乎在不断向辽朝核心地区延伸，但即使这样，仍然无法涵盖辽朝的整个辖区，因此北宋使者记载的语录亦不能将辽朝所有地区的自然环境状况展现在世人面前。另外，每位北宋使者出使辽朝的具体路线，虽然并不完全一致，但大致行程与所经区域十分接近。最主要的原因是辽朝廷有意对北宋使者的行程进行了设定。关于这一点，沈括在《熙宁使虏图抄》中曾有记载，"自幽州由歧路出松亭关，走中京，五百里，循路稍有聚落，乃狄人常由之道。今驿回屈几千里，不欲使人出夷路，又以示疆域之险远"②。在沈括看来，辽朝没有选择让北宋使臣走捷径，而是故意使其于艰险之路迂回，其目的在于展示辽朝疆域的广阔。除去这个原因之外，受当时辽宋关系影响，此举更加重要目的在于防止北宋使者了解到辽朝境内军事要地的虚实。为掩饰这一目的，史书记载，"汉使岁至，虏必尽驱山中奚民就道而居，欲其人烟相接也"③，因此，从这一点来看，北宋使臣所作语录中涉及的辽朝环境信息不可避免地存在因区域限制而带来的局限。

---

① 王曾：《王沂公行程录》，引自赵永春：《奉使辽金行程录》（增订本），商务印书馆2017年版，第26页。

② 王曾：《王沂公行程录》，引自赵永春：《奉使辽金行程录》（增订本），商务印书馆2017年版，第98页。

③ 路振：《乘轺录》，引自赵永春：《奉使辽金行程录》（增订本），商务印书馆2017年版，第19页。

（二）时间性

根据辽宋交聘制度确立的进程及相关史实，目前学界一般将北宋派遣的使辽使者分为两个时间段，即宋太祖开宝八年（公元 975 年）至宋太祖太平兴国三年（公元 978 年）为第一阶段，宋真宗景德元年（公元 1004 年）至宋徽宗宣和三年（公元 1121 年）为第二阶段①。也就是说，北宋向辽朝派遣使者并非能够贯穿辽朝始终。甚至在第一阶段中，由于辽宋交聘关系未正式确立，北宋派遣使者行为有着随意、不正规的特点，这也能解释为何这一时期没有使者语录记载。即使在第二阶段长达一百余年的时间里，虽然北宋能够以贺正旦、回谢等相对固定的名义在相对固定的时间段内向辽朝派遣使者，但是从目前传世的 15 篇记载辽朝环境史料的语录作者出使时间来看，集中于宋真宗、宋仁宗、宋神宗三朝，时间跨度并不大，且出使季节多集中于冬季与春季。在这样的时间背景之下，北宋使者语录中对于辽朝境内自然环境的描述大多受到了明显的时间段与季节性限制和影响，无法较为全面地将辽朝一年四季与辽朝前期、中期、后期不同时间段内的自然环境变化和特点准确地反映出来。

（三）歧视性

受到传统的华夷之辨影响，辽朝作为一个由东北边疆民族——契丹族建立的民族政权，在政权的正统性方面一直受到同时期的中原政权尤其是北宋王朝的质疑。这种状况在辽宋澶渊之盟双方正式确立对等地位之后才有所改变，北宋官方文书中承认了辽朝的地位，但是仍有大批北宋士人并不认可②。由于广义上的北宋使臣语录含有半官方文书的性质，这种不认可辽朝的态度体现得尤为明显。在称谓辽朝政权时，仍时时出现"虏""夷""狄""戎""异域"等带有明显歧视性的字眼。正是由于部分北宋使者这种先入为主的

---

①　王慧杰：《宋朝遣辽使者群体研究》，社会科学文献出版社 2016 年版，第 14 页。

②　陶晋生：《宋辽关系史研究》，（台北）联经出版事业公司 1984 年版，第 98 页。

对民族政权的歧视性态度，导致其所作语录中对自然地理环境的记载具有很大程度的主观性。如路振在《乘轺录》中记载辽朝境内水旱蝗灾频繁发生的原因时，明确归结于"虏政苛严……征敛调发，急于剽掠"[①]，将其归因于有别于中原王朝的辽朝政权不体恤民力、横征暴敛。在记载辽朝境内契丹族、奚族改变传统居住方式时亦归结于"皆慕中国之义也。夫惟义者可以渐化，则豺虎之性，庶几乎变矣"[②]，这些实际上表明作者轻视当时辽朝境内人文环境变化的现实。刘敞在《题幽州图》一诗中将自己出使辽朝的行为视为"弃捐看异域"[③]，以"异域"来对辽朝社会及自然地理环境进行概括。这种明显带有民族歧视性的态度无疑会严重影响使辽语录作者的客观性，进而对于其记载的辽代地理环境语录的真实性有所影响。

目前传世的 15 篇北宋使者使辽语录中记载的关于辽代自然地理环境的史料一方面能够弥补《辽史》史料不足的局面，为开展相关研究提供参考；另一方面，在使用这些史料时，也要从其本身的地域性、时间性和歧视性等局限角度进行区分与把握，只有这样，才能将其史料价值最大限度地挖掘出来，为全面客观地还原当时的自然环境状况提供真实依据。

---

① 路振：《乘轺录》，引自赵永春：《奉使辽金行程录》（增订本），商务印书馆 2017 年版，第 6 页。

② 路振：《乘轺录》，引自赵永春：《奉使辽金行程录》（增订本），商务印书馆 2017 年版，第 22 页。

③ 刘敞：《题幽州图》，引自赵永春：《奉使辽金行程录》（增订本），商务印书馆 2017 年版，第 43 页。

宋人使金语录中的环境史料

马业杰　滕海键

宋人使金语录中包含着不少环境信息，通过对其进行梳理和考证，可作为研究金代环境史的史料来源之一。

一、宋人使金语录的史料价值

从元修《金史》中可以发掘一部分与环境相关的史料，在《本纪》《地理志》《天文志》《列传》中比较集中。但从整体上看，《金史》中的相关史料不但分散，而且内容也较少。研究金代的环境史，除了发掘《金史》史料外，还要多方利用其他文献。金朝域外史料中以两宋史料最为重要。金朝与两宋长期对峙，双方互遣使者造访，交流密切。据考证，北宋末年宋向金朝派遣使节达 25 次①，南宋先后向金朝派遣使节 200 余次②，北宋末年及整个南宋时期，宋遣使到访金朝的规模很大。宋官员使金往往不单出于礼节，也带有考察金朝山川河流、军事部署之使命。宋朝规定遣金使要记录沿途见闻，所谓"中兴讲和，好务大体，厌生事。于是，馆伴、接伴与夫使房，皆有语录，而房亦仰体圣朝兼爱南北之意，惧其臣以口语轻启衅端，故正使皆

①　赵永春：《金宋关系史研究》，吉林教育出版社 1999 年版，第 400 页。
②　李辉：《宋金交聘制度研究（1127－1234）》，上海古籍出版社 2014 年版，第 168 页。

用同姓椎鲁之人"①。宋使回朝所述使金沿途见闻往往被称为"行程录""使北记""语录"等②，赵永春认为宋人使金所著语录价值很高，因传世辽金文献匮乏，宋人使金语录可作弥补③。

据赵永春考证，现存宋人使金语录共 19 种④，包含环境信息的有：赵良嗣《燕云奉使录》、马扩《茅斋自叙》、许亢宗《宣和乙巳奉使金国行程录》、蔡鞗《北狩行录》、佚名《呻吟语》、王成棣《青宫译语》、傅雱《建炎通问录》、洪皓《松漠纪闻》、楼钥《北行日录》、范成大《揽辔录》、周煇《北辕录》、程卓《使金录》等。这些语录有一定的环境史料价值。

二、宋人使金语录中的环境史料

通过梳理宋人使金语录反映的环境信息，可将其分为如下类别。

（一）自然环境和自然资源

宋朝使臣因出使时间的不同，对金朝域内地理环境的记载分三个区域记述。其一是东北地区的地理环境状况。语录有记载："行终日之内，山无一寸木，地不产泉，人携水以行。"⑤ "沙漠万里，路绝人烟。"⑥ "皆不毛之地。"⑦ 地势复杂，"皆平坦草莽。"⑧ "自出榆关东行，路平如掌，至此微有

---

① 倪思：《重明节馆伴语录》，引自赵永春辑注：《奉使辽金行程录》，商务印书馆 2017 年版，第 432 页。

② 傅乐焕：《宋人使辽语录行程考》，载于《"国立"北京大学国学季刊》1935 年第 4 期。

③ 赵永春：《宋人出使辽金"语录"研究》，载于《史学史研究》1996 年第 8 期。

④ 赵永春：《奉使辽金行程录》，商务印书馆 2017 年版，序言第 3 页。

⑤ ［北宋］许亢宗：《宣和乙巳奉使金国行程录》，引自赵永春辑注：《奉使辽金行程录》，商务印书馆 2017 年版，第 220 页。

⑥ ［金］王成棣：《青宫译语》，引自赵永春辑注：《奉使辽金行程录》，商务印书馆 2017 年版，第 278 页。

⑦ ［南宋］洪皓：《松漠纪闻续》，引自赵永春辑注：《奉使辽金行程录》，商务印书馆 2017 年版，第 324 页。

⑧ ［北宋］马扩：《茅斋自叙》，引自赵永春辑注：《奉使辽金行程录》，商务印书馆 2017 年版，第 177 页。

登陟。"① "出榆关以东行……山忽峭拔摩空。"② "离兔儿涡东行，即地势卑下，尽皆崔苻，沮洳积水。"③ 其二是与华北毗邻地区的自然地理环境。语录有如下之类记载："东行三里许，乱山重叠，形势险峻。"④ "地极荒凉，远逊燕山。"⑤ 宋人对金朝域内自然地理环境的记载中，多将其描述为荒漠之地。

宋人对金朝域内水系的记载多集中于水系走向，许亢宗出使金朝行至白沟时就记载了拒马河、混同江的走向，"源出代郡涞水，由易水界至此合流，东入于海"⑥。"离漫七离行六十里，即古乌舍寨，寨枕混同江湄，其源来自广漠之北，远不可究。自此南流五百里，接高丽鸭绿江入海。"⑦ 楼钥记载了漳河的流向，"至漳河……南向循河行三四里……土人号'小黄河'"。宋人使金语录中也有对水文的记载。许亢宗记载了卢沟河的水文特征，"离城三十里过卢沟河，水极湍激，燕人每候水浅，深置小桥以渡，岁以为常"⑧。洪皓记载了混同江的水文状况，"其水掬之则色微黑，契丹目为混同江。其江甚深，狭处可六七十步，阔处百余步"⑨。周辉记载了汴河的水文情况，"行循汴河，河水极浅。洛口即塞，理固应然"⑩。

宋人使金语录中也有关于气候的记载。因所处纬度较高，金朝域内气候

①②③　[北宋] 许亢宗：《宣和乙巳奉使金国行程录》，引自赵永春辑注：《奉使辽金行程录》，商务印书馆 2017 年版，第 216 页。

④　[北宋] 许亢宗：《宣和乙巳奉使金国行程录》，赵永春辑注：《奉使辽金行程录》，商务印书馆 2017 年版，第 214 页。

⑤　[南宋] 佚名：《呻吟语》，引自赵永春辑注：《奉使辽金行程录》，商务印书馆 2017 年版，第 263 页。

⑥　[北宋] 许亢宗：《宣和乙巳奉使金国行程录》，引自赵永春辑注：《奉使辽金行程录》，商务印书馆 2017 年版，第 210 页。

⑦　[北宋] 许亢宗：《宣和乙巳奉使金国行程录》，引自赵永春辑注：《奉使辽金行程录》，商务印书馆 2017 年版，第 219 页。

⑧　[北宋] 许亢宗：《宣和乙巳奉使金国行程录》，引自赵永春辑注：《奉使辽金行程录》，商务印书馆 2017 年版，第 211 页。

⑨　[南宋] 洪皓：《松漠纪闻》，引自赵永春辑注：《奉使辽金行程录》，商务印书馆 2017 年版，第 313 页。

⑩　[南宋] 周辉：《北辕录》，引自赵永春辑注：《奉使辽金行程录》，商务印书馆 2017 年版，第 426 页。

比较寒冷，而且两宋之际也是中国气候转寒的时期①，宋人使金语录中对此多有记载。洪皓使金记载，"北方苦寒，故多衣皮，虽得一鼠，亦褫皮藏去"②。"宁江州去冷山百七十里，地苦寒……厚培其根，否则冻死。"③ 楼钥使金朝行至邢州时记载："北门外陂塘冰厚尺馀，脔叠岸上，如柱础然，青莹如菜石。"④ 程卓出使金朝夜宿会亭镇记载："寒甚。将晚，雪作。"⑤ 行至金中都以后，"嘉定五年正月一日己酉，晴，寒甚"⑥。"三日辛亥，阴，烈寒。"⑦ "五日癸丑，阴，风大作，寒甚。"⑧ 宋人使金诗文也有关于金朝腹地的气候记载。洪皓《次彦深韵》记载："虽遇严冬喜气和，开筵出妓骋婆娑。"⑨ 范成大《临铭镇》记载："竟日霜寒墓解围，融融桑柘染斜晖。"⑩ 根据宋人的行程录和诗文记载，金代所处地区气温明显偏低。

宋人记载金朝域内的自然资源也比较多，尤以动物资源最详细。宋使接受金朝接待的食物中，肉食种类繁多。马扩使金记载："别以木楪盛猪、羊、鸡、鹿、兔、狼、獐、麂、狐狸、牛、驴、犬、马、鹅、雁、鱼、鸭、蝦蟆

---

① 竺可桢：《中国近五千年来气候变迁的初步研究》，载于《考古学报》1972 年第 1 期，第 23 页。

② ［南宋］洪皓：《松漠纪闻续》，引自赵永春辑注：《奉使辽金行程录》，商务印书馆 2017 年版，第 326 页。

③ ［南宋］洪皓：《松漠纪闻》，引自赵永春辑注：《奉使辽金行程录》，商务印书馆 2017 年版，第 319 页。

④ ［南宋］楼钥：《北行日录》，引自赵永春辑注：《奉使辽金行程录》，商务印书馆 2017 年版，第 374 页。

⑤ ［南宋］程卓：《使金录》，引自赵永春辑注：《奉使辽金行程录》，商务印书馆 2017 年版，第 446 页。

⑥⑦ ［南宋］程卓：《使金录》，引自赵永春辑注：《奉使辽金行程录》，商务印书馆 2017 年版，第 452 页。

⑧ ［南宋］程卓：《使金录》，引自赵永春辑注：《奉使辽金行程录》，商务印书馆 2017 年版，第 453 页。

⑨ ［南宋］洪皓：《洪皓使金诗》，引自赵永春辑注：《奉使辽金行程录》，商务印书馆 2017 年版，第 345 页。

⑩ ［南宋］范成大：《使金绝句七十二首》，引自赵永春辑注：《奉使辽金行程录》，商务印书馆 2017 年版，第 416 页。

等肉。"① 许亢宗使金记载："桑、柘、麻麦、羊、豕、雉、兔不问可知。"②
宋使臣还记载了金朝域内部分地区植被分布情况，如马扩记载了咸州至混同
江之间稗子丛生，"自过咸州至混同江以北，不种谷麦，所种止稗子"③。许
亢宗记载了混同江边的植被覆盖情况："江面阔可半里许，寨前高岸有柳树，
沿路设行人幕次于下。"④ 楼钥记载了真定府城外馆的植被覆盖情况，"又七
十里，宿真定府城外馆。馆分东西，道中见扫帚桑，特起林中数尺，枝条丛
细，宛如帚状，稍指东南"⑤。宋人使金还有对矿产资源的记载。据许亢宗
记载："此一程尽日行海岸。红花务乃金人煎盐所。"⑥ 王成棣亦记载："初
三早行，抵盐场。"⑦ 宋使认为金朝拥有比较丰富的盐业资源。

（二）灾疫、生业和文化习俗等

宋使金对自然灾害的记载以水灾和饥荒为主，如许亢宗使金记载了燕山
大饥："是岁，燕山大饥，父母食其子，至有肩死尸插纸标于市，售以为
食。"⑧ 蔡鞗记载了靖康之难以后北宋宗室大臣北徙过程中因饥荒而死者众
多："宗室仲晷等八百余人，自咸州徙居上京，至有缺食死于道路者。"⑨
《呻吟语》记载了宋人使金行至邢州时的水灾："十五日，次邢州。连日风

① ③ ［北宋］马扩：《茅斋自叙》，引自赵永春辑注：《奉使辽金行程录》，商务印书馆 2017 年版，
第 177 页。

② ［北宋］许亢宗：《宣和乙巳奉使金国行程录》，引自赵永春辑注：《奉使辽金行程录》，商务印
书馆 2017 年版，第 211 页。

④ ［北宋］许亢宗：《宣和乙巳奉使金国行程录》，引自赵永春辑注：《奉使辽金行程录》商务印书
馆 2017 年版，第 219 页。

⑤ ［南宋］楼钥：《北行日录》，引自赵永春辑注：《奉使辽金行程录》，商务印书馆 2017 年版，第
375 页。

⑥ ［北宋］许亢宗：《宣和乙巳奉使金国行程录》，引自赵永春辑注：《奉使辽金行程录》，商务印
书馆 2017 年版，第 216 页。

⑦ ［金］王成棣：《青宫译语》，引自赵永春辑注：《奉使辽金行程录》，商务印书馆 2017 年版，第
278 页。

⑧ ［北宋］许亢宗：《宣和乙巳奉使金国行程录》，引自赵永春辑注《奉使辽金行程录》，商务印书
馆 2017 年版，第 212 页。

⑨ ［南宋］蔡鞗：《北狩行录》，引自赵永春辑注：《奉使辽金行程录》，商务印书馆 2017 年版，第
247 页。

雨，车折马倒，被掠者死亡日甚。"① 洪皓记载了天会十四年（1136 年）金中京因暴雨引发的水灾："金国天会十四年四月，中京小雨，大雷震，群犬数十争赴土河而死，所可救者才二三尔。"② 楼钥使金行至眜城记载了河决成灾："眜城之南有南湖，去岁五月河决，所损甚多。"③ 也有旱灾及沙尘暴的记载，如"夜行四十五里，暴风大作，飞沙蔽空"④。"早顿谷熟县……往来皆缺雨，麦苗如针，绝无秀润。"⑤

宋人使金所著行程录中对金朝域内各族生产方式也有记载。许亢宗使金到达东北后记载了咸州以北地区的农业生产："离咸州即北行，州地平壤，居民所在成聚落。新稼殆遍，地宜穄黍。"⑥ 许亢宗使金至"皇帝寨"附近时记载："更无城郭，里巷率皆背阴向阳。便于牧放，自在散居。"⑦ 这说明金朝初期牧业得到了长足发展。洪皓在被扣留金朝期间记载："善牧者，每群必置羖𤞞羊数头，仗其勇狠，行必居前，遇水则先涉，群羊皆随其后。以羖𤞞发风，故不食。"⑧ 洪皓对金朝域内的渔猎业以及手工业也做了记载："其俗刳木为舟，长可八尺，形如梭，曰'梭船'，上施一桨，止以捕鱼。"⑨

宋人使金语录有记载金朝域内生业模式的内容。金朝域内民族众多，生产力水平存在差异，生业模式有区域性特征。如前文所述，金朝初年东北地

---

① ［南宋］佚名：《呻吟语》，引自赵永春辑注：《奉使辽金行程录》，商务印书馆 2017 年版，第 261 页。

② ［南宋］洪皓：《松漠纪闻》，引自赵永春辑注：《奉使辽金行程录》，商务印书馆 2017 年版，第 324 页。

③ ［南宋］楼钥：《北行日录》，引自赵永春辑注：《奉使辽金行程录》，商务印书馆 2017 年版，第 371 页。

④ ［南宋］程卓：《使金录》，引自赵永春辑注：《奉使辽金行程录》，商务印书馆 2017 年版，第 447 页。

⑤ ［南宋］程卓：《使金录》，引自赵永春辑注：《奉使辽金行程录》，商务印书馆 2017 年版，第 455 页。

⑥ ［北宋］许亢宗：《宣和乙巳奉使金国行程录》，引自赵永春辑注：《奉使辽金行程录》，商务印书馆 2017 年版，第 218 页。

⑦ ［北宋］许亢宗：《宣和乙巳奉使金国行程录》，引自赵永春辑注：《奉使辽金行程录》，商务印书馆 2017 年版，第 220～221 页。

⑧⑨ ［南宋］洪皓：《松漠纪闻续》，引自赵永春辑注：《奉使辽金行程录》，商务印书馆 2017 年版，第 327 页。

区谷麦稀少，多以稗子为主，而牧业相对发达，是金初的主要生业模式。

　　从宋人使金语录记载可以看出金朝统治者维系女真贵族权益，具有民族压迫的色彩。楼钥《北行日录》记载："初至望都，闻国主近打围曾至此，自后人家粉壁多标写禁约，不得采捕野物。旧传为禁杀，下令至此。乃知燕京五百里内，皆是御围场，故不容民间采捕耳。"① 这则史料反映了望都地区作为御围场，通过法令的形式禁止当地人采捕野物，以保证女真统治者围狩区域内野物的数量。女真统治者禁止民人捕杀野物，在宋使看来是女真统治者将此处划为皇家御围场，以保证女真贵族的皇家独占。

　　关于文化和习俗，宋使臣的记载主要以服饰、民俗活动及饮食为主。民俗记载较多。马扩记载："阿骨打一日集众酋豪，出荒漠打围射猎，粘罕与某并辔。"②《呻吟语》载："二十五日，斡酉以紫罗伞迎太上围猎。"③ 洪皓记载了金人服饰："北方苦寒，故多衣皮，虽得一鼠，亦褫皮藏去。"④ 东北地区气候严寒，女真人多以皮衣为主。楼钥使金朝过白沟以后，有如下记载："人物衣装，又非河北比。男子多露头，妇人多着婆。把车人云：'只过白沟，都是北人，人便别也。'"⑤ 饮食习惯方面，许亢宗《宣和乙巳奉使金国行程录》载："胡法，饮酒食肉不随盏下……惟猪、鹿、兔、雁。馒头、炊饼、白熟、胡饼之类，最重油煮。面食以蜜涂拌……人各携以归舍。"⑥ 周辉《北辕录》载："虏法：先汤后茶……其瓦垅、桂皮、鸡肠、银

　　① ［南宋］楼钥：《北行日录》，引自赵永春辑注：《奉使辽金行程录》，商务印书馆2017年版，第385页。

　　② ［北宋］马扩：《茅斋自叙》，引自赵永春辑注：《奉使辽金行程录》，商务印书馆2017年版，第175页。

　　③ ［南宋］佚名：《呻吟语》，引自赵永春辑注：《奉使辽金行程录》，商务印书馆2017年版，第261页。

　　④ ［南宋］洪皓：《松漠纪闻续》，引自赵永春辑注：《奉使辽金行程录》，商务印书馆2017年版，第326页。

　　⑤ ［南宋］楼钥：《北行日录》，引自赵永春辑注：《奉使辽金行程录》，商务印书馆2017年版，第377页。

　　⑥ ［北宋］许亢宗：《宣和乙巳奉使金国行程录》，引自赵永春辑注：《奉使辽金行程录》，商务印书馆2017年版，第217~218页。

铤、金刚镯、西施舌，取其形，蜜和面油煎之，虏甚珍此……酒味甚漓。"①

宋人使金语录中对金朝域内的城址、聚落也有记载，主要集中在具有军事防御性质的城址方面。洪皓在《松漠纪闻》中记载了混同江流域的军事城址："契丹自宾州、混同江北八十余里建寨以守，予尝自宾州涉江过其寨，守御已废，所存者数十家耳。"② 从中可以发现混同江流域的军事城址建于辽朝时期，目的是防备女真，女真占据此地之后城址逐渐废弃。楼钥使金过程中对沿途的军事城址做了记载："过丰乐镇，居民颇多，皆筑小坞以自卫，各有城楼。"③ "自河以北，每五里许，必有小舍，或在古冢上，每夜轮保甲十人宿其中，以伺察行者。"④ "又七十里，宿保州。城壕、瓮城皆三里，城约厚十余丈，门曰'鸡川'，负郭为保塞。"⑤ 《松漠纪闻》记载："渤海国，去燕京、女真所都皆千五百里，以石累城足，东并海。"⑥ "古肃慎城，四面约五里余，遗堞尚在，在渤海国都外三十里，亦以石累城脚。"⑦

女真人尚武，"俗本鸷劲，人多沉雄，兄弟子姓才皆良将，部落保伍技皆锐兵"⑧。全民皆兵，并且以战争作为锻炼民族性格的重要活动。"加之地狭产薄，无事苦耕可给衣食，有事苦战可致俘获，劳其筋骨以能寒暑，征发调遣事同一家。"⑨

---

① ［南宋］周煇：《北辕录》，引自赵永春辑注：《奉使辽金行程录》，商务印书馆 2017 年版，第 425 页。

② ［南宋］洪皓：《松漠纪闻》，引自赵永春辑注：《奉使辽金行程录》，北商务印书馆 2017 年版，第 314 页。

③ ［南宋］楼钥：《北行日录》，引自赵永春辑注：《奉使辽金行程录》，商务印书馆 2017 年版，第 373 页。

④ ［南宋］楼钥：《北行日录》，引自赵永春辑注：《奉使辽金行程录》，商务印书馆 2017 年版，第 375 页。

⑤ ［南宋］楼钥：《北行日录》，引自赵永春辑注：《奉使辽金行程录》，商务印书馆 2017 年版，第 376 页。

⑥ ［南宋］洪皓：《松漠纪闻》，引自赵永春辑注：《奉使辽金行程录》，商务印书馆 2017 年版，第 317 页。

⑦ ［南宋］洪皓：《松漠纪闻》，引自赵永春辑注：《奉使辽金行程录》，商务印书馆 2017 年版，第 318 页。

⑧⑨ ［元］脱脱等：《金史》卷四十四《兵志》，中华书局 1975 年版，第 991 页。

（三）野生动植物的开发和利用

宋人使金语录记录了金人对野生动物的利用，这体现在金人的饮食习惯方面。在宋人使金语录中有对接待两宋使者饮食规格的内容，如"舂粮，旋炊硬饭……别以木楪盛猪、羊、鸡、鹿、兔、狼、獐、麂、狐狸、牛、驴、犬、马、鹅、雁、鱼、鸭、蝦蟆等肉，或燔、或烹、或生脔，多以芥蒜汁渍沃，陆续供列，各取佩刀，脔切荐饭"①。"一日晚，入馆对坐，良久，又过果子来，皆油面煎果，及燕山府枣栗，并有西瓜数十盘。"② 有对金人日常生活所需饮食的记载，如"膏腴蔬蓏、果实、稻粱之类，靡不毕出；而桑、柘、麻麦、羊、豕、雉、兔不问可知"③。有对金代域内的特产、方物的记载，如"其间出人参、白附子，深处与高丽接界"④。有金人对动物资源利用的记载，如"鹿顶合，燕以北者方可车，须是未解角之前。才解角，血脉通，冬至方解"⑤。"秋毛最佳，不蛀。冬间毛落，去毛上之粗者，取其茸毛。皆关西羊为之，蕃语谓之勃。北羊止作粗毛"⑥。

宋人使金语录中有对金人种植柳树的记载。许亢宗《宣和乙巳奉使金国行程录》载："江面阔可半里许，寨前高岸有柳树，沿路设行人幕次于下。"⑦ 楼钥《北行日录》载："又七十里，宿真定府城外馆。馆分东西，道

---

① ［北宋］马扩：《茆斋自叙》，引自赵永春辑注：《奉使辽金行程录》，商务印书馆 2017 年版，第 177 页。

② ［南宋］傅雱：《建炎通问录》，引自赵永春辑注：《奉使辽金行程录》，商务印书馆 2017 年版，第 286 页。

③ ［北宋］许亢宗：《宣和乙巳奉使金国行程录》，引自赵永春辑注：《奉使辽金行程录》，商务印书馆 2017 年版，第 211 页。

④ ［北宋］许亢宗：《宣和乙巳奉使金国行程录》，引自赵永春辑注：《奉使辽金行程录》，商务印书馆 2017 年版，第 218 页。

⑤⑥ ［南宋］洪遵：《松漠纪闻补遗》，引自赵永春辑注：《奉使辽金行程录》，商务印书馆 2017 年版，第 333 页。

⑦ ［北宋］许亢宗：《宣和乙巳奉使金国行程录》，引自赵永春辑注：《奉使辽金行程录》，商务印书馆 2017 年版，第 219 页。

中见扫帚桑，特起林中数尺，枝条丛细，宛如帚状，稍指东南。"① "城壕外土岸高厚，夹道植柳甚整，行约五里，经端礼门外，方至南门。"② "宣阳门内街分三道，中有朱栏二行，跨大沟为限，栏外植柳。"③ 种植柳树具有遮阴护路、防尘固土之功效。文献中关于在路旁种植柳树的记载首次出现于前秦时期，前秦苻坚曾在长安到其他诸州的道路旁种植柳树，"自长安至于诸州，皆夹道树槐柳，二十里一亭，四十里一驿，旅行者取给于途，工商货贩于道"④。北宋时期山东地区道路两旁也大量种植柳树。《宋史》载："发卒城州西关，调夫修路数十里，夹道西柳。"⑤ 李璋出任武成军节度使、知郓州，因大雨造成水灾，多溺死者，李璋遂依照治理黄河之法，种植柳树，通过保固土质以防止水灾的发生。金人分别在混同江边高岸、真定府城外馆及金中都城内外种植柳树用以遮阴护路、防尘固土。

① ［南宋］楼钥：《北行日录》，引自赵永春辑注：《奉使辽金行程录》，商务印书馆 2017 年版，第 375 页。

②③ ［南宋］楼钥：《北行日录》，引自赵永春辑注：《奉使辽金行程录》，商务印书馆 2017 年版，第 378 页。

④ ［北魏］崔鸿：《十六国春秋辑補》卷三十四《前秦录四·苻坚》，齐鲁书社 2000 年版，第 268 ~ 269 页。

⑤ ［元］脱脱等：《宋史》卷四六四《李璋传》，中华书局 1977 年版，第 13566 页。

《盛京通志》所反映的清代东北环境状况

——兼论《盛京通志》的环境史史料价值*

武玉梅

《盛京通志》为清代官修东北地方总志，从康熙二十二年（1683 年）到乾隆四十九年（1784 年）历经五次纂修，形成五部通志：康熙二十三年（1684 年）的 32 卷本，雍正十二年（1734 年）的 33 卷本，乾隆元年（1736 年）的 48 卷本，乾隆十三年（1748 年）的 32 卷本，乾隆四十九年的 130 卷本。《盛京通志》是研究清乾隆四十九年（1784 年）以前东北区域史的重要资料，也包含着颇为丰富的环境史资料。对于《盛京通志》的研究，以往学者主要集中在纂修及相关问题层面[①]，而对其中的环境史资料，迄今尚无专文研究。

五部《盛京通志》，以乾隆四十九年 130 卷本最全面，且"体裁精密，考证详明"，其内容基本涵盖了前面四志的内容，故本文以乾隆四十九年130 卷本《盛京通志》为主进行研究，同时也兼及其他版本内容。

130 卷本《盛京通志》共设 39 个志，分别是圣制、纶音、天章、京城、

* 本文以《〈盛京通志〉所反映的清代东北环境状况——兼论〈盛京通志〉的环境史史料价值》为题发表于《贵州社会科学》2020 年第 5 期，编入本书时内容略有修改。

① 论文主要有陈加：《〈盛京通志〉纂修考》，载于《图书馆学刊》1980 年第 3 期；郑永昌：《百年变迁：清初〈盛京通志〉的编纂及其内容探析》，载于《故宫学术季刊》（台北）2015 年第 2 期；张一弛、刘凤云：《清代"大一统"政治文化的构建——以〈盛京通志〉的纂修与传播为例》，载于《中国人民大学学报（哲学社会科学版）》2018 年第 6 期；刘冰：《清代陪都第一部志书——康熙〈盛京通志〉》，载于《图书馆学刊》2010 年第 2 期。

坛庙、宫殿、山陵、星土、建置沿革、疆域形胜、山川、城池、关邮、津梁、户口、田赋、职官、学校、官署、选举、兵防、名宦、历朝人物、国朝人物、忠节、孝义、文学、隐逸、流寓、方伎、仙释、列女、祠祀、古迹、风俗、物产、杂志、历朝艺文、国朝艺文，其中许多门类均包含着环境史内容①。

一、《山川》《物产》等志反映了东北的自然环境状况

方志一向重视地理，《盛京通志》也不例外。《盛京通志》中对东北自然环境记述较多，尤以《山川》《物产》两志最为集中，而《疆域形胜》《京城》志中也有零星史料。记述东北自然环境的资料主要有以下几类。

（一）《京城》《疆域形胜》志对盛京及所属地区自然环境的记述

《盛京通志》中有一些总述一个地区自然环境的资料，主要集中在卷十八《京城》的"形势"和卷二十四的《疆域形胜》的"形胜"两部分。

卷十八《京城》分述盛京、兴京、东京的创建、形势、事迹等，其中盛京"形势"云："盛京之地跨接东瀛，金埔带浍，雉堞峻隅，形势崇高，水土深厚，长白崎其东，医闾拱其西，巨流、鸭绿绕其前，混同、黑水萦其后，山川环卫，原隰沃臄，华实之上腴，天地之奥区也。"② 兴京"形势"云："兴京之地东傍边墙，西接奉天，南界凤凰城，北抵开原，层峦叠拱，众水环洄，扼诸城之要区，据三关之雄隩。"③ 东京"形势"云："东京之地以辽阳为屏蔽，以浑河为襟带，北接开原、铁岭，南连海城、盖平，山林蕃

---

① 滕海键教授提出了"东北区域环境史"的概念范畴和推进东北区域环境史研究的学术目标，并对东北区域环境史研究的具体论题和内容体系等做了系统阐述，其中也包括如何开展东北区域环境史资料的整理与研究工作。参见滕海键：《"东北区域环境史"研究体系建构及相关问题探论》，载于《内蒙古社会科学》2020 年第 2 期。

② ［清］阿桂等：《盛京通志》卷十八《京城》，第 3 页，总第 321 页，辽海出版社影印清乾隆武英殿刻本，1997 年，以下版本同。

③ ［清］阿桂等：《盛京通志》卷十八《京城》，第 6 页，总第 322 页。

薪木之利，沮泽沃水族之饶。"① 这些描述是对三地自然地理环境的概述。

卷二十四《疆域形胜》叙述盛京及所属各地的疆域与形胜，形胜部分是对该地区自然地理环境的概述，比如盛京统部的形胜概述为："全辽形势地当渤、碣之间，东包沧溟，西连燕代，辽河堑其左，冷陉屏其右，控潢水，带龙江，俯登莱，通松漠，广轮周延数千余里……"② 辽阳的形胜概述为："披山带河，沃野之地。"③ 吉林的形胜概述为："江带三方，田沃万顷。"④ 这些都属环境史内容。

（二）《山川》《盛京全图》志对东北山川、森林、岛屿的记述与描绘

《盛京通志》卷二十五至二十八的《山川》志，详细记述了奉天府各属、吉林各属、黑龙江各属的山脉、河流、湖泊、森林、岛屿，志后的《古山川附考》对古籍中记载的东北山川进行了详细的考证。《山川》志记山川不仅解释山川之名，比如满语山川名的含义，还记载山川的位置，河水的发源地、流向，与此山川有关的事迹等。记山时，有河或泉源出于此山必记；记河时，汇入何水也必记。这对我们了解河流水系变迁的历史有非常重要的史料价值。比如记蒲河："城西北四十里，源出香炉山，经永安桥，入莲花泊。"⑤ 可见当年蒲河是经过永安桥的，且与浑河没有交集，但现今的蒲河已不经过永安桥，且最终汇入了浑河，因而该处记载实为蒲河改道的重要依据。

《山川》志中还记载了吉林、黑龙江地区的窝集，窝集为满语，即原始森林之意。卷二十七记录了吉林境内的纳穆窝集、塞齐窝集等二十余处窝集，卷二十八记录了黑龙江地区的库穆哩窝集等四处窝集。在初记纳穆窝集时，编撰者解释了窝集的意思，并记载了窝集的大致分布情况：

> 凡山多林木者曰窝集。圣祖仁皇帝《御制文集》云："窝集东

---

① ［清］阿桂等：《盛京通志》卷十八《京城》，第 8 页，总第 323 页。
② ［清］阿桂等：《盛京通志》卷二十四《疆域形胜》，第 1 页，总第 392 页。
③ ［清］阿桂等：《盛京通志》卷二十四《疆域形胜》，第 5 页，总第 394 页。
④ ［清］阿桂等：《盛京通志》卷二十四《疆域形胜》，第 20 页，总第 401 页。
⑤ ［清］阿桂等：《盛京通志》卷二十五《山川一》，第 15 页，总第 413 页。

至海边，接连乌拉、黑龙江一带，西至俄罗斯，或宽或窄，丛林密树，鳞次栉比，阳景罕曜。如松柏及各种大树，皆以类相从，不杂他木。林中落叶常积数尺许，泉水雨水至此，皆不能流，尽为泥淖，人行甚难。有熊及野豕、貂鼠、黑白灰鼠等物，皆资松子橡实以为食，又产人参及各种药料，人多不能辨识者，谓与南方湖广、四川相类……"①

对各窝集，一般记录窝集名称的汉语意思，以及位置、河流发源地，偶而也记生态状况，如记吉林纳秦窝集："国语纳秦海青也，城南七百三十里，长白山之北，崇冈叠嶂、茂树深林百余里，城南诸河俱发源于此。"② 记纳噜窝集："城西南五百四十九里，即分水岭之南，密林丛翳，周数十里，城西南诸河及兴京界内诸河俱发源于此。"③ 这些记载均反映了东北当时的自然生态状况。

《盛京通志》卷首有《盛京全图》，其中的《盛京舆地全图》《兴京图》《奉天将军所属形势图》《奉天府形势图》《锦州府形势图》《吉林将军所属形势图》《黑龙江将军所属形势图》《长白山图》《医巫闾山图》《千山图》等，对山川的绘制非常清晰，尤其是河流的分合十分直观，保存了乾隆四十九年的河流状况。不仅如此，其他四部《盛京通志》均有图，通过对比，可以了解康熙二十三年至乾隆四十九年的该地水系变化的情况。

（三）《物产》志对东北植物与动物的记述

《盛京通志》卷一百零六、卷一百零七的《物产》志，分五谷类、衣被类、食货类、蔬菜类、草类、木类、花类、果类、药类、禽类、兽类、水族类、虫豸类，记东北的动植物与矿产、珠宝，或记其物种来源、形态，或记其产地、古籍中的记载，全方位地反映了东北的植被、动物、矿产等情况。比如关于茶的记载："今海城诸山中亦有产土茶者，土人采以为茶，特味精

---

①② ［清］阿桂等：《盛京通志》卷二十七《山川三》，第 20 页，总第 477 页。
③ ［清］阿桂等：《盛京通志》卷二十七《山川三》，第 21 页，总第 477 页。

而薄。"① 说明海城曾经产茶。关于虎、豹的记载："（虎）今诸山中皆有之，边外间有白质黑章者，尤猛鸷。""豹似虎而小，白面团头，色白者曰白豹，黑者曰乌豹，文圆者曰金钱豹，最贵重，文尖长者曰艾叶豹。"② 反映了当时虎豹的常见及种类的多样化。

《物产》志的食货类、宝藏类，对铜、铁、水银、煤、金、银玉、宝石、东珠产地情况等都有记述，其中对金、银的记述较为详细，如："《元史》：'产金之所辽阳省曰大宁、开元，至元十三年于辽东双城采金。'……按：辽双城县今铁岭界。""《元史》：'产银之所辽阳曰大宁，延佑四年，辽阳惠州银洞三十六眼，立提举司办银。'《明一统志》：'海州卫出银。'按：银冶之制始自渤海，于铁岭置银冶，故铁岭曰银州，今以发祥重地不复采取。"③ 这反映了唐渤海国和元明时期东北的金银开采及清朝为保护发祥地环境不再开采的情况。

卷一百零八《杂志》记录了重要事件与罕见之事，其中也有一些关于罕见稀有动物的记载，比如，"康熙五十年（1711 年）间，出歪嘴雀，罗雀者多得之，形如阿蓝，色微黑，上嘴直而下嘴曲，后亦不见"④。另"雍正十三年（1735 年）四月，辽河得一鱼，重三百六十觔，无鳞刺，惟背上有若骨者一行，共数十片，炼其油色赤，不知何名"⑤。这些都从不同侧面反映了当时的自然生态状况。

二、《户口》《田赋》等志与清代东北
人口增殖及对土地的开发利用

人口与耕地情况反映了人地关系，也是重要的环境史史料。《盛京通志》

① ［清］阿桂等：《盛京通志》卷一百零六《物产一·食货类》，第 5 页，总第 1563 页。
② ［清］阿桂等：《盛京通志》卷一百零七《物产二·兽类》，第 13 页，总第 1579 页。
③ ［清］阿桂等：《盛京通志》卷一百零六《物产一·食货类》，第 6 页，总第 1563 页。
④ ［清］阿桂等：《盛京通志》卷一百零八《杂志》，第 35 页，总第 1604 页。
⑤ ［清］阿桂等：《盛京通志》卷一百零八《杂志》，第 36 页，总第 1604 页。

卷三十五至三十八的《户口》《田赋》两志对清代人口、耕地有详细记述。

（一）对清初招民垦殖政策及百年休养生息成就的记述

卷三十七的《户口一》门之首是《盛京丁赋户口规制》，其中有顺治十年（1653 年）起实施至康熙七年（1668 年）停止的鼓励招民垦荒的政策："辽东招民开垦至百名者，文授知县，武授守备；六十名以上，文授州同、州判，武授千总；五十名以上，文授县丞、主簿，武授百总；招民数多者每百名加一级。所招民每名给月粮一斗，每地一晌给种六升，每百名给牛二十只。"[1] 反映了清统治者发展祖宗之地经济的积极举措，也侧面反映出清朝初年盛京地区地广人稀的状况。对招民垦荒、休养生息的成果也有记述，例如在《户口》序中云："我世祖统一寰寓，休养生息，逮今百数十年，耕屯相望，户口日增，尽勿吉、挹娄之境，莫不云连栉比，蕃庶殷昌。我皇上御极迄今，民数几倍前时，历巡所至，熙穰成风，所以培植本根者至宏且远也。"[2] 反映了盛京地区自清初至乾隆时期一百多年的发展成就。

（二）对盛京各地不同时期人丁、人口数的记述反映了清初到乾隆时期人口的增加

例如，《户口一》记载盛京各府、州、县、地区的人丁数与所征丁银数。其中奉天府记康熙七年、二十一年（1682 年）、五十年（1711 年），雍正十二年（1734 年），乾隆六年（1741 年）、十六年（1751 年）、二十六年（1761 年）、三十六年（1771 年）、四十六年（1781 年）各年份的数字，奉天所属各州县、吉林、黑龙江及所属地区记雍正十二年（1734 年）以后各年份的数字。这些统计数字表明，东北各地的人丁数一直呈增长态势，比如

---

[1]　［清］阿桂等：《盛京通志》卷三十五《户口一》，第 1 页，总第 639 页。
[2]　［清］阿桂等：《盛京通志》卷三十五《户口一》，第 1 页，总第 638 页。

奉天府，从康熙七年的 7953 丁，到乾隆四十六年的 37677 丁①，增长超过 4.5 倍。再如《户口二》记载了奉天府、锦州府、吉林、黑龙江及所属各州县、地区的户数与人口数。有乾隆六年、十六年、二十六年、三十六年、四十六年几个年份的数字。所有数据显示，无论户数还是人口数，一直呈增长态势。如奉天府乾隆六年的人口是 138190 口，四十六年达到 390914 口②，增长近 3 倍；锦州府乾隆六年人口 221434 口，乾隆四十六年达到 398179 口③，也增长了很多。《盛京通志》中这些具体到个位数的记载，对了解东北在清代的人口增长情况、研究人地关系史，是非常有价值的资料。

(三)《田赋一》所记盛京各地不同时期耕地面积，反映了耕地的增长情况

《盛京通志》卷三十七《田赋一》记述了盛京各地的耕地及赋税。其中，对耕地的记载不仅记各府州县及地区一些年份起科地亩数，还记载了一些时段的"续报起科地"数量，也就是新垦耕地的亩数。比如奉天府康熙六年（1669 年）至二十二年（1683 年），续报起科地超过 14.45 万亩，康熙二十三年至雍正四年（1726 年）续报起科地超过 14.07 万亩，雍正五年（1727 年）至十一年（1733 年）续报起科地及清丈地 88 万零 97 亩，乾隆元年至四十六年（1781 年）续报起科地及清丈地超过 5.23 万亩④。从中可以看出，清初至雍正末年耕地增速明显，但自乾隆元年以后的 40 余年，新增土地数量不多，说明可垦荒地有限。另外，《田赋一》还记载了有些地区一些时段内耕地被水冲沙压毁损的情况，比如承德县（今沈阳）乾隆元年至四十五年续报起科地中，有水冲沙压地 2969 亩⑤，乾隆三十年（1765 年）至四十五年（1780 年）清丈出私垦地 21336 亩，其中水冲沙压地 75 亩⑥；

① ［清］阿桂等：《盛京通志》卷三十五《户口一》，第 3、4 页，总第 640 页。
② ［清］阿桂等：《盛京通志》卷三十六《户口二》，第 1 页，总第 651 页。
③ ［清］阿桂等：《盛京通志》卷三十六《户口二》，第 7 页，总第 654 页。
④ ［清］阿桂等：《盛京通志》卷三十七《田赋一》，第 3、4、5 页，总第 660、661 页。
⑤ ［清］阿桂等：《盛京通志》卷三十七《田赋一》，第 6 页，总第 661 页。
⑥ ［清］阿桂等：《盛京通志》卷三十七《田赋一》，第 7 页，总第 662 页。

锦州府乾隆元年至四十六年续报起科地中，水冲沙压地有 47900 多亩之多①，可见新垦田地被冲毁破坏的亦不在少数。

（四）《田赋二》记载了盛京各地官庄、果园、官泡、旗地等信息

《盛京通志》卷三十八《田赋二》记述了奉天各属官庄（果园、官泡附）、旗地，吉林各属官庄、旗地，黑龙江各属官庄、旗地，各属税课、各项杂税。其中对官庄的记述，各记所在地、离城里数、属何旗地界，总记各地区官庄的统计数字和隶属情况、庄头及应上交农作物数量等。对官园的记载，除记每一处果园所在地及离城距离，以及生产何种水果和管理机构外，还有汇总统计数字。

对奉天地区官泡也就是池塘，分别记载了十五处官泡所在地区及离城距离，以及隶盛京礼部管理、打鱼或采摘莲藕交官的情况②。对奉天地区旗地的记载主要有顺治初年（1644 年）、康熙三十二年（1693 年）、雍正五年（1727 年）、乾隆四十五年（1780 年）的旗地面积，盛京界、兴京界等十五城的旗地数量，以及旗人余地的情况。对吉林、黑龙江所属官庄、旗地的记述主要记每个地区官庄数量、旗地面积，不如奉天详细。

三、《风俗》《星野》《津梁》等志反映了当时的人与自然的关系

《盛京通志》卷一百零五《风俗》志，记述了东北各地各民族的风俗生业，有勤于农耕者，有善骑射者，有擅鱼盐者，但都与其所处自然地理环境有关，其中有些记述非常直接地反映了那时人与自然的互动关系。

比如记述黑水靺鞨之风俗："黑水旧俗随水草以居，迁徙不常。"③ 记载

---

① ［清］阿桂等：《盛京通志》卷三十七《田赋一》，第 24 页，总第 670 页。
② ［清］阿桂等：《盛京通志》卷三十八《田赋二》，第 11、12 页，总第 682、683 页。
③ ［清］阿桂等：《盛京通志》卷一百零五《风俗》，第 11 页，总第 1556 页。

女真风俗："女真部其居多依山谷，联木为栅，覆以板或桦树皮，冬极寒，屋才高数尺，独开东南一扉，扉既掩，复以草绸缪之。穿土为床，煴火其下，而寝食起居其上。"① 记载索伦之风俗："索伦人以射猎为生，挽弓皆逾十石。尝自缚于树射熊虎，洞身，曳之而归。"② 这些都反映了自然环境对人类的影响以及人类对自然资源的利用。

康熙二十三年本、乾隆元年本《盛京通志》的《星野》志，附有《祥异》部分③，这部分记述异常物候，其中有不少自然灾害资料。以乾隆元年本为例，该书《祥异》记录了东北自周以来至雍正十三年的地震、风雨霜雪冰雹异常、江河暴涨、旱灾蝗灾等情况。比如记明嘉靖二年（1523 年）夏四月："大风连日不止，损禾苗大半。已卯至壬午大雨，河水泛涨，冲没田禾，男女漂溺一百四十名口，牛马等畜四百五十有余，倾倒城垣、公馆、民舍甚多。"④ 嘉靖四年（1525 年）冬，"辽阳、金州、复州大雪深丈余，人畜冻死者甚众"⑤。这些都是重要的环境史资料。

卷三十四的《津梁（附船舰）》志记载了盛京各地桥梁、渡口、渡船，以及各地运粮船只，应属于人类改造和利用自然的资料，还记述了在其下流过的河流，对了解河流的改道和历史变迁也是重要的资料。比如记永安桥："城西三十里，蒲河经其下，俗又名大石桥，敕建本朝崇德六年。初，我太祖始定沈阳，以西路道途沮洳，命修叠道一百二十里，太宗时复建此桥，以便行旅，至今赖之。"⑥ 现今永安桥仍在，但桥下已无河水流淌。

卷三十八《田赋》所记税课情况，有些属环境史资料。如"木税"条目下记呼讷赫河、清河、辽河、太子河、爱哈河、哈鲁河、大凌河、小凌河、六州河等河运木材税额，是研究当时自然资源开发与河运情况的史料⑦。

---

①② ［清］阿桂等：《盛京通志》卷一百零五《风俗》，第 14 页，总第 1557 页。

③ 乾隆四十九年本《星土》和乾隆十三年本《星野》则没有附录"祥异"。

④⑤ ［清］王河、宋筠等乾隆元年修《盛京通志》卷十一《星野（附祥异）》，第 19 页，咸丰二年校订补刻本。

⑥ ［清］阿桂等：《盛京通志》卷三十四《津梁》，第 1、2 页，总第 632 页。

⑦ ［清］阿桂等：《盛京通志》卷三十八《田赋二》，第 30、31 页，总第 692 页。

卷五十二《兵防》的《盛京牧政附载》部分，对大凌河牧群马营、哈达牧群马营、边外苏鲁克牧牛羊营、边外苏鲁克黑牛群牧营等所在位置、创设时间及规模等做了记述，这些是了解盛京地区牧业情况的重要资料。

四、收录诗文的《圣制》《天章》《艺文》
等志汇集了各类环境史资料

《盛京通志》卷一至卷十六的《圣制》《纶音》《天章》志收录的是清太祖、太宗、世祖、圣祖、世宗、高宗有关盛京的训谕、诗文等。清圣祖曾于康熙二十一年、三十七年（1698 年）两次东巡祭祖，清高宗曾于乾隆八年（1743 年）、十九年（1754 年）、四十三年（1778 年）、四十八年（1783年）四次东巡祭祖，沿途诗作有不少是动态的环境史资料。《盛京通志》的艺文志分《历朝艺文》（卷一百零九至卷一百一十四）与《国朝艺文》（卷一百一十四至卷一百三十）两目共 22 卷载录诗文，其中所选诗文有很多具有珍贵的环境史史料价值。

（一）反映环境变迁

《盛京通志》所录反映环境变迁的作品主要有两类：一类是因战争等原因所致环境改变的诗文；另一类是反映建桥修路给出行带来改变的诗文。

1. 反映战争以及东北旗人从龙入关对清初东北环境影响的作品

《盛京通志》卷一百二十九所录张尚贤于顺治丁亥年（1647 年）的奏疏《敬陈奉天边地情形疏》[①] 云：

　　……合河东河西之边海以观之，黄沙满目，一望荒凉。……河东城堡虽多，皆成荒土，独奉天、辽阳、海城三处稍成府县之规，而辽、海两处仍无城池，如盖州、凤凰城、金州不过数百人，铁

---

① 该奏疏《盛京通志》记为顺治丁亥（1647 年），即顺治四年，《清圣祖仁皇帝实录》记为顺治十八年（1661 年），从张尚贤任职履历看，顺治十八年确切。

岭、抚顺唯有流徒诸人，不能耕种，又无生聚，只身者逃去大半，略有家口者，仅老死此地，实无益于地方，此河东腹里之大略也；河西城堡更多，人民希少，独宁远、锦州、广宁人民凑集，仅有佐领一员，不知于地方如何料理，此河西腹里之大略也。合河东河西腹里以观之，荒城废堡，败瓦颓垣，沃野千里，有土无人，全无可恃……①

这篇奏疏反映了清初盛京地区因明末战争造成的残破景象及民众逃亡和旗人从龙入关带来的人烟稀少的荒凉情形。其后虽有人口增殖，但荒城废堡的状况改观不大，这在清圣祖、清高宗东巡沿途诗作中多有反映。比如清圣祖的《晓过宁远》云："破垒荆榛满，村鸡向晓鸣。"② 清高宗的《小凌河》云："颓垣败垒动经过，防御当年事若何？"③ 等等。

因有碍观瞻，清高宗于乾隆四十三年东巡时命发帑修葺，并赋诗记之："断垣败垒动经过，州县城闉毁亦多。征伐昔年故有是，观瞻今日可听他？葺颓兴废原关政，发帑雇工非起科。"④ 本次修葺之后，环境大有改观，清高宗在乾隆四十八年东巡时所作《盛京所属城垣修葺已成，诗以志事》一诗及诗注，记述了城池毁坏、修葺的原因、修葺的十八座城池之名及修葺后"焕焉改观"的情况⑤。

此外，清圣祖的《十三山》（卷五）、《经叶赫废城》（卷五）、《乌拉山嶻间古木灌莽，泽潦遍野，即黄龙府之地也，今人未暇详考，赋诗二首》（卷五），清高宗的《雪后过杏山》（卷十二）、《松山》（卷十二）、《辉发故城怀古》（卷十三）、《登辉发故城再赋》（卷十三）、《海兰河屯》（卷十三）、《广宁道中》（卷十三）、《乘马过兴京再咏》（卷十三）、《过朝阳县》（卷十六）等诗，也都反映了环境的变化。

① ［清］阿桂等：《盛京通志》卷一百二十九《国朝艺文十五》，第1、2页，总第1929页。
② ［清］阿桂等：《盛京通志》卷五《圣制五·圣祖仁皇帝御制诗文》，第27页，总第114页。
③ ［清］阿桂等：《盛京通志》卷十二《天章三·皇上圣制》，第28页，总第216页。
④ ［清］阿桂等：《盛京通志》卷十四《天章五·皇上圣制》，第22页《命查核盛京所属应修城垣，发帑缮治，诗以志事》，总第255页。
⑤ ［清］阿桂等：《盛京通志》卷十七《天章八·皇上圣制》，第25页，总第314页。

2. 反映铺路修桥给出行环境带来改变的作品

清高宗于乾隆十九年东巡时所作《永安桥》诗及诗序，形象地描述了清太祖初修叠道，清太宗又建永安桥，使盛京至广宁由泥泞难行变成师行无阻坦途的情况①，其另一首《题永安桥》（卷十五）诗也以诗咏叙此事。

清高宗于乾隆四十三年东巡时所做《叠道》诗，除讲到前诗所提叠道、永安桥外，还记述了乾隆四十一年（1776 年）承德、锦县、宁远、广宁四地商民捐资修筑的广宁至柳河沟叠道，该诗序云："盛京以西向多沮洳，其近沈阳者，自太祖命修叠道百二十里，太宗复建永安桥，以便行旅，至今赖之。而广宁之柳河沟，当夏月阴雨，尚患泥泞。丙申岁，承德、锦县、宁远、广宁四属商民捐赀筑治叠道，中间多架木彴，以通污潦，今过其地，居然坦途……"② 作于乾隆四十八年的《叠道叠戊戌诗韵》亦咏此事③。

清高宗的两首《渡句骊河》叙述了句骊河（即辽河）附近以往泥难行，以及修筑道路为商旅通行带来的便利④。其中，乾隆四十八年《渡句骊河》诗注云："河左右百余里，每遇夏雨，泥淖难行，崇德三年，太宗命修盛京城外至辽河大岸，宽十丈，高三尺，两旁掘濠，以便行旅。康熙五十八年（1719 年）、雍正六年（1728 年）叠次兴修，遂成坦途……"⑤ 以上作品，都反映了建桥修路对出行环境的改善。

（二）反映东北自然环境的状况

《盛京通志》收录了很多反映东北自然环境的作品。例如，反映元代辽海地区自然环境的文献有元代陈思谦的《请辽东置畜牧司疏》："辽海延袤千里，地高气寒，水甘泉美，无非牧养之地，宜设置群牧使司，统领十监，专治马政，并畜牛羊……"⑥ 这段史料说明元朝时辽海地区的生态环境适合

---

① ［清］阿桂等：《盛京通志》卷十三《天章四·皇上圣制》，第 33、34 页，总第 240、241 页。
② ［清］阿桂等：《盛京通志》卷十四《天章五·皇上圣制》，第 22 页，总第 256 页。
③ ［清］阿桂等：《盛京通志》卷十六《天章七·皇上圣制》，第 7、8 页，总第 286、287 页。
④ ［清］阿桂等：《盛京通志》卷十四《天章五·皇上圣制》，第 23 页，总第 256 页。
⑤ ［清］阿桂等：《盛京通志》卷十六《天章七·皇上圣制》，第 8 页，总第 287 页。
⑥ ［清］阿桂等：《盛京通志》卷一百一十《历朝艺文三》，第 28 页，总第 1641 页。

畜牧业。有反映明末沈阳周边环境的史料，如清太祖"天命十年（1625 年）乙丑三月己酉"圣谕，该谕旨认为迁都沈阳，除征明、征蒙古、征朝鲜均便利外，沈阳周边环境更为难得："且于浑河、苏克素護河之上流伐木，顺流下，以之治宫室、为薪，不可胜用也；时而出猎，山近兽多，河中水族亦可捕而取之。"① 还有描述吉林一带原始森林的史料，如清圣祖的《阅窝集》、清高宗的《驻跸库勒讷窝集口》《窝集行》等。清圣祖的《阅窝集》序云："古松林数十里，荫翳无际，非亭午夜分，不见日月。"诗云："松林黯黯数十里，罕境偏为麋鹿游。雨雪飘萧难到地，啼乌野草自春秋。"② 清高宗的《驻跸库勒讷窝集口》云："窝集夫何许？遥瞻已不凡。真堪称树海，乍可悟华严。"《窝集行》云："渐进萧森失见后，只容线隙露天光。"③ 随从清高宗东巡的刘纶、汪由敦、金德瑛也分别有《恭和御制窝集行元韵》诗（卷一百二十一）。

　　清高宗《瑞树歌》描绘了长白山里的高大树木，同时也描写了长白山的生态环境④。《塔儿头歌》描写了两山之间铁锈色的沼泽湖："深林大谷太古然，林有落叶谷有泉。泉渟叶积成锈水，渍泥蔓草相连牵。草腐为壤壤生草，月长日引经淫潦……"⑤ 汪由敦、金德瑛亦分别有《恭和御制塔儿头歌元韵》诗（卷一百二十一），描述了这种特殊的沼泽湖。清高宗的《射虎行》描写了乾隆八年东巡途中的围猎情景，其中"郁葱万木森亏蔽，豁开大泽天无际，朝岚忽卷崿峰烟，树色山光斗苍翠"，"饶获麇麠类"和亲自射虎的描写⑥，都反映了当时东北地区的植被、野生动物等生态环境的状况。

　　《盛京通志》收录的诗文中以描写东北山川者为最多，如清圣祖《过广

---

① ［清］阿桂等：《盛京通志》卷一《圣制一·太祖高皇帝训谕》，第 10 页，总第 58 页。
② ［清］阿桂等：《盛京通志》卷五《圣制五·圣祖仁皇帝御制诗文》，第 35、36 页，总第 118、119 页。
③ ［清］阿桂等：《盛京通志》卷十三《天章四·皇上圣制》，第 9、10 页，总第 228、229 页。
④ ［清］阿桂等：《盛京通志》卷十二《天章三·皇上圣制》，第 40 页，总第 222 页。
⑤ ［清］阿桂等：《盛京通志》卷十三《天章四·皇上圣制》，第 19、20 页，总第 233、234 页。
⑥ ［清］阿桂等：《盛京通志》卷十二《天章三·皇上圣制》，第 5 页，总第 204 页。

宁望医巫闾山》《望祀长白山》《入千山》①，清高宗《杪秋游医巫闾山得五言三十韵》（卷十三）、《游医巫闾杂咏》（卷十三）、《咏医巫闾山四景》（卷十四）、《题医巫闾山四景》（卷十七），高士奇《扈从游千山恭纪》（卷一百二十）等，不胜枚举。其中以明程启充《游千山记》（卷一百一十三）、周祚《游医巫闾山记》（卷一百一十三）、吴兆骞《长白山赋》（卷一百一十五）、张玉书《游辽阳千山记》（卷一百二十七）、方象瑛《封长白山记》（卷一百二十七）的描写最为详细，史料价值最高。方象瑛《封长白山记》记康熙十六年（1677 年）奉命登临长白山及天池，封长白山山神的经过，对长白山林木情况、山峰高度、夏天山头积雪等情况均有记述②。张玉书《游辽阳千山记》是作者于康熙二十一年（1682 年）游览千山的游记，描写千山景色十分详尽，其中对大面积梨花的描述，对虎啸、虎迹的记录，还有群鹿饮水、常堕虎口的描写③，都反映了当时千山的生态状况。

另外，乾隆元年和乾隆十三年本《盛京通志》的《艺文志》中也保存不少乾隆四十九年本未收的描写东北山川风貌的诗文，如承德知县章经的《盛京赋》《巨流河辞》④，郝浴的《游千山登璎珞观》《罗汉洞》《金刚峰》，左昕生的《泛舟鸳鸯湖》，沈荃的《宁远温泉》，姜希辙的《浴金汤温泉》，孙成的《观音洞》《十三山》，福璐的《晚入辉山过莲花泊月夜登向阳寺》，张橒的《广宁道中望闾山》⑤，陈廷敬的《首山》《医巫闾山登览》，孙在丰的《大凌河》《十三山》，汤右曾的《前卫》《医巫闾山》《十三山顶》，等等⑥，都属于这类环境史资料。

（三）反映东北物产的作品

清帝御制诗文及《艺文志》中有不少吟咏东北物产的作品，如清高宗

---

① 均见《盛京通志》卷五《圣制五·圣祖仁皇帝御制诗文》。
② ［清］阿桂等：《盛京通志》卷一百二十七《国朝艺文十三》，第 3～6 页，总第 1901～1903 页。
③ ［清］阿桂等：《盛京通志》卷一百二十七《国朝艺文十三》，第 8～15 页，总第 1904～1909 页。
④ ［清］王河、宋筠等乾隆元年修《盛京通志》卷四十六《艺文志》，第 30～32 页。
⑤ 以上均见［清］王河、宋筠等乾隆元年修《盛京通志》卷四十七《艺文志》。
⑥ 以上均见［清］汪由敦等乾隆十三年修《盛京通志》卷三十二《艺文志》，乾隆十三年刻本。

的《盛京赋》叙述地形后，以"故夫四蹄双羽之族，长林丰草之众，无不博产乎其中"开始，分蹄类、羽类、其草、其林、海错等叙述东北物产①，反映了东北物华天宝资源丰富的环境。

清高宗的《盛京土产杂咏十二种》，咏五谷、东珠、人参、松花玉、貂、鹿、熊罴、堪达汉、海东青、鳣鳇鱼、松子、温普。其序云："盛京山川浑厚，土壤沃衍，盖扶舆旁礴，郁积之气所钟，洵乎天府之国，而佑启我国家亿万年灵长之王业也。是以地不爱宝，百产之精，咸粹于斯，农殖蕃滋，井里熙阜，而且瑰珍可以耀采，嘉珉可以兴文，丰氄可以章身，寿苗可以寿世，矧采于山、猎于原、瀫于江，不可胜食不可胜用……"诗中既描述了东北土产之特征，也描述其生长环境，比如《熊罴》序云："盛京多窝集，茂密翳翳，连林数十里，熊罴每跧伏其中。熊矫捷而罴憨猛，皆兽之绝有力者。甲戌行围，并兽殪之，罴重千余斤，熊亦及半。"②《松子》序云："诸山皆产，而窝集中所产更胜，盖林多千年之松，高率数百尺，枝干既茂，故结实大而芳美，亦足徵地气滋培之厚也。"③ 该诗与王杰《恭和御制盛京土产杂咏十二首元韵》（卷一百二十四）均为重要的东北物产资料。清高宗的《咏人参》（卷十三）、《咏鳣鳇鱼》（卷十三）、《再题东珠六韵》（卷十三），刘纶《恭和御制咏人参元韵》（卷一百二十三）等也是描写东北物产的作品。东北物产丰富，但并非如清高宗所言"不可胜用"。康熙三十四年（1695 年）《谕大学士伊桑阿、阿兰泰》的谕旨这样讲道："雅克萨诸地夙产佳貂，比年罗捕，殆已至稀乏，若以貂不及格之故，遂复治罪，则官员徒尔受过，佳貂实无可得。"④ 这段资料反映了因捕貂过多，以致出现了资源"稀乏"的情况。

---

① ［清］阿桂等：《盛京通志》卷十《天章一·皇上圣制》，第 1 ~ 12 页，总第 171 ~ 177 页。
② ［清］阿桂等：《盛京通志》卷十五《天章六·皇上圣制》，第 28 页，总第 278 页。
③ ［清］阿桂等：《盛京通志》卷十五《天章六·皇上圣制》，第 30 页，总第 279 页。
④ ［清］阿桂等：《盛京通志》卷四《圣制五·圣祖仁皇帝御制诗文》，第 36 页，总第 97 页。

（四）反映东北气候及自然灾害的作品

清高宗四次东巡，每次都会写到东北的气候，其中乾隆八年东巡时近冬犹暖，当降雪而下雨，他写的《雨》记述了这一异常现象。诗注云："盛京往年早寒，九月已有积雪，今年则甚暖，立冬以后尚雨，人咸以为奇云。"① 反映了气候的常态与异常。乾隆十九年东巡时，清高宗因为天气回暖，写了《暖》三首，诗注云："盛京向称极寒地，癸亥东巡时，亦觉暄暖异常，曾有'人言群道带阳归'之句。"② 乾隆四十三年，清高宗东巡返程途中，写了《广宁途中对雪》，与乾隆八年的天气进行了对比："癸亥归舆冬对雪，今番雪对季秋时。"③ 此外，清高宗《锦州道中得诗二首》有"风沙碍眼手频摩，凭轼还听劳者歌"之句④，这段话反映当时锦州的风沙情况。

《盛京通志》中有一些作品也反映了自然灾害情况，如卷一百零九收录的《明英宗祷雨告北镇庙文》《明宪宗告北镇庙文》《明孝宗祷雨告北镇庙文》都是因辽东旱灾而祈雨；卷一百一十一明周斯盛的《发帑救荒疏》奏报了辽东自嘉靖三十六年（1557 年）大水以后灾荒情况⑤，卷一百一十二明陈绍《与辽东抚巡诸公书》也叙述了这次水灾给辽东造成的"斗米六七百钱"的粮荒，建议开山东与辽南之间海道贸易接济灾民⑥。卷四收录的清圣祖康熙二十八年（1689 年）《谕奉天府尹王国安》及康熙二十八年、二十九年（1690 年）的两篇《谕户部》，均为康熙二十八年（1689 年）"亢旱""霜陨"致"禾稼不登"而发⑦。卷五收录的清圣祖《御制创兴盛京海运记》记述了康熙三十二年因"盛京谷不登，民艰于食"，而"东北地势旷

---

① ［清］阿桂等：《盛京通志》卷十二《天章三·皇上圣制》，第 22 页，总第 213 页。
② ［清］阿桂等：《盛京通志》卷十三《天章四·皇上圣制》，第 20 页，总第 234 页。
③ ［清］阿桂等：《盛京通志》卷十五《天章六·皇上圣制》，第 31、32 页，总第 279、280 页。
④ ［清］阿桂等：《盛京通志》卷十二《天章三·皇上圣制》，第 28 页，总第 216 页。
⑤ ［清］阿桂等：《盛京通志》卷一百一十一《历朝艺文三》，第 31～33 页，总第 1643、1644 页。
⑥ ［清］阿桂等：《盛京通志》卷一百一十二《历朝艺文四》，第 6～9 页，总第 1650、1651 页。
⑦ ［清］阿桂等：《盛京通志》卷四《圣制四·圣祖仁皇帝御制诗文》，第 31～33 页，总第 1643、1644 页。

莽，陆挽维艰"，因此选择从山东海运粮米到盛京①。卷四收录的康熙三十四年《谕大学士伊桑阿、侍郎珠都纳、副都统齐兰布、学士嵩祝、户部郎中鄂奇等》《谕户部》亦为该年"盛京亢旱，麦禾不登"而发②。乾隆元年本《盛京通志》收录的盖平知县骆云《祈雨再告城隍文》③ 是反映当时旱灾的资料。

（五）反映东北旗民善于利用自然资源的生产、生活、娱乐方式的作品

清高宗《吉林土风杂咏十二首》《盛京土风杂咏十二首》，分咏《威呼》（独木舟）、《呼兰》（木制烟囱）、《法喇》（爬犁）、《斐兰》（榆柳小弓）、《赛斐》（木制匙）、额林（搁板）、施函（木桶）、拉哈（圬墙所缀麻）、霞绷（糠灯）、豁山（纸）、《罗丹》（鹿蹄腕骨）、《周斐》（桦皮房）等④，反映了满洲人适应自然环境、善于利用自然资源的生活方式、娱乐方式。比如《周斐》诗注云："桦皮厚盈寸，取以为室，覆可代瓦，旁作墙壁、户牖，即以山中所产之木用之，费不劳而工省，乃我满洲旧风，无殊周室之陶复陶穴也。"⑤ 这段话描述了满洲人对桦树皮和山中木材的利用。

此外，刘纶、汪由敦、钱陈群的《恭和御制吉林土风杂咏十二首元韵》（刘、汪之诗在卷一百二十三、钱诗在卷一百二十四），王杰的《恭和御制盛京土风杂咏十二首元韵》（卷一百二十四），也都描绘了东北满族人独特的生活和娱乐方式。

清圣祖《松花江网鱼》（卷五）、清高宗《松花江捕鱼》（卷十三）及刘纶、汪由敦的和诗《恭和御制松花江捕鱼元韵》（卷一百二十一），描述

---

① ［清］阿桂等：《盛京通志》卷五《圣制五·圣祖仁皇帝御制诗文》，第 23～25 页，总第 112、113 页。

② ［清］阿桂等：《盛京通志》卷四《圣制四·圣祖仁皇帝御制诗文》，第 35、36 页，总第 96、97 页。

③ ［清］王河、宋筠等乾隆元年修《盛京通志》卷四十六《艺文志》，第 16、17 页。

④ ［清］阿桂等：《盛京通志》卷十三《天章四·皇上圣制》，第 13～18 页，总第 230～233 页；卷十五《天章六·皇上圣制》，第 19～24 页，总第 273～276 页。

⑤ ［清］阿桂等：《盛京通志》卷十五《天章六·皇上圣制》，第 24 页，总第 276 页。

了捕鱼的情景；清高宗《采珠行》（卷十三）及刘纶、汪由敦、金德瑛的和诗《恭和御制采珠行元韵》（卷一百二十一），描绘了采集东珠的过程。

清高宗《广宁道中》"困鹿高堆富有秋，村农稍为展眉头"[①]，反映当年在广宁一带，狩猎是重要的经济来源。收录于乾隆元年本《盛京通志》的海城知县陈王星的《田猎赋》，反映了当地的狩猎风俗[②]。清高宗《观大凌河养息牧》（卷十四）、《观大凌河养息牧马群》（卷十七）反映了清大凌河附近牧场的畜牧业。

五、结　语

上述研究发现，作为东北地方总志的《盛京通志》蕴含着丰富的环境史资料。其中的《山川》《物产》《户口》《田赋》《津梁》志与《盛京全图》中的大部分内容都属于环境史资料，有很多内容反映了人类经济活动与自然环境的互动关系，这也是今后要重点研究的[③]；《风俗》《疆域形胜》《京城》《兵防》《杂志》志中也有环境史资料价值；而载录诗文的《圣制》《天章》《艺文》志，更是环境史资料的渊薮。因此，《盛京通志》无疑是研究东北环境史的重要史料。

不过需要指出的是，《盛京通志》作为环境史资料也有局限性。一方面，该志于乾隆四十九年（1784 年）以后未再续修，故只能提供乾隆四十九年以前的史料；另一方面，有些资料信息还是不够全面，比如《山川》志对山的高度、河流长度及宽窄、森林面积基本无记载。因而，欲全面了解清代及清代以前的东北自然环境状况及其变迁，还需借助其他文献资料。

---

① ［清］阿桂等：《盛京通志》卷十二《天章三·皇上圣制》，第 26 页，总第 215 页。
② ［清］王河、宋筠等乾隆元年修《盛京通志》卷四十六《艺文志》，第 28～30 页。
③ 滕海键教授认为这是环境史研究体系的一个主要方面，并提出了经济史研究"生态取向"的命题。滕海键：《论经济史研究的生态取向》，载于《史学集刊》2020 年第 2 期。

第四部分

东北环境史专题实证研究

辽朝林木资源的开发与保护[*]

孙伟祥

在辽朝立国的两百余年间，为改变自身传统的游牧政权属性，通过实施一系列举措积极尝试向中原帝制王朝社会靠拢，在其核心统治区充分利用资源丰富的优势开发林木等自然资源，在一定程度上缩短了与中原地区的差距，使中国历史开始进入以长期和平对峙为基本特征的第二次南北朝时期。前辈学者在肯定辽朝作为东北边疆政权所取得的显著成就的同时，亦开始关注辽境内自然资源开发及其引发的生态环境等问题，取得了一系列成果①。鉴于林木资源在辽朝经济开发及环境变迁中的重要地位和影响，本文拟在相关研究基础上，对这个问题加以探讨。

---

　* 本文以《辽朝林木资源的开发与保护》为题发表于《贵州社会科学》2020 年第 6 期。编入本书时内容略有修改。

　① 相关代表性成果有：韩茂莉：《辽金农业地理》，社会科学文献出版社 1999 年版；韩茂莉：《辽代西拉木伦河流域聚落分布与环境选择》，载于《地理学报》2004 年第 4 期；邓辉：《辽代燕北地区农牧业的空间分布特点》，引自侯仁之、邓辉主编：《中国北方干旱半干旱地区历史时期环境变迁研究文集》，商务印书馆 2006 年版；王守春：《10 世纪末西辽河流域沙漠化的突进及其原因》，载于《中国沙漠》2000 年第 3 期；杨军：《辽代契丹故地的农牧业与自然环境》，载于《中国农史》2013 年第 1 期；张国庆：《辽代后期契丹腹地生态环境恶化及其原因》，载于《辽宁大学学报（哲学社会科学版）》2014 年第 5 期；夏宇旭：《辽代西辽河流域农田开发与环境变迁》，载于《北方文物》2018 年第 1 期等。目前学界对于辽朝自然资源开发的研究主要集中于农牧业经济的推广对土地产生的环境影响等方面，其中涉及对当时林木资源的开发和破坏问题，然而尚未有专门以林木资源开发与保护为视角的研究成果。

一、辽朝林木资源的开发

根据《辽史》记载，辽朝全盛时，"东至于海，西至金山，暨于流沙，北至胪朐河，南至白沟，幅员万里"①。即辽朝疆域东至今天的日本海，西至阿尔泰山，南至白沟，北至克鲁伦河，整体地处北温带与北寒带区域，境内水系发达，多山地与高原地形，自然资源丰富。在此基础上，北宋与元朝史家对辽朝自然环境特征曾有概括性记载，"地多松柳，泽饶蒲苇"②，"高原多榆柳，下隰饶蒲苇"③。时人不仅充分意识到辽境内地形差异明显，而且也看到多种不同地貌之上共同呈现出林木丰茂的特征。这种概括实际上也并不具体、全面，辽朝的林木种类繁多，并非仅有松树、柳树、榆树。按照植被类型，结合现代地理区域视角，其具体分布可大致分为四个区域：今天的东北三省西部及内蒙古东部四盟市构成的东北植被区，植被多为耐寒性植物，树木主要有落叶松、云杉等；东北东部山地温带针阔林混交的"长白"植被区，植被多为喜湿性的植物，树木主要有红松、沙松、紫杉、风桦、水曲柳等；东北地区南部暖温带落叶阔叶林"华北"植被区，植被多为喜暖湿的植物，树木主要有栎树、赤杨、八角枫、小叶白蜡树等；内蒙古西部地区草原草本植被区，植被多为耐干旱性植物，树木主要有松树、柏树等④。再加上虽然燕云地区作为传统中原地区，林木资源已得到历代中原政权广泛开发，但是作为辽朝腹心区域的燕云以北地区之前多为定时迁徙的传统游牧政权管辖，对于林木资源的开发与破坏亦相对较轻，使得当时林木资源整体保护状态良好。因此，辽朝林木资源无论种类还是规模均十分可观，从而为辽初开始的林木资源大规模开发奠定了基础。根据对相关史料的梳理，从具体用途角度来归类分析，辽朝林木资源的开发可分两大类。

---

① ［元］脱脱：《辽史》卷三十七《地理志一》，中华书局1974年版，第438页。
② ［宋］王溥：《五代会要》卷二十九《契丹》，上海古籍出版社1978年版，第455页。
③ ［元］脱脱：《辽史》卷三十七《地理志一》，中华书局1974年版，第437页。
④ 张国庆：《辽代社会史》，中国社会科学出版社2006年版，第10～11页。

（一）生存与生产需求

辽朝所处的中原政权以北地区，"地半沙碛，三时多寒"①，"地寒多雨，盛夏重裘。七月陨霜，三月释冻"②。辽地冬季较长，相对寒冷的气候使辽人对用于取火供暖的木材有较大量的需求。结合辽地自然资源状况及史料记载来看，当时取暖材料主要以传统的薪草、木柴，以及由各类木材烧制而成的木炭为主。随着辽朝境内人口的持续增长，木材的需求量持续增加。根据学界的研究，辽朝初期稳固疆域形成时人口应在 600 万左右③，辽后期人口数量甚至已达到了 1200 万～1400 万④，这必然对当时林木资源的长期开发形成很大压力。同时，中国自公元 1000 年至公元 1100 年处于历史上第三个寒冰期⑤，年平均气温相较之前有所下降，干冷的气候一方面使辽人对以木材为主的取暖材料的需求进一步增大，加剧了林木资源的开发程度，另一方面直接影响了当时林木资源的再生长速度，导致林木减少。对此，北宋使者王曾有专门记载："自过古北口，即蕃境……山中长松郁然，深谷中多烧炭为业。"⑥《辽史》中亦记载："人望颖悟。幼孤，长以才学称。咸雍中，第进士，为松山县令。岁运泽州官炭，独役松山，人望请于中京留守萧吐浑均役他邑。"⑦ 从中实际均能够管窥出当时林木资源集中地之一的燕山与契丹、奚族世代聚居的腹心地区松山一带伐木制造取暖用民间及官方木炭的普遍性与规模之大，进而能够想象到对当地林木资源的开发与破坏程度。

此外，辽境内生产力的发展与生产方式的变化也推动了当时林木资源开采规模的加大。辽朝立国之前，以契丹人为代表的游牧渔猎民族长期以"畜

---

① ［元］脱脱：《辽史》卷六十《食货志下》，中华书局 1974 年版，第 932 页。

② ［宋］沈括：《熙宁使虏图抄》，引自赵永春编：《奉使辽金行程录》，商务印书馆 2017 年版，第 95 页。

③ 孟古托力：《辽朝人口蠡测》，载于《学习与探索》1997 年第 5 期。

④ 杨军：《辽朝人口总量考》，载于《史学集刊》2014 年第 3 期。

⑤ 竺可桢：《中国近五千年来气候变迁的初步研究》，载于《考古学报》1972 年第 1 期。

⑥ ［宋］王曾：《王沂公行程录》，引自赵永春编：《奉使辽金行程录》，商务印书馆 2017 年版，第 27 页。

⑦ ［元］脱脱：《辽史》卷一百五《马人望传》，中华书局 1974 年版，第 1462 页。

牧田猎以食，皮毛以衣，转徙随时，车马为家"①，即主要从事逐水草而居的游牧渔猎经济，并未出现大规模集中开发林木资源的行为。辽朝立国前后，其境内经济结构出现了多样化趋势，农业耕作面积扩大，手工业也有较大的发展。除了学界已经达成共识的农业经济在契丹故地兴起引发的林木资源破坏之外②，坑冶、鼓铸等手工业的兴起亦导致辽境内林木资源的开发进程加快。根据《辽史》记载：

"坑冶，则自太祖始并室韦，其地产铜、铁、金、银，其人善作铜、铁器。又有曷术部者多铁，'曷术'，国语铁也。部置三冶：曰柳湿河，曰三黜古斯，曰手山。神册初，平渤海，得广州，本渤海铁利府，改曰铁利州，地亦多铁。东平县本汉襄平县故地，产铁矿，置采炼者三百户，随赋供纳。以诸坑冶多在国东，故东京置户部司，长春州置钱帛司。太祖征幽、蓟，师还，次山麓，得银、铁矿，命置冶。圣宗太平间，于潢河北阴山及辽河之源，各得金、银矿，兴冶采炼。自此以讫天祚，国家皆赖其利。

"鼓铸之法，先代撒剌的为夷离堇，以土产多铜，始造钱币。太祖其子，袭而用之，遂致富强，以开帝业。太宗置五冶太师，以总四方钱铁。石敬瑭又献沿边所积钱，以备军实。景宗以旧钱不足于用，始铸乾亨新钱，钱用流布。圣宗凿大安山，取刘守光所藏钱，散诸五计司，兼铸太平钱，新旧互用。由是国家之钱，演迤域中。"③

可以看出，辽朝建国前后便已开始出现的坑冶、鼓铸活动主要是指各类金属、钱币等产品的加工与制造等方面，并且随着生产力提高而导致该类需求总量增加与控制疆域不断开拓的现实，这种手工业生产活动地域范围不断扩展，规模不断扩大。其中，坑冶人员为以部族形式或者朝廷派遣的专门以

---

① ［元］脱脱：《辽史》卷三十二《营卫志中》，中华书局 1974 年版，第 373 页。
② 杨军：《辽代契丹故地的农牧业与自然环境》，载于《中国农史》2013 年第 1 期；夏宇旭：《辽代西辽河流域农田开发与环境变迁》，载于《北方文物》2018 年第 1 期。
③ ［元］脱脱：《辽史》卷六十《食货志下》，中华书局 1974 年版，第 930 ~ 931 页。

采炼为业之人，从仅东京东平县坑冶场所即有三百采炼户的设置来看，当时坑冶活动整体规模可见一斑。并且在这其中，除需要大量人力开凿富含金属矿藏的山林之外，同时亦需要就近砍伐树木制造木炭等燃料来对其进行加工。正是意识到这个问题，辽朝廷因地制宜，最终常选择在金属矿藏地与山林资源丰富地区开展坑冶活动。史料中坑冶地多在室韦故地、潢河发源地、东京与南京山区等地，这些地点分别属于大兴安岭山脉、燕山山脉及内蒙古地区高原山地一代，富含铁矿与林木资源，近年对于辽朝矿冶采炼及金属器具加工场所遗址的相关考古成果亦证实了这一点①。同时结合前文对于燕山、松山一带多烧炭为业者的直接记载，进而能够推测出辽朝为烧制木炭而进行的林木资源开发应当具有集中性的特点，这无疑在某种程度上会加剧对林木资源的破坏程度。辽朝廷通过就近设置东京户部司、长春州钱帛司等财税机构来对诸坑冶、鼓铸场进行管理，以便于其缴纳作为贡赋的加工成品，体现了辽朝廷根据集中开发资源的现实进行集中管理的意图。囿于史料，目前无法直接明确辽代是否设置了朝廷直接管理的烧炭场所，但根据从辽宁朝阳地区现存的《通法寺地产碑》上发现的"祖茔北坟山（东至烧炭峪口）"②的记载来看，当时能够以烧炭峪口这种功能性明显的地名作为划分地产边界的标识，说明已经出现了朝廷命名和直接管理的大规模炭场，以满足辽人生存及生产活动对木炭的需求。

（二）建筑需求

辽朝在建筑需求方面对林木资源的开发主要体现为辽朝在燕云以北的腹心地区兴建了大量城市。虽然契丹兴起之前的北方民族政权及部分中原政权

---

① 冯永谦：《辽代矿冶采炼和金工器物的考古学考察》，载于《辽金历史与考古》（第五辑），辽宁教育出版社 2014 年版。

② ［元］安思道：《通法寺地产碑》，引自向南、张国庆、李宇峰编：《辽代石刻文续编》，河北人民出版社，2010 年版，第 323 页。目前学界对于《通法寺地产碑》撰写年代问题已基本辨明，主要由于该碑与作者年代信息均指向元代（参见苗润博：《〈通法寺地产碑〉为辽碑说辨误》，载于《北方文物》2015 年第 1 期），但是通法寺建寺始于辽代基本无疑义，在此基础上，笔者以为，该寺地产边界名称作为边界标识时应当有历史继承性，变动不应太大，故仍将烧炭峪口视为辽代地名称谓。

曾经在燕云以北地区兴建过一批城池，但是由于大多出于军事目的而建，随着政权的消亡，这批城池大部分很快被废弃①。同时，以契丹族为代表的游牧渔猎民族长期根据当地"大漠之间，多寒多风"的自然地理环境，"迁徙随时，车马为家"②，即在历史发展中，传统的游牧生活形态使契丹人与其他北方民族一样，形成了定时迁徙、以毡帐车马为家的生活习俗。但是，随着契丹民族发展进程加快，尤其是为了适应内部传统游牧经济向农牧并举的经济形态的调整，这种居住形态开始发生改变。根据史书记载，早在契丹立国之前，为了安置对外征伐所获各族俘虏，"太祖伯父于越王述鲁西伐党项、吐浑，俘其民放牧于此，因建城，在州东南二十里，户一千"③，之后，耶律阿保机为稳固自身在部落中的地位，明确于唐朝天复二年（902 年），"城龙化州于潢河之南，始建开教寺"④，正式开启了契丹人在草原地带营建城池的先河。辽朝建立之后，统治者为了加强对内部的管理，进一步将中原州县体制与农业经济在长城以北游牧民族活动区域进行全面推广，"乃为城郭宫室之制于漠北"⑤，出现了大规模营建以城市和村寨聚落为主的固定居住场所的活动。虽然目前无法以准确数字的形式得知当时城市的数量，但是根据相关学者结合可以确定年代的考古遗址保守估计，辽朝城市数量应该在560 座以上，且主要分布于今天的辽宁省、吉林省、黑龙江省、内蒙古自治区东部地区⑥，大部分属于当时辽人新营建而成。如此规模庞大的城市群的营建，必然促使辽人大量砍伐林木来满足这种建筑需求。在这个过程中，规模最大、最具代表性的例子便是辽上京与中京城的营建。其中，辽上京经过太祖神册三年（918 年）与太宗天显元年（926 年）两次大规模营建，最终

---

① 申有良：《辽代北方城市的兴建和商业的繁荣》，载于《内蒙古社会科学（文史哲版）》1995 年第 3 期。
② ［元］脱脱：《辽史》卷三十二《营卫志中》，中华书局 1974 年版，第 373 页。
③ ［元］脱脱：《辽史》卷三十七《地理志一》，中华书局 1974 年版，第 443 页。
④ ［元］脱脱：《辽史》卷一《太祖本纪上》，中华书局，1974 年，第 2 页。
⑤ ［宋］薛居正：《旧五代史》卷一百三十七《外国列传一》，中华书局 1976 年版，第 1830 页。
⑥ 项春松：《辽代历史与考古》，内蒙古人民出版社 1996 年版，第 27 页。

形成了"城高二丈，不设敌楼，幅员二十七里"① 的规模，内部又分为汉城与皇城两大部分，各有大量木制建筑②。辽中京由圣宗规划，"择良工于燕、蓟，董役二岁，郛郭、宫掖、楼阁、府库、市肆、廊庑，拟神都之制"③，最终于统和二十五年（1007 年）正式建成。值得注意的是，两京城内能够在短时间内建成大量木制建筑，应当与选址时考虑到了地形因素有关。其中，辽上京为"太祖取天梯、蒙国、别鲁三山之势于苇甸"④，辽中京为"圣宗尝过七金山土河之滨，南望云气，有郛郭楼阙之状"⑤。这种将以京城为代表的城池建在树木繁茂的高山之侧的设计初衷之一，应有便于就地取材之考虑。《元一统志》中有直接记载，在辽代中京附近的乾山，"辽金采伐树木，运入京畿，修盖宫殿及梵宇琳宫"⑥。此处的"京畿"明显应当为中京。除了规模宏大的城池营造之外，按照宋人记载，辽代之前一直从事游牧迁徙生活的奚人开始"居人草庵板屋"⑦，虽然这类房屋建造比较简单，但是确为木制房屋，这也可以视为当时游牧渔猎民族开始大规模开发林木资源作为建筑用材从而改变居住习惯的明证。与城市、村寨等大规模固定居住场所的营建相对应的是，辽朝亦重视对居住点配套公共工程的修造。对此，现存辽朝《三河县重修文宣王庙记》中曾专门记载："有渔阳定躬冶，岁春修桥路数十处，计用千功，……令伐木凿石，山谷桥道，克期修毕。"⑧ 可以看出，辽朝地方政府每年春天都会集中对辖境内道路、桥梁等公共工程进行维护与修建，需要动用千人之力砍伐大量树木来完成。另外，在同一碑刻中，针对当时三河县用来祭祀孔子的文宣王庙狭小局促、年久失修的现状，县令刘瑶"遂卜日命工，度木构材。……正殿前厦三间，若干樺子，门四

① ［元］脱脱：《辽史》卷三十七《地理志一》，中华书局 1974 年版，第 441 页。
② 董新林：《辽上京城址的发现与研究述论》，载于《北方文物》2006 年第 3 期。
③⑤ ［元］脱脱：《辽史》卷三十九《地理志三》，中华书局 1974 年版，第 481 页。
④ ［元］脱脱：《辽史》卷三十七《地理志一》，中华书局 1974 年版，第 438 页。
⑥ ［元］孛兰肹等：《元一统志》卷二《辽阳等处行中书省》，中华书局 1966 年版，第 201 页。
⑦ ［宋］王曾：《王沂公行程录》，引自赵永春编：《奉使辽金行程录》，商务印书馆 2017 年版，第 27 页。
⑧ ［辽］王鉴：《三河县重修文宣王庙记》，引自向南编：《辽代石刻文编》，河北教育出版社 1995 年版，第 577 页。

扇，东廊房两间，户牖六事，门屋一座，束阶砌全"①。由于辽朝统治者向来重视以儒治国的理念，全国各地普遍设有文宣王庙，对其维护需要的大量木材亦为林木资源开发的重要表现。

除此之外，有辽一朝，佛教得到了广泛传播，十分兴盛。在统治者与信众的资助之下，辽境内出现了大量佛寺。根据相关学者研究，结合目前有限的文献与考古材料，即可明确计得辽代各类寺院遗存即有 319 处②，进而可以推断当时寺庙数量之多。因此，寺庙的营建也是当时林木资源开发中建筑需求的一个重要体现。据史料记载，辽朝佛寺在选址时，采取"凡都城邑郡，山野林泉，地或有可者，皆以□□□□□□聚缁侣而为修习之所"③，"城邑繁富之地，山林爽垲之所，鲜不建于塔庙，兴于佛像"④ 的原则，即将佛寺建在城池之中或者山林繁茂的空旷之地，以便于僧侣修行。一方面，这种选址原则决定了必然需要砍伐树木来提供建筑基址；另一方面，根据现存的大量辽朝佛寺与佛塔营造的碑记可知，寺院中的主要建筑可以分为佛殿、法堂、佛塔、经藏以及环绕于院落周围的廊、庑、洞等组成部分，营造与维护时需要耗费大量木材。

当然，除了上述两大主要出于政权与民族发展需求类型的基本用途外，辽朝林木资源还被广泛应用于战争器械制造、墓葬营造等方面，但是由于这些用途需求相对体量不大，亦体现不出持续性，因此可以将其视为林木资源消耗与开发用途的补充，受篇幅限制，此处不再专门展开论述。同时由于辽朝境内民族构成众多，所代表经济发展水平不一，统治者一直试图整合不同民族聚居生活构成的经济区域，从而缩小不同区域经济水平差异，亦取得了

---

① ［辽］王鉴：《三河县重修文宣王庙记》，引自向南编：《辽代石刻文编》，河北教育出版社 1995 年版，第 578 页。

② 李若水：《辽代佛教寺院的营建与空间布局》，清华大学博士毕业论文，2015 年。

③ ［辽］刘师民：《涿州超化寺诵法华严经沙门法慈修建实录》，引自向南编：《辽代石刻文编》，河北教育出版社 1995 年版，第 277 页。

④ ［辽］行鲜：《大辽涿州云居寺供塔灯邑记》，引自向南编：《辽代石刻文编》，河北教育出版社 1995 年版，第 614 页。

一定成效①。但是借助上文对当时林木资源开发的具体史实来看，集中性开发特点十分明显，即辽朝经济重点开发区域仍然主要集中于汉人和渤海人居住的经济基础优越的燕云地区、东京道地区及契丹、奚族世代居住的统治腹心的上京、中京中心区域，控制力较为薄弱、经济基础薄弱的西北与东北地区开发力度不大，进而可以反映出辽朝区域性经济差异现象并没有消失。

二、辽朝林木资源的保护

辽朝林木资源在得到广泛开发的同时，出于多种目的的考虑，朝廷与民间力量亦共同采取过一系列措施，起到了保护森林资源的效果，归纳起来，主要表现在两个方面。

（一）朝廷的干预与管理

由于相关史料缺乏，辽朝是否在中央专门设置职官来总领全境山林资源目前尚不得而知，但是可以明确的是，当时已出现了限制民众对于山林进行樵采与砍伐的举措。根据《辽史》记载，辽朝立国之前，"契丹之初，草居野次，靡有定所。至涅里始制部族，各有分地"②，"其富以马……马逐水草，人仰湩酪，挽强射生，以给日用"③。契丹人从涅里时代开始，在部族体制之下已经出现以部族为单位的分地分配制度，平时各部给养凭借在各自分地内游牧与射猎便可足够，这其中亦包含对于林木的砍伐与使用。随着辽朝国家政权形态的出现与疆域的不断扩大，部族分地制度仍然被基本沿袭下来，同时"国主、皇族、群臣各有分地"④，实际上是将原有的部族分地制度进行扩展，在某种程度上通过限定分地所属部族或者贵戚的方式起到了限

---

① 王明前：《契丹辽朝国家经济区域整合的历史轨迹》，载于《青海师范大学民族师范学院学报》2015 年第 1 期。

② ［元］脱脱：《辽史》卷三十二《营卫志中》，中华书局 1974 年版，第 377 页。

③ ［元］脱脱：《辽史》卷五十九《食货志上》，中华书局 1974 年版，第 923 页。

④ ［元］脱脱：《辽史》卷四十《地理志四》，中华书局 1974 年版，第 496 页。

制过度砍伐林木资源的效果。

　　除此之外，辽朝还将部分山林专门设置成禁地来限制民众进行开发。根据相关史料，辽代山林地区的禁地主要可以分为两种类型。

　　其一为皇帝捺钵场所的山林。有辽一朝，皇帝"秋冬违寒，春夏避暑，随水草就田猎，岁以为常。四时各有行在之所，谓之'捺钵'"①。所谓捺钵是指辽朝皇帝为了加强对地方的控制，按照契丹人定时迁徙的传统，每年按照四季驻跸于不同地点进行射猎活动与处理政务。在皇帝捺钵过程中，出于对皇帝及随行贵戚、官员们安全的考虑，"禁围外卓枪为寨"②，实际上将捺钵场所临时设置为禁地，禁止民众进行包括樵采活动在内的开发森林资源的行为。这种规定一直延续到辽末天祚帝时期，具体原则仅被修改为"诸围场隙地，纵百姓樵采"③。虽然看似禁令有所松动，但也仅属于适当将禁地范围稍微缩小而已。因此，这种干预民众开发捺钵场所林木的措施基本上一直被严格执行。同时，有辽一朝，皇帝捺钵地域并非一成不变，仅春捺钵目前可知即有四楼区域、南京析津府以东之延芳淀地理区域、上京与东京交界地带之长春州地理区域、西京大同府以北之鸳鸯泺地理区域等④，辽朝官方借助对于多区域捺钵地的管理能够进一步对当时林木资源起到保护功能。

　　其二为皇帝出生之地与陵寝所在地之山林。根据《辽史·地理志一》"降圣州"条记载："应天皇后梦神人金冠素服，执兵仗，貌甚丰美，异兽十二随之。中有黑兔跃入后怀，因而有娠，遂生太宗……穆宗建州。四面各三十里，禁樵采放牧。"⑤ 不难看出，降圣州正是由于是太宗出生之地而得到太宗之子穆宗的高度重视，最终将其周边包括山林在内的三十里区域作为禁止开发之地。另外，对于辽朝陵寝所在地山林的保护，史书有明确记载：

　　① ［元］脱脱：《辽史》卷三十二《营卫志中》，中华书局1974年版，第373页。
　　② ［元］脱脱：《辽史》卷三十二《营卫志中》，中华书局1974年版，第375页。
　　③ ［元］脱脱：《辽史》卷二十八《天祚皇帝本纪二》，中华书局1974年版，第335页。
　　④ 高福顺、梁维：《辽代诸帝春捺钵地略考》，载于《赤峰学院学报（汉文哲社版）》2018年第3期。
　　⑤ ［元］脱脱：《辽史》卷三十七《地理志一》，中华书局1974年版，第447页。

"穆宗葬世宗于显陵西山，仍禁樵采。"[1] 此处的"仍"字表明穆宗只是在遵循旧制，即早在穆宗之前，辽朝便已出现将陵寝所在区域山林划为禁止开发之地的做法。不唯如此，出土于显陵之奉陵邑显州境内的《显州北赵太保寨白山院舍利塔石函记》中镌刻的建塔人名字与官职中出现了"兼提点山林第□□迁""山林都监刘□□"[2] 的记载。按照一般惯例，基本可以首先确认的是，第□□迁与刘□□应为辽朝显州地区的在任官员。同时兼提点山林与山林都监目前不复见于其他史料，结合相关研究，辽朝为了加强对陵寝的管理，在有意提高奉陵邑的级别与地位的同时，在奉陵邑专门设置了一套有别于一般州县的陵寝官职[3]，因此有理由推断，这两种官职应当是辽朝专门针对陵寝区域山林保护需要而常设的专门性地方官员。据《辽史》记载，圣宗统和三年（985 年）八月，"癸未，谒乾陵。甲申，命南、北面臣僚分巡山陵林木"[4]。圣宗拜谒陵寝之后第二天即命令随行臣僚群体巡视陵区林木，其背后应当主要是出于维护祭祀礼仪的目的，但是在客观结果上确实进一步强化了陵寝山林的禁地禁令，起到了保护山林的效果。

（二）民间的保护行为

辽朝境内对于山林资源的民间保护主要体现在寺院借助佛教的影响力，凭借自身的经济实力重视与引导树木的种植。对于当时寺庙的经济实力问题，据《金史·食货志》记载："辽人佞佛尤甚，多以良民赐诸寺，分其税一半输官，一半输寺，故谓之二税户。"[5] 辽朝寺院在经济上可以享受二税户一半赋税的特权，从而能够吸引大量依附户口，这是当时寺院经济兴盛的重要原因。除此之外，为了供奉佛法，上自王公贵族、下至平民百姓的佛教信众均踊跃向佛寺捐助钱财，甚至直接馈赠大规模田地或林地。现存《大辽

---

① ［元］脱脱：《辽史》卷三十九《地理志三》，中华书局 1974 年版，第 463 页。

② ［辽］佚名：《显州北赵太保寨白山院舍利塔石函记》，引自向南编：《辽代石刻文编》，河北教育出版社 1995 年版，第 291、292 页。

③ 孙伟祥、高福顺：《辽朝奉陵邑初探》，载于《古代文明》2016 年第 1 期。

④ ［元］脱脱：《辽史》卷十《圣宗本纪一》，中华书局 1974 年版，第 115 页。

⑤ ［元］脱脱：《金史》卷四十六《食货志一》，中华书局 1975 年版，第 926 页。

义州大横帐兰陵夫人萧氏创建静安寺碑铭》中专门记载，为了资助营建静安寺，兰陵郡夫人萧氏"随施地三千顷，粟一万石，钱二千贯，人五十户，牛五十头，马四十匹，以为供亿之本"①。正是凭借辽朝举国助佛的行为，当时寺院积累了大量财富与土地，成为经济实力雄厚的寺院庄园经济体，为其能够采取保护林木资源的举措奠定了物质基础。前文已述，为了便于僧众修行，辽朝寺院多被建造于林木繁茂、风景秀丽的山林之间，亦方便保护就近的森林资源。从《金山演教院千人邑记》中有大力宣扬"植树木以供果实"②的记载来看，辽朝佛寺重视林木种植与引导的主要目的仍然是从宣扬佛法本身的宗教信仰出发，主张信众应以虔诚的心态供奉佛祖，多做类似种植树木之类的善行，从而获得因果福报。正是在这样的背景与认识下，辽朝曾出现短时间内山林面积迅速增长的局面。据相关史料记载，辽南京景州地区的观鸡寺在很短时间内便"增山林百余顷，树果木七千余株"③，可见当时佛寺植树规模之大，这是当时一些地区林木面积扩大的重要原因。

然需要指出的是，从效果来看，辽朝虽然采取了上述多种保护林木资源的措施，但是通过对保护目的分析可以看出，辽人并不具备明确与成熟的资源保护与维护生态环境平衡的意识，应将其视为一种无意识的间接性保护。

三、结 语

虽然辽朝疆域广阔，境内拥有得天独厚、相对丰富的林木资源，朝廷代表的官方与民间两个层面亦采取过限制林木开采的间接保护措施，但是通过对辽朝林木资源开发用途分析不难看出，当时推动林木资源大规模开发的根本原因在于当时社会发展的客观需要，也可以说，这种开发与利用是在当时

---

① ［元］耶律兴公：《大辽义州大横帐兰陵夫人萧氏创建静安寺碑铭》，引自向南编：《辽代石刻文编》，河北教育出版社1995年版，第362页。

② ［辽］韩温教：《金山演教院千人邑记》，引自向南编：《辽代石刻文编》，河北教育出版社1995年版，第533页。

③ ［辽］志延：《大辽景州陈宫山观鸡寺碑铭》，引自向南编：《辽代石刻文编》，河北教育出版社1995年版，第453页。

生产力条件之下人类谋求发展的必然选择之一。对于此，我们一方面要肯定当时林木资源的大规模开发所反映的辽朝代表的北方民族政权对于开发东北边疆做出的贡献，另一方面也应正视伴随着政权建设进程的不断推进，辽人对于林木资源的需求亦随即增加，再加上辽境内尤其是燕云以北地区生态环境天然的相对脆弱性等自然因素，最终导致这一时期的林木覆盖率开始呈现明显下降趋势①。同时，当时与林木资源相关的生态环境已开始呈现出不断恶化的端倪，具体体现在沙地面积不断扩大、重沙尘暴天气开始显现、野生动植物资源减少等方面②。这种生态恶化趋势在某种程度上必然会加速人与自然之间原本应该维持的和谐共生关系被打破，从长远角度看不利于人类的可持续发展。金朝时林木资源在辽朝开发基础上甚至呈现明显的过度开发与持续破坏，出现生态环境进一步恶化的事实便是证明③。因此可以说，通过对辽朝时期以林木资源为代表的自然资源的开发与保护问题进行研究，不仅可以反映中华民族多元一体进程中北方游牧渔猎民族人与自然关系中扮演的角色开始转变，在某种程度上也直接影响了历史上东北地区环境变迁的走向，进而可以引起我们对整个人类社会发展问题的反思并提供些许借鉴。

---

① 樊保敏、董源：《中国历代森林覆盖率的探讨》，载于《北京林业大学学报》2001 年第 4 期。

② 杨军：《辽代契丹故地的农牧业与自然环境》，载于《中国农史》2013 年第 1 期。

③ 夏宇旭：《金代森林破坏与环境变迁》，载于《吉林师范大学学报（人文社会科学版）》2019 年第 1 期。

清代朝鲜贡使在盛京地区经历的沙尘天气

关亚新　王　滢

沙尘天气是一种灾害性天气，给人类的生产和生活造成诸多影响。当下国内学者利用史志资料对我国历史时期的沙尘天气进行了些许研究①，但对清代盛京地区的沙尘天气却较少提及。清代朝鲜贡使在《燕行录》中真实地记录了其途经辽东、辽西地区所经历的沙尘天气，为我们保存了弥足珍贵的历史资料。因朝鲜贡使途经的辽东、辽西地区为盛京将军②所辖之地，统属盛京地区，故笔者力图通过对这些资料的梳理来拓展此项研究。

一、清代盛京地区沙尘天气概况

明末战争期间，皇太极为解除后顾之忧，阻断朝鲜与明朝的联系，曾于天聪元年（1627 年）和崇德元年（1636 年）两次出兵朝鲜。崇德元年朝鲜之战后，清朝要求朝鲜每年来沈阳朝贡，贡道由凤凰城入。顺治元年（1644

---

① 参见王社教：《历史时期我国沙尘天气时空分布特点及成因研究》，载于《陕西师范大学学报（哲学社会科学版）》2001 年第 3 期；王社教：《清代西北地区的沙尘天气》，载于《地理研究》2008 年第 1 期；高寿仙：《明代北京的沙尘天气及其成因》，载于《北京教育学院学报》2003 年第 3 期；赵喜惠等：《唐代沙尘灾害研究》，载于《西北大学学报（自然科学版）》2003 年第 6 期；张青瑶等：《明清西北、华北黄土分布区沙尘天气统计分析》，载于《干旱区研究》2004 年第 2 期。

② 1644 年清朝迁都北京后，设置盛京总管统辖东北地区。康熙元年（1662 年），盛京总管改称"镇守盛京等处将军"。康熙四年（1665 年），又改称奉天将军。乾隆十二年（1747 年），再改称盛京将军。

年）九月，清朝迁都北京，朝鲜贡使朝贡地点遂改为北京。康熙十八年（1679年）前，朝鲜贡使多从凤凰城到辽东经牛庄（今辽宁省海城市牛庄镇）、盘山（今辽宁省北镇市盘蛇驿村）至广宁前往北京。康熙十八年后，朝鲜贡使依照清政府规定的进京路线，从凤凰城栅门（朝鲜贡使对"边门"的称呼）进入后，至北京共经三十站，在盛京地区途经各站为"凤凰城、松站、通远堡、连山关、甜水站、狼子山、辽东、十里堡、沈阳、边城、周流河、白旗堡、二道井、小黑山、广宁、十三山、小凌河、高桥堡、宁远卫、东关驿、两水河……"① 其中周流河即为今辽河，以东为辽东地区，以西直至山海关为辽西地区。每站间行程在50~80里不等，除特殊原因越站通过外，多数情况下朝鲜贡使往返均入住这些驿站馆舍。朝鲜贡使以"日记体"形式不仅记录了朝贡途中的见闻，而且还记录了每天的天气情况，其中不乏对盛京地区沙尘天气的记录，一定程度上弥补了中国文献记载的缺失。

　　清代朝鲜贡使走过辽东丘陵地带后，步入辽野大地，便开始遭遇沙尘天气的袭扰，使他们眼口难开，艰辛作行，在《燕行录》中曾将这种天气情况记载为"尘沙蔽天""大风扬沙""沙尘涨野""尘沙涨起""黄尘蔽野""大风扬尘""尘埃晦暝""土雨满天""黄尘如雾""阴霾""风霾"等。这些记录既是他们对每次遭遇沙尘天气的描述，又是他们对沙尘天气等级的朦胧区分。对《燕行录》中有关盛京地区沙尘天气的记载进行摘录，经整理和分析，初步判明清代辽西地区沙尘天气94次，辽东地区沙尘天气25次，盛京地区共发生沙尘天气119次，现将各次沙尘天气情况列表如下（见表1）。

――――――――――

　　① 凤凰城（今辽宁省凤城市）、松站（今辽宁省凤城市薛礼站）、通远堡（今辽宁省凤城市老堡村）、连山关（今辽宁省本溪满族自治县连山关镇）、甜水站（今辽宁省辽阳县兰水河边）、狼子山（今辽宁省辽阳县汤河水库中）、辽东（今辽宁省辽阳市）、十里堡（今辽宁省沈阳市苏家屯区十里河镇）、沈阳（今辽宁省沈阳市）、边城（今辽宁省沈阳市于洪区老边乡）、周流河（今辽河）、白旗堡（今辽宁省新民市大红旗镇附近）、二道井（今辽宁省黑山县二道井村）、小黑山（今辽宁省黑山县）、广宁（今辽宁省北镇市广宁站村）、十三山（今辽宁省凌海市石山镇）、小凌河（今辽宁省凌海市旧站村）、高桥堡（今辽宁省葫芦岛市高桥城子）、宁远卫（今辽宁省兴城市）、东关驿（今辽宁省兴城市东关站村）、两水河（今辽宁省兴城市凉水村）。参见张士尊：《纽带――明清两代中朝交通考》，黑龙江人民出版社2012年版。李宜显：《庚子燕行杂识》，引自林基中编：《燕行录全集》（第35册），（首尔）东国大学校出版部2001年版，第437页。

表1 　　　　　　　　　　清代朝鲜贡使经历的沙尘天气

序号	时间	地点	沙尘程度	出处
1	顺治元年（1644年）四月初九日	沈阳至永安桥	军兵车马骈阗，旷野风沙昧目，人莫开睫。	未详：《西行日记》，引自《燕行录全集》（第28册），第386页。
2	顺治十三年（1656年）九月初一日	耿家庄至牛庄	晚风大起，沙砾扑面。	麟坪大君、李渲：《燕途纪行》（上、中、下），引自《燕行录全集》（第22册），第71页。
3	康熙三年（1664年）三月十四日	阿弥庄至辽东	东风大作，尘沙蔽天。	洪命夏：《甲辰燕行录》，引自《燕行录全集》（第20册），第266页。
4	康熙十七年（1678年）十二月十二日	杏山堡至宁远卫	终日大风，尘沙蔽天。	金海一：《燕行日记》，引自《燕行录全集》（第28册），第204页。
5	康熙十八年（1679年）二月三十日	盘山驿至沙岭驿	大风扬沙，车马不得前。	金海一：《燕行日记》，引自《燕行录全集》（第28册），第222页。
6	康熙二十九年（1690年）正月十一日	广宁至小黑山	终日大风，沙尘涨野，咫尺难辨。	金海一：《燕行日记续》，引自《燕行录全集》（第28册），第249页。
7	康熙三十二年（1693年）七月十六日	小黑山至新广宁	终日风沙又起，沙场之内亦不得开眼矣。	申厚命：《燕行日记》，引自《燕行录全集》（第28册），第119页。
8	康熙三十二年十二月初七日	二道井至小黑山	夕间狂风大起，尘沙涨起，咫尺不辨，不但衣裳涴尘，须鬓亦变。	柳命天：《燕行日记》，引自《燕行录全集》（第23册），第455页。
9	康熙三十二年十二月十三日	东关驿至两水河	夕间风沙大起，涨满衣笠。	柳命天：《燕行日记》，引自《燕行录全集》（第23册），第461页。
10	康熙三十二年十二月十四日	两水河至山海关	午后大风，尘沙涨起，咫尺不辨。	柳命天：《燕行日记》，引自《燕行录全集》（第23册），第462页。

序号	时间	地点	沙尘程度	出处
11	康熙四十年（1701 年）十一月初二日	一板门至小黑山	大风连日不息，尘土张天，一行皆脱笠掩面而行。	未详：《闲闲堂燕行录》[a]，引自《燕行录全集》（第 39 册），第 214 页。
12	康熙四十年十一月初八日	沙河堡至两水河	午后西风大起，黄尘蔽野，一行员役皆脱笠掩面而行。	未详：《闲闲堂燕行录》，引自《燕行录全集》（第 39 册），第 225 页。
13	康熙五十一年（1712 年）四月初七日	小凌河至高桥堡	狂风卷地，氛雾蔽野。	赵荣福[b]：《燕行录》，引自《燕行录全集》（第 36 册），第 247 页。
14	康熙五十一年四月初九日	宁远卫至东关驿	是日狞风大作，殆甚于再昨，尘沙涨天，不能开眼。	赵荣福：《燕行录》，引自《燕行录全集》（第 36 册），第 255 页。
15	康熙五十一年四月初十日	中后所至两水河	午后大风阴暗，初昏风势益狂，瓦石皆飞，乍雨即止……尘沙涨天，不能开眼。	赵荣福：《燕行录》，引自《燕行录全集》（第 36 册），第 255～256 页。
16	康熙五十一年十二月十一日	新广宁后	夕站大风扬尘，前路昏暗，未得周览。	崔德中：《燕行录》，引自《燕行录全集》（第 39 册），第 469 页。
	康熙五十一年十二月十一日	小黑山至新广宁	晓大风，至朝少止，午后复大作，人不得开眼……自昨日见医巫闾山，至此已近而会尘沙蔽天，不得详睹。	金昌业：《老稼斋燕行日记》，引自《燕行录全集》（第 32 册），第 425～426 页。
17	康熙五十一年十二月十三日	大凌河至小凌河	风尘扑面，作行甚艰。	崔德中：《燕行录》，引自《燕行录全集》（第 39 册），第 471 页。
18	康熙五十二年（1713 年）二月二十六日	中右所至宁远卫	午后西南风大作，尘埃晦暝，咫尺不辨。	崔德中：《燕行录》，引自《燕行录全集》（第 40 册），第 102 页。
	康熙五十二年二月二十六日	沙河所至宁远卫	向晚云阴乍开见日，风益甚，尘埃涨天。	金昌业：《老稼斋燕行日记》，引自《燕行录全集》（第 33 册），第 328～329 页。

序号	时间	地点	沙尘程度	出处
19	康熙五十二年三月初一日	十三山至新广宁	西南风大吹，尘埃晦暝，入夜不止。	崔德中：《燕行录》，引自《燕行录全集》（第40册），第106页。
20	康熙五十二年三月初三日	小黑山至白旗堡	风吹如昨，飞埃掠目，惊沙扑面，逐日栉风，面皮尽坼，眼眦红烂闷不可言……连四日大风卷地，虽曰春和，行役之难百倍于严冬。	崔德中：《燕行录》，引自《燕行录全集》（第40册），第109页。
	康熙五十二年三月初三日	小黑山至白旗堡	终日大风，沙尘涨天，人不得开眼……向晚风势转大，难以作行，故不得已借乘麻贝车，在车中望见一行人马与风沙相滚，走如转蓬。	金昌业：《老稼斋燕行日记》，引自《燕行录全集》（第33册），第382、384页。
21	康熙五十二年三月初五日	孤家子至沈阳	大风沙尘，晦暝可苦。	崔德中：《燕行录》，引自《燕行录全集》（第40册），第111页。
	康熙五十二年三月初五日	孤家子至红花堡	是日又大风沙尘，昼晦……向晚风益大，人马欲飞，尘沙昧眼。	金昌业：《老稼斋燕行日记》，引自《燕行录全集》（第33册），第394~395页。
22	康熙五十九年（1720年）七月十三日	周流河	边上素多大风而此河最甚，虽风和之日，此独大风号怒，尘沙蔽天，行者必以手把笠，然后仅兑笠立飞去焉，皆披麻不能止，行人皆闭眼且以沙扇遮面。	虚以渐：《随槎录》，引自《燕行录全集》（第41册），第48页。
23	康熙六十年（1721年）四月十二日	新民屯至白旗堡	狂风大作，人马却步，尘沙蔽天，人不能开目，虽闭轿窗，从窗隙飞入之尘，顷刻之间成壮纸厚矣。	李正臣：《燕行录》，引自《燕行录全集》（第34册），第233页。
24	雍正元年（1723年）十一月初五日	新广宁至小黑山	终日大风，尘沙满路，几乎人不得植立，马不能前进。	黄晸：《癸卯燕行录》，引自《燕行录全集》（第37册），第287页。
25	雍正二年（1724年）闰四月初四日	大凌河至小凌河	自禺中大风扬沙，咫尺不能辨。	权以镇：《癸巳燕行日记》，引自《燕行录全集》（第35册），第122页。
26	雍正二年闰四月初八日	中后所至两水河	自午大风扬沙，人马眯目，不能行。	权以镇：《癸巳燕行日记》，引自《燕行录全集》（第35册），第124页。

续表

序号	时间	地点	沙尘程度	出处
27	雍正七年（1729年）九月二十八日	松山堡至官马山	风势益甚，尘埃扑人。	金舜协：《燕行录》，引自《燕行录全集》（第38册），第251页。
28	雍正七年十月初一日	中后所至两水河	朝饭于（中后所）城外，又向南而行时，南风大起，路尘涨天，马上之人不堪其苦，多垂面纱，余亦闭轿窗。	金舜协：《燕行录》，引自《燕行录全集》（第38册），第259页。
29	雍正七年十月初二日	中前所至望夫石	是时南风大起，尘焰满路，行人不能相卞，皆遮面而行。	金舜协：《燕行录》，引自《燕行录全集》（第38册），第260页。
30	雍正十年（1732年）九月十九日	小黄旗堡至白旗堡	疾风大起，尘沙混濛，行事艰辛。	韩德厚：《燕行日录》，引自《燕行录全集》（第49册），第352~353页。
31	雍正十年九月二十日	白旗堡至小黑山	大风渐起，终日扬尘飞沙，不能开眼。	赵最寿：《壬子燕行日记》，引自《燕行录全集》（第50册），第390页。
32	雍正十年九月二十七日	中后所至两水河	午后风沙大起，虽下沙帘不能障也。	韩德厚：《燕行日录》，引自《燕行录全集》（第49册），第359页。
33	乾隆二年（1737年）十一月二十五日	两水河至东关驿	大风，尘沙蔽野。	李哲辅：《丁巳燕行日记》，引自《燕行录全集》（第37册），第522页。
34	乾隆五年（1740年）二月三十日	闾阳驿至新广宁	风埃迷天，不堪登高远望。	洪昌汉：《燕行日记》，引自《燕行录全集》（第39册），第173页。
35	乾隆五年三月初三日	渡过周流河	大风扬沙，沙尘蔽天。	洪昌汉：《燕行日记》，引自《燕行录全集》（第39册），第175页。
36	乾隆二十年（1755年）十二月十八日	宁远卫至东关驿	自朝至暮，大风扫地，尘沙蔽路。	未详：《燕行日录》c，引自《燕行录全集》（第39册），第33页。

续表

序号	时间	地点	沙尘程度	出处
37	乾隆二十年十二月十九日	东关驿至两水河	今日风势虽不如昨，尘沙蔽路，扑人征衣，少不减矣。	未详：《燕行日录》，引自《燕行录全集》（第 39 册），第 34 页。
38	乾隆二十一年（1756 年）二月三十日	高桥堡至小凌河	天阴大风，尘沙蔽空，不省南北。	未详：《燕行日录》，引自《燕行录全集》（第 39 册），第 75 页。
39	乾隆二十一年三月初一日	小凌河至十三山	大风比昨日尤酷，尘沙满空，不能开眼，下卒辈或负笠而行。	未详：《燕行日录》，引自《燕行录全集》（第 39 册），第 75 页。
40	乾隆二十五年（1760 年）九月二十七日	二道井至小黑山	午刻大风，或起南起西，尘沙蔽空，终日至夜。	未详：《庚辰燕行录》d，引自《燕行录全集》（第 62 册），第 69 页。
41	乾隆二十五年九月二十九日	闾阳驿至十三山	午时大风，尘沙蔽空，暮止。	未详：《庚辰燕行录》，引自《燕行录全集》（第 62 册），第 72 页。
42	乾隆二十九年（1764 年）三月十七日	冷井至旧辽东	大野忽坼，极目无际，少顷风起，尘沙迷天，马上几不能自持。	金种正e：《沈阳日录》，引自《燕行录全集》（第 41 册），第 192 页。
43	乾隆二十九年三月二十四至二十六日	沈阳	入沈以后狞风连吹，飞沙满空。	金种正：《沈阳日录》，引自《燕行录全集》（第 41 册），第 199 页。
44	乾隆三十八年（1773 年）十二月十三日	二道井至小黑山	南风甚大，日虽不寒，尘埃涨天，掩轿窗口。	严璹《燕行录》，引自《燕行录全集》（第 40 册），第 188 页
45	乾隆三十八年十二月二十日	东关驿至凉水河店	尘沙拍人，掩窗而行。	严璹：《燕行录》，引自《燕行录全集》（第 40 册），第 201 页。
46	乾隆四十二年（1777 年）十二月十一日	周流河至白旗堡	尽日荒塞尘沙，不开遮纱轿窗而细屑飘扬，自易透入。	李押：《燕行记事》，引自《燕行录全集》（第 52 册），第 364～365 页。
47	乾隆四十二年十二月十三日	羊肠河至新广宁	黄埃蔽日之中，渐见医巫闾山。	李押：《燕行记事》，引自《燕行录全集》（第 52 册），第 367 页。

序号	时间	地点	沙尘程度	出处
48	乾隆四十三年（1778 年）二月二十六日	十三山至新广宁	晚后大风，黄沙迷目。	李押：《燕行记事》，引自《燕行录全集》（第 52 册），第 538 页。
49	乾隆四十三年四月二十四日	孤家子至周流河堡	自孤家子至周流河堡皆黄沙，是日大风，终日沙涨连天，人几不得行	李德懋：《入燕记》，引自《燕行录全集》（第 57 册），第 235 页。
50	乾隆四十三年四月二十五日	周流河堡至大黄旗堡	是日风大起，较昨日不翅十倍，飞沙击面，人皆眯目，咫尺不辨，马为之退步，一行上下二百余人齐言，一生创见如此大风。	李德懋：《入燕记》，引自《燕行录全集》（第 57 册），第 235 ~ 236 页
51	乾隆五十年（1785 年）正月初九日	沈阳至塔院	发沈阳，出其城西门，朝阴未散，天色如泼雄黄，微风拂拂暗尘飒飒。过愿堂寺，风渐大。到塔院，天野决溮，不辨其际。俄者，沈阳城外是苹末之微，到塔院已盛土囊之怒矣。又是茫茫大野，无高山之限而风斯遇空矣，决裂崩迫如波涛卷泻，茫昧澒洞，若云雾合散，飞尘才过，惊沙乘之，人不开睫，马皆喷鼻。斯须稍定，前路微开，见一行从者须眉皆黄，笠帽俱落，握辔而立，此发行后第一大风也。	未详：《燕行录》，引自《燕行录全集》（第 70 册），第 24 ~ 25 页。
52	乾隆五十五年（1790 年）七月初一日	巨流河	西北风大作，车灯尽灭，咫尺不辨所向	徐浩修：《燕行记》，引自《燕行录全集》（第 50 册），第 447 页。
53	乾隆五十六年（1791 年）十二月初五日	大方身至孤家子	催马前进，风势甚猛吹野，沙扑人面，入眼中鼻中口中，咫尺之间不辨同行人马。	金士龙：《燕行录、燕行日记》（上、下），引自《燕行录全集》（第 74 册），第 130 页。
54	乾隆五十六年十二月初七日	二道井至小黑山	午炊后前进，大风吹沙，或透人衣袖，或变人须眉，始有行路之难。	金士龙：《燕行录、燕行日记》（上、下），引自《燕行录全集》（第 74 册），第 133 页。
55	乾隆五十六年十二月初九日	闾阳驿至十三山	午间即前进，大风吹沙扑人，使余开眼不得，开口亦不得，若日日如此，则便成土肠胃。	金士龙：《燕行录、燕行日记》（上、下），引自《燕行录全集》（第 74 册），第 135 页。

续表

序号	时间	地点	沙尘程度	出处
56	乾隆五十八年（1793 年）十二月初三日	白塔堡至沈阳	午后风沙涨路，不能开睫。	李在学：《燕行日记》（上、中、下），引自《燕行录全集》（第58册），第48页。
57	乾隆五十八年十二月初六日	孤家子至白旗堡	大风从西南来，尘沙涨空，人马迷行……午后风力愈劲，乍暘旋霾，冲冒氛埃不辨向方，人马或有颠仆于冰上。	李在学：《燕行日记》（上、中、下），引自《燕行录全集》（第58册），第55~56页。
58	乾隆五十八年十二月初八日	中安铺至新广宁	午后风沙蔽天，遮帐而行。	李在学：《燕行日记》（上、中、下），引自《燕行录全集》（第58册），第59页。
59	乾隆五十八年十二月初九日	新广宁至十三山	风埃涨空，寒雪交霏。	李在学：《燕行日记》（上、中、下），引自《燕行录全集》（第58册），第59页。
60	乾隆五十八年十二月十一日	连山驿至宁远卫	自过辽野日日从尘沙中行……午后风埃满路，人皆眯目。	李在学：《燕行日记》（上、中、下），引自《燕行录全集》（第58册），第64~65页。
61	乾隆五十九年（1794 年）二月十四日	连山驿至高桥堡	午后风埃涨起。	李在学：《燕行日记》（上、中、下），引自《燕行录全集》（第58册），第215页。
62	乾隆五十九年二月十八日	新广宁至小黑山	风沙眯眼，最难堪也。	李在学：《燕行日记》（上、中、下），引自《燕行录全集》（第58册），第223页。
63	乾隆五十九年二月二十二日	沈阳至白塔堡	阴霾大风……晓来天色漠漠，长风猎猎，日出后由城南而行，未至混河大风起自东南，尘沙涨乱，天地晦冥，咫尺难辨，拳石飞扬，扑打人面，人不得开睫，马不能移步，不得不入休于河岸一古寺。书状及在后一行仅仅随到而皆无人色，时已过午，风力不止，成一混沌世界。闻使行之过沈辽，每多遭风而未有如此之狞壮矣。	李在学：《燕行日记》（上、中、下），引自《燕行录全集》（第58册），第226~227页。
64	嘉庆三年（1798 年）二月二十二日	中后所至宁远府（卫）	风势大作，尘埃蔽空，在前之人往往不见。	徐有闻：《戊午燕录》，引自《燕行录全集》（第62册），第234页。

序号	时间	地点	沙尘程度	出处
65	嘉庆六年（1801年）十二月初十日	广宁站至石山站	洒雪大风，飞尘迷路。	李基宪：《燕行日记》，引自《燕行录全集》（第65册），第70页。
66	嘉庆七年（1802年）二月十七日	亮水河至东关驿	大风，飞沙迷路。	李基宪：《燕行日记》，引自《燕行录全集》（第65册），第264页。
67	嘉庆八年（1803年）十二月初八日	大白旗堡至二道井子	大风扬沙，一行人马浑入尘海中。	徐长辅：《蓟山纪程》，引自《燕行录全集》（第66册），第133页。
68	嘉庆九年（1804年）二月十七日	连山驿至松山堡	风势连日狂急，尘埃散天，行人口中嚼之有［声］，路傍林木皆成雾里光景，此燕路所不免也。	徐长辅：《蓟山纪程》，引自《燕行录全集》（第66册），第427页。
69	道光二年（1822年）十二月初二日	王宝台至辽阳	大路平砥，车上安稳，但风沙涨满，殆难开眼。	徐有素：《燕行录》（四、五、六），引自《燕行录全集》（第80册），第440页。
70	道光二年十二月初三日	迎水寺至十里河	是日风甚尘涨，同行咫尺之间不能相辨，车中虽下帷紧掩面，从何滚滚而入，顷刻积满以尘，鞭常麾之，而尘则自如又入口内，淅沥有声，行中骑者步者尤被其苦，鬓眉衣冠无不白皙。	徐有素：《燕行录》（四、五、六），引自《燕行录全集》（第80册），第447页。
71	道光二年十二月初七日	新民屯至一板门	平风甚悚冽，尘沙大涨，咫尺不能辨……（白旗堡）午饭后复行，风沙愈甚，殆难开眼。	徐有素：《燕行录》（四、五、六），引自《燕行录全集》（第80册），第466～467页。
72	道光二年十二月初八日	一板门至小黑山	风犹不息，尘土滚起于轮蹄之间，飞栖车上，顷刻积厚。	徐有素：《燕行录》（四、五、六），引自《燕行录全集》（第80册），第468页。
73	道光三年（1823年）二月二十日	中安堡至小黑山	午后风益起，尘沙大涨，殆难开眼。	徐有素：《燕行录》（七、八、九），引自《燕行录全集》（第81册），第310页。
74	道光三年二月二十六日	迎水寺至狼子山	日出发行，风甚尘涨，殆难开眼。	徐有素：《燕行录》（七、八、九），引自《燕行录全集》（第81册），第322页。

续表

序号	时间	地点	沙尘程度	出处
75	道光八年（1828年）十二月初八日	白旗堡至小黑山	一出辽野，风沙扑人，眯目噀口，殆不可堪，而此地尤甚。	朴思浩：《燕蓟纪程》，引自《燕行录全集》（第85册），第269页。
76	道光九年（1829年）二月十九日	大凌河	风雪大作，大凌河留，大雪漫天罩地，折木扬沙，尽日晦冥，咫尺不辨。	朴思浩：《燕蓟纪程》，引自《燕行录全集》（第85册），第318页。
77	道光九年十月初一日	沈阳至十里河堡	浑河水浅桥成，来时泥泞皆作陆地，而尘埃涨天，不能开眼矣。	朴来谦：《沈槎日记》，引自《燕行录全集》（第69册），第103~104页。
78	道光九年十二月十一日	大凌河堡至高桥堡	路上沙尘迷涨，车马过时如云兴雾起，片时间须发皆白，衣袂染黄，拂之复积不可禁止，闭帷深坐殆如禅定，从者言自此至皇城无处不然云。	姜时永：《輶轩续录》，引自《燕行录全集》（第73册），第82页。
79	道光九年十二月十二日	高桥堡至宁远卫	黄尘终日如雾……是日风猛尘涨，咫尺不辨，驱车向前便是黑窣窣地。	姜时永：《輶轩续录》，引自《燕行录全集》（第73册），第84~85页。
80	道光九年十二月十三日	宁远卫至中后所	终日风埃。	姜时永：《輶轩续录》，引自《燕行录全集》（第73册），第86页。
81	道光十年（1830年）二月十九日	羊肠河	旧是烂泥之地，今值久旱，路上扬尘，从者言："此处扬尘亦是罕觐。"	姜时永：《輶轩续录》，引自《燕行录全集》（第73册），第300页。
82	道光十年二月二十一日	周流河至孤家子	渡河风转大，黄尘涨天，白日无光如雾中行。	姜时永：《輶轩续录》，引自《燕行录全集》（第73册），第301页。
83	道光十二年（1832年）十二月初四日	中安堡至广宁站	尘沙霏霏，不可开眼，启口甚苦。	金景善：《燕辕直指》（二、三、四），引自《燕行录全集》（第71册），第35页。
84	道光十二年十二月初五日	广宁站至石山站	平明发行，尘沙逾细，随风悠扬，殆不辨寻丈之间……是日阴霾无所见。	金景善：《燕辕直指》（二、三、四），引自《燕行录全集》（第71册），第36、38页。

序号	时间	地点	沙尘程度	出处
85	道光十三年（1833年）二月十九日	连山驿至朱家店	大风渐起，尘沙涨起，殆不可开眼。	金景善：《燕辕直指》（五、六），引自《燕行录全集》（第72册），第146页。
86	道光十三年二月二十三日	中安堡至小黑山	大风阴霾，殆不辨咫尺，促行至小黑山宿，风霾终夜未已。	金景善：《燕辕直指》（五、六），引自《燕行录全集》（第72册），第169页。
87	道光十三年二月二十四日	小黑山至二道井	大风阴霾。朝起见尘沙透窗而入，厚积炕上，风霾如昨日……稍晚天色少开遂发行，行未几里，风霾又如前，进退两难，况又三四十里之间无可留接之店，艰抵二道井宿，夜深风霾始收。	金景善：《燕辕直指》（五、六），引自《燕行录全集》（第72册），第170页。
88	道光二十八年（1848年）十二月初五日	小黑山至广宁站	疾风扬沙闯入车中，玄雾昏花，不能辨物。	李遇骏：《梦游燕行录》（上），引自《燕行录全集》（第76册），第439页。
89	道光二十九年（1849年）二月十五日	中后所至宁远卫	风雾四塞，飞尘扬沙，不能开睫。	李遇骏：《梦游燕行录》（下），引自《燕行录全集》（第77册），第105页。
90	道光二十九年二月二十七日	大方身至沈阳	狂风忽起，尘沙蔽日。	李遇骏：《梦游燕行录》（下），引自《燕行录全集》（第77册），第119页。
91	道光三十年（1850年）十二月十三日	宁远卫至中后所	是日风气甚乖，黄埃四盖，行路不宜。	权时亨：《石湍燕记·天》，引自《燕行录全集》（第90册），第438页。
92	咸丰元年（1851年）二月十六日	高桥堡至大凌河	云阴风猛，黄雾四蔽……一行皆催车而进至大凌河，风气粤甚，黄沙乱飞，咫尺不辨，景色懔怖。	权时亨：《石湍燕记地·人》，引自《燕行录全集》（第91册），第359~360页。
93	咸丰元年二月十七日	望山堡至常兴店	午后风势大作，黄尘蔽空。	权时亨：《石湍燕记地·人》，引自《燕行录全集》（第91册），第362页。
94	咸丰元年三月初一日	广宁站至石山站	风霾。	金景善《出疆录》，引自《燕行录全集》（第72册），第450页。

续表

序号	时间	地点	沙尘程度	出处
95	咸丰元年三月初二日	石山店至双阳店	风沙掩霭。	金景善：《出疆录》，引自《燕行录全集》（第72册），第452页。
96	咸丰元年四月二十九日	中安堡至小黑山	风沙大作，不辨咫尺，如前行时，又行至小黑山止宿，风势夜深少止。	金景善：《出疆录》，引自《燕行录全集》（第72册），第539页。
97	咸丰五年（1855年）三月十二日	浑河桥	渡浑河桥，大风扬沙，黄埃眯目，寻丈之外不辨人马。	朴显阳：《燕行日记、内题：燕行日记全》，引自《燕行录全集》（第91册），第410～411页。
98	咸丰五年五月初六日	中前所至中后所	西风作恶，尘沙扑面。	朴显阳：《燕行日记、内题：燕行日记全》，引自《燕行录全集》（第91册），第433页。
99	咸丰六年（1856年）二月二十日	沙流河至烂泥堡	大风尘涨，蔽帷而行，犹透入轿中，衣件变色。四十七里到烂泥堡秣马，此是辽野最称沮洳之地，若值雨潦泥融之时，则不翅阳山泊之不可通，而今行路干尘扬，一行甚以为幸。	姜长焕：《北辕录》，引自《燕行录全集》（第77册），第343页。
100	咸丰六年十一月初五日	狼子山至辽东城	东风，尘沙弥天，不辨咫尺，一行上下举蒙尘土，俱无人形。	徐庆淳：《梦经堂日史》，引自《燕行录全集》（第94册），第195页。
101	咸丰九年（1859年）十二月初五日	迎水寺至十里河堡	自辽以来，右边则大野，百里外山色点点重重，隐映于云表；左边则渺无涯岸，尘埃涨天，实难开眼。	高时鸿：《燕行录》，引自《燕行录全集》（第92册），第31页。
102	咸丰九年十二月十二日	广宁至石山店	午风，尘沙弥满，行役难堪。	高时鸿：《燕行录》，引自《燕行录全集》（第92册），第37页。
103	咸丰十年（1860年）二月十九日	广宁站至小黑山	风沙弥路，不堪赶程。	高时鸿：《燕行录》，引自《燕行录全集》（第92册），第67页。
104	咸丰十年五月初三日	烂泥堡	到烂泥堡秣马，此是辽野中最称沮洳地，而近为久旱，反见尘埃涨昏，飞扑满面，不辨马首，虽谓之干土堡，亦可也。	未详：《燕行日记》[g]，引自《燕行录全集》（第92册），第177页。

续表

序号	时间	地点	沙尘程度	出处
105	咸丰十年五月初六日	新民屯至白旗堡	渡柳河沟,过石狮子,书状为涨尘所困,下坐店舍,余亦下轿。	未详:《燕行日记》,引自《燕行录全集》(第92册),第185~186页。
106	咸丰十年五月初七日	白旗堡至小黑山	大风,尘埃涨起,殆无以作行。	未详:《燕行日记》,引自《燕行录全集》(第92册),第186页。
107	咸丰十年七月十三日	中后所至沙河所	大风,扬沙飞尘。	未详:《燕行日记》,引自《燕行录全集》(第92册),第303页。
108	同治二年(1863年)二月二十七日	沈阳至十里河	自沈出城,大风起作,扬沙走石。	李恒億:《燕行日记》,引自《燕行录全集》(第93册),第180页。
109	同治五年(1866年)五月二十一日	白旗堡至小黑山	晚后野风吹沙,尘埃透入衣袖中。	柳厚祚[h]:《燕行日记》,引自《燕行录全集》(第75册),第325页。
110	光绪二年(1876年)十二月十二日	白旗堡至小黑山	朔风大作,黄尘满涨意。	未详:《燕蓟纪略》[i],引自《燕行录全集》(第98册),第44页。
111	光绪二年十二月十六日	塔山所至宁远卫	望见海色依微,而风头沙尘浮涨,不分天水矣。	未详:《燕蓟纪略》,引自《燕行录全集》(第98册),第48页。
112	光绪三年(1877年)二月二十一日	中前所至中后所	终日风沙弥天,不分咫尺。	未详:《燕蓟纪略》,引自《燕行录全集》(第98册),第90页。
113	光绪三年二月二十三日	宁远卫至杏山堡	连日风势不顺,沙尘扑面,衣襟尽污。	未详:《燕蓟纪略》,引自《燕行录全集》(第98册),第90页。
114	光绪三年三月初二日	王宝台至狼子山	夕间大风卷沙,土雨满天,日气之乖当诚可怪矣。	未详:《燕蓟纪略》,引自《燕行录全集》(第98册),第92页
115	光绪十四年(1888年)十二月十五日	十三站至秃老婆店	大风尤起,尘沙散漫,不能前去。	未详:《燕辕日录》(一、二、三),引自《燕行录全集》(第95册),第259页。

续表

序号	时间	地点	沙尘程度	出处
116	光绪十五年（1889 年）四月二十七日	八里堡至中前所	大风刮地，尘沙昧目，对面而几不相识矣。	未详：《燕辕日录》（四、五、六），引自《燕行录全集》（第96 册），第62 页。
117	光绪十五年五月初一日	大凌河堡至秃老婆店	自此而大风渐渐刮地，尘沙昏天迷地，对面而殆不相识，黄沙透满于车中矣，虽着眼镜无奈何，只得以罗帕蒙面而行。	未详：《燕辕日录》（四、五、六），引自《燕行录全集》（第96 册），第75 页。
118	光绪十五年五月初七日	石桥至迎水寺	此时风势渐大，尘沙迷空，日色如黄昏时候，因加鞭催行而风沙尤极冲起，对面而几不相识，骖乘之驴亦吹鼻而不进，赶车的告以买饭歇宿于店旅，余不听益催撵而才到迎水寺，但见黄沙铺满于车中，而人之面发巾帽衣裳浑是黄土，完如泥塑之人。	未详：《燕辕日录》（四、五、六），引自《燕行录全集》（第96 册），第95 页。
119	光绪十六年（1890 年）七月二十八日	胡家窝棚至广宁店	大风扬沙。	洪钟永：《燕行录》，引自《燕行录全集》（第 86 册），第 451 页。

注：a 左江考订《闲闲堂燕行录》的作者为"孟万泽"，参见左江：《〈燕行录全集〉考订》，引自《域外汉籍研究集刊》（第四辑），中华书局 2008 年版，第 50 页。

b 左江考订作者"赵荣福"应为"闵镇远"；出行时间"康熙五十八年"应为"康熙五十一年"，参见左江：《〈燕行录全集〉考订》，《域外汉籍研究集刊》引自《域外汉籍研究集刊》（第四辑），中华书局 2008 年版，第 47 页。

c 左江考订《燕行日录》的作者为"郑光忠"，出行时间"康熙三十四年"应为"乾隆二十年"，参见左江：《〈燕行录全集〉考订》，《域外汉籍研究集刊》，2008 年，第四辑，第 49 页。

d 左江考订《庚辰燕行录》的作者为"徐命臣"，参见左江：《〈燕行录全集〉考订》，引自《域外汉籍研究集刊》（第四辑），中华书局 2008 年版，第 52 页。

e 左江考订作者"金种正"名字的正确书写当为"金锺正"，参见左江：《〈燕行录全集〉考订》，引自《域外汉籍研究集刊》（第四辑），中华书局 2008 年版，第 50 页。

f 左江考订作者"李遇骏"名字的正确书写当为"李有骏"，参见左江：《〈燕行录全集〉考》，引自《域外汉籍研究集刊》（第四辑），中华书局 2008 年版，第 59 页。

g 左江考订《燕行日记》的作者为"朴齐寅"，参见左江：《〈燕行录全集〉考订》，引自《域外汉籍研究集刊》（第四辑），中华书局 2008 年版，第 59 页。

h 左江考订作者"柳厚祚"不是《燕行日记》的作者，而为柳氏从事官，姓名已不可考，参见左江：《〈燕行录全集〉考订》，引自《域外汉籍研究集刊》（第四辑），中华书局 2008 年版，第 58 页。

i 左江考订《燕蓟纪略》的作者为"李容学"，参见左江：《〈燕行录全集〉考订》，引自《域外汉籍研究集刊》（第四辑），中华书局 2008 年版，第 59 页。

资料来源：林基中编：《燕行录全集》（第 23～98 册），韩国东国大学校出版部 2001 年版。

清代朝鲜贡使在《燕行录》中，不但记录了盛京地区沙尘天气实况，还描绘了人与物在沙尘天气中的实态，逼真地再现了盛京地区沙尘天气的实景。

二、清代盛京地区沙尘天气的等级及特点

在现代气象学中，一般将沙尘天气分为沙尘暴、扬沙和浮尘 3 个等级。沙尘暴是指强风将地面大量沙粒和尘土卷入空中，使空气特别混浊，能见距离降低到 1 千米以下，天空呈土黄色，有时甚至呈红黄色。扬沙是指由于风力较大，将地面沙尘吹起，使空气相当混浊，能见距离在 1 ~ 10 千米。浮尘是指在无风或风力较小的情况下，远处细尘经高空气流移运至本地，或者本地沙暴后尚未下沉的沙尘均匀地浮游在空中，使能见距离小于 10 千米，天上阳光惨白，远处景色呈黄褐色①。尽管清代朝鲜贡使所作记录未采用现代气象学意义上的沙尘天气用语，但我们可根据他们对沙尘天气中风力、沙尘状态、能见距离和迎风步行阻力的描写，对盛京地区沙尘天气的等级做出推定。

清代朝鲜贡使在盛京地区经历沙尘天气时，将风力描述为"狂风大起""大风扫地""狂风卷地""狞风大作""风势益狂""疾风大起""风势大作""大风刮地"等。这种"狂风""疾风""狞风"将地面尘沙卷起、扫起和刮起，出现"尘沙涨起""尘沙蔽路""尘沙涨天""尘沙混濛""黄尘蔽空"的场景，比对现代气象学的风力等级，可以推定其风力应在 7 级以上。在这样的风沙作用下，人与人或人与物间的能见距离处于"咫尺难辨""咫尺不辨""在前之人往往不见""对面而几不相识"之态。若人与车马行走其中，或是"车马不得前"，或是"几乎人不得植立、马不能前进"，或是"马为之退步"。以此可以判定朝鲜贡使遭遇了沙尘暴天气，约计 45 次。

---

① 王社教：《历史时期我国沙尘天气时空分布特点及成因研究》，载于《陕西师范大学学报（哲学社会科学版）》2001 年第 3 期。

清代朝鲜贡使还将风沙状态记录为"大风扬沙""大风吹沙""大风扬尘""扬尘飞沙""风埃涨空"等。比照现代气象学的风力等级，可以判定其风力应在 4 级以上。在此情形下，人们或"不省南北"，或"不辨方向"，行走其间或"迷路"或"眯目"或"不得开眼"。基于此，可以推定朝鲜贡使遭遇了扬沙天气，约计 69 次。清代朝鲜贡使的记录中还有"阴霾"或"风霾"。现代气象学意义上的"霾"是指大量极细微的干尘粒等均匀地浮游在空中，使水平能见度小于 10 千米的空气普遍混浊现象。霾使远处光亮物体微带黄、红色，使黑暗物体微带蓝色①。但是朝鲜贡使在盛京地区遇到的"阴霾"或"风霾"天气与现代气象学意义上的"霾"不同，是由于两者构成的主体成分、空中所处的状态均有差异，因此，朝鲜贡使在盛京地区遇到的"阴霾"或"风霾"天气应相当于浮尘天气，约计 5 次。

　　清代朝鲜贡使在盛京地区遭遇的沙尘天气囊括了沙尘暴、扬沙和浮尘 3 个等级，但主体是沙尘暴和扬沙。在对这些沙尘天气发生季节、地带和周期进行梳理后，发现其具有以下特点是：

　　一是季节上的集中性。沙尘天气一年四季都可能发生，但有明显的季节性。清代盛京地区沙尘天气共发生 119 次，各月份（农历）分布的情况为：正月 2 次，二月 30 次，三月 12 次，四月 9 次，闰四月 2 次，五月 7 次，七月 4 次，九月 7 次，十月 3 次，十一月 5 次，十二月 38 次。其中发生沙尘天气最多的月份是十二月，其次是二月，主要集中于冬季（十二月至次年二月）春（三月至五月）时节，冬季发生的沙尘天气 45 次，春季发生的沙尘天气 53 次，冬春二季共计 98 次，约占其总数的 80%。作为朝鲜贡使中的"冬至使"正月在北京滞留，故对盛京地区正月发生沙尘天气的记录较少。

　　二是地带上的多发性。对清代朝鲜贡使途经盛京地区遭遇沙尘天气的情况进行统计后发现，辽西地区发生 94 次，辽东地区发生 25 次，辽西地区沙尘天气多于辽东地区。辽西地区发生沙尘天气最严重的地带是小黑山至广

---

① 夏炎：《"霾"考——古代天气现象认知体系建构中的矛盾与曲折》，载于《学术研究》2014 年第 3 期。

宁，较为严重的是广宁至十三山，相对严重的是白旗堡至二道井及宁远卫至两水河；辽东地区发生沙尘天气集中于狼子山至周流河之间，狼子山以东地区未见沙尘天气记录。这些地带多为河流冲积平原或滨海平原地带。

三是周期上的变化性。对清代朝鲜贡使记录的沙尘天气资料进行统计，发现清代不同时期盛京地区沙尘天气发生的频次不同。康熙朝发生沙尘天气共 21 天，分属于 10 年，连续 2 年的有 3 次，一年里发生沙尘天气最多为 5 天。乾隆朝发生沙尘天气共 31 天，分属于 13 年，连续 2 年的有 4 次，一年里发生沙尘天气最多为 5 天。嘉庆朝发生沙尘天气共 5 天，分属于 5 年，连续 4 年的有 1 次。道光朝发生沙尘天气共 23 天，分属于 10 年，连续 3 年的有 2 次，连续 2 年的有 2 次，一年里发生沙尘天气最多亦为 5 天。咸丰朝发生沙尘天气共 16 天，分属于 5 年，连续 2 年的有 2 次。同治朝发生沙尘天气只有 2 天。光绪朝发生沙尘天气共 10 天，分属于 5 年，连续 3 年的有 1 次，连续 2 年的有 1 次。清代盛京地区沙尘天气发生的周期变化较大。

三、清代盛京地区沙尘天气的成因

清代朝鲜贡使在盛京地区遭遇沙尘天气已非"罕见之事"，实乃"司空见惯"。嘉庆九年（1804 年）二月十七日，朝鲜贡使徐长辅等行走在连山驿（今辽宁省葫芦岛市连山区内）至松山堡（今辽宁省锦州市松山堡）间，"风势连日狂急，尘埃散天，行人口中嚼之有声，路傍林木皆成雾里光景，此燕路所不免也"[①]。对走在"燕路"上的朝鲜贡使而言，与沙尘相伴已在所难免。盛京地区沙尘天气的出现虽是一种自然现象，但也有其形成的必然因素，即空中有能将沙尘卷起或吹起的大风，地面有能被大风卷起的沙尘物质。

第一，春冬二季多风是盛京地区沙尘天气形成的前提条件。清代朝鲜贡使途经的盛京地区春季南北风频繁交替，是大风最多的季节。冬季偏北风长

---

① 徐长辅：《蓟山纪程》，引自林基中编：《燕行录全集》（第 66 册），（首尔）东国大学校出版部 2001 年版，第 427 页。

驱直入，尤其盛行西北风。为顺应这样的气候环境，辽西地区民居多为土屋，"自周流河至山海关多土屋"①。土屋的建筑结构是无梁平顶，房顶建筑材料选用的是泥土而非茅草或瓦，顶上覆土且以泥灰涂之，这种泥土黏韧，不坼不渗。无论是建筑结构还是建筑材料都在力求降低风的阻力，减少风对房屋的损害，防止"卷我屋上三重茅"。房屋式样的选择，足可力证这里乃是多风之地。而清代朝鲜贡使的记述，则进一步证明辽西地区大风的本色。乾隆三十八年（1773 年）十二月十二日至二十一日，朝鲜贡使严璹在辽西地区感受到冬日的大风。十三日，"晚大风"。十四日，"达夜大风，晓发晴暄，晚又风"。十五日，"夜里大风，晓始止"。十六日，"夜里大风，晓始止"。二十日，"晚风"②。连续四天的时间里，晚间或是夜里大风不止。乾隆二十九年（1764 年）三月二十四日至二十六日，朝鲜贡使金种正等入沈阳后连受"狂风"之吹③。因此，在冬春季的时日里，盛京地区较多大风天气，助推了沙尘天气的形成。

第二，浮软细沙成为盛京地区沙尘天气形成的必要条件。纵然盛京地区有能卷地或刮地或扫地的大风，如地面没有可被吹起的疏松细沙壤土，也不会发生沙尘天气。清代朝鲜贡使在经受沙尘天气的同时，仔细观察了当地的土壤："土性则皆是浮软细沙，元（原）无粘土黄壤。岂以开野甚广且渐滨海，地气疏卤而然耶！土既软脆，山多削立，沿路未见有沙洑处，岂皆是石峰耶！抑水源不足而然耶！可异也。大路则车辙之迹纵横如沟，皆成浮土。虽无风之日，车行马驰，则飞沙如灰，不得开睫。若或风起，则氛埃蔽天，咫尺不辨。沙尘所染，不但衣服颜色顷刻变换，耳目口鼻无处不入，洗而不去，嚼之有声。市廛及人家所置之器皿，常以鸡尾帚挥扫不绝。北京城内则虽铺以礴石，而街衢之上常汲水以置，频频洒路。辽东以前实与我国江边之

---

　　① 李押：《燕行记事》，引自林基中编：《燕行录全集》（第 53 册），（首尔）东国大学校出版部 2001 年版，第 38 页。

　　② 严璹：《燕行录》，引自林基中编：《燕行录全集》（第 40 册），（首尔）东国大学校出版部 2001 年版，第 188、189、190、192、199 页。

　　③ 金种正：《沈阳日录》，引自林基中编：《燕行录全集》（第 41 册），（首尔）东国大学校出版部 2001 年版，第 199 页。

上无异，而辽野以后始如此矣。"① 朝鲜贡使步入辽东，始见平原，故称辽野。这是朝鲜贡使对辽东以后直至北京所经地区土性的总括，可见沙土细软疏松是其本性，沙土疏松易导致沙土粒间形成空隙，沙土细软易使其缺少韧性，从而造成沙土松散而轻浮。无风之日，抑或自扬，车马过后而起尘，有风之日则变为扬沙，当地土性是沙尘天气形成之本源。

　　第三，冬春时节的干旱构成盛京地区沙尘天气发生的潜在因素。盛京地区冬春干旱，少有雪雨降落。解冻后表层土壤裸露，表土内因缺少水分的滋润而变得干燥疏松，再加上春风的着力，更易形成沙尘天气。清代朝鲜贡使途经辽西、辽东的沮洳之地时，道路泥泞，泥深没膝，人马难行，备感行路之难。此地若发生干旱，朝鲜贡使在为摆脱行路之艰而庆幸时，又因遭受风沙之苦而使其郁闷至极。康熙五十二年（1713 年）三月初三日，崔德中等行至二道井，"曾是泥泞，故高大筑路。而今则冬春久旱，故少无泥泞之处矣"，但是"风吹如昨，飞埃掠目，惊沙扑面，逐日栉风，面皮尽坼，眼眦红烂"②。已经连续四日"沐浴"在大风卷地、尘沙扑面之中，纵然是春和之时，亦使朝鲜贡使行役之难百倍于严冬。咸丰十年（1860 年）五月初三日，朝鲜贡使到烂泥堡秣马，"此是辽野中最称沮洳地，而近为久旱，反见尘埃涨昏，飞扑满面，不辨马首，虽谓之干土堡，亦可也"③。沮洳之地，地势低洼，成为夏雨冬雪消融之处，故而泥泞，冬春时节的干旱使淤积的泥沙裸露出来，增扩了沙源地，在春风的作用下，不可能发生沙尘天气的地带出现了沙尘天气，增加了沙尘天气发生的可能性，朝鲜贡使又难逃沙尘之苦。

　　清代朝鲜贡使们在盛京地区尽管遭遇风沙之苦，但苦中作乐，写下了很多"歌咏"沙尘的诗词，为我们呈现出别样的"画卷"。朝鲜贡使赵荣福等

---

① 李押：《燕行记事》，引自林基中编：《燕行录全集》（第 53 册），（首尔）东国大学校出版部 2001 年版，第 19～20 页。

② 崔德中：《燕行录》，引自林基中编：《燕行录全集》（第 40 册），（首尔）东国大学校出版部 2001 年版，第 109 页。

③ 未详：《燕行日记》，引自林基中编：《燕行录全集》（第 92 册），（首尔）东国大学校出版部 2001 年版，第 177 页。

进入辽野后频遭风沙之苦，为此口占一绝："瘴雾狂风浃二旬，飞沙积地欲埋轮。何时手挽清河水，净洗神州满目尘。"书状和曰："辽野间关问几旬，风沙尽日若备轮。归时定渡龙湾水，拟挽衣裳洗染尘。"上使和曰："客路支离浃四旬，邮僮日倦护征轮。商胡且莫催驱去，恐尔过时更起尘。"① 朝鲜贡使们除了为沙尘作诗外，还绘写出盛京地区风沙之样貌，让我们领教了另样的"神功"。道光二年（1822 年）十二月十一日，朝鲜贡使徐有素等自十三山至大凌河堡午饭，至双阳店（今辽宁省凌海市双阳镇）住宿。"历三台子，道傍有沙峰。此地素风甚，近大凌河河畔，沙为风所扬，聚于聚处因成邱（丘）陵，积壤成泰，信悲虐语。此处尝有一庙，为风沙所没。马头指路傍一阜，曰：'此其庙处也。'若为辈荒唐之说，而以沙峰观之，则亦无怪也。至秃老（婆）店（今辽宁省凌海市二台子村）益近河，风沙愈甚，店舍后积沙已过于檐，非久有尽没之患。问于店人曰：'沙积过屋将奈何？'对曰：'不怕，遇回风还复扬去。'盖风吹东则沙聚于西，得西风则还聚于东，如海沙之随潮激射，东阜西岛朝夕变幻者也。"② 风沙不但淹没了庙宇，而且堆积过房檐，可见此地风沙灾害之严重。

清代朝鲜贡使在盛京地区遭遇沙尘天气时，步行者脱笠掩面者有之，沙扇遮面者有之，罗帕蒙面者有之，戴着风镜者有之，坐在轿中之人则放下轿窗沙帘掩护之，尽管如此，但飞沙照样眯目行人，依然钻入轿中，果真是"风尘仆仆"。

清代朝鲜贡使在《燕行录》中保存的盛京地区沙尘天气资料，尽管不是有清一代的完整记录，但却为开启此项研究提供了史料支撑。随着史料的进一步发掘，会逐步揭开清代盛京地区沙尘天气的原貌，对我们今天探索该地区沙尘天气发生的规律和寻找治理方法具有镜鉴作用。

---

① 赵荣福：《燕行录》，引自林基中编：《燕行录全集》（第 36 册），（首尔）东国大学校出版部 2001 年版，第 244～245 页。左江考订"赵荣福"应为"闵镇远"。

② 徐有素：《燕行录》（四、五、六），引自林基中编：《燕行录全集》第 80 册，（首尔）东国大学校出版部 2001 年版，第 476～477 页。

清代东北果园的设立与变迁[*]

关亚新

为恢复和发展东北经济，清政府采取了多种土地利用形式，不但设置各种旗地和招民开垦来垦殖农田，而且还设立牧场和划定柳条边外蒙古游牧区来牧养牲畜，以及划定山场、围场和果园来发展林果和采集狩猎业等，多种土地利用形式直接、间接地完成了人类与自然间的能量交换，实现了人与自然间的互动。清代东北果园主要分布于盛京地区，因其隶属关系不同而各自担负的功能亦有不同。国内外学者在论述清代东北土地制度等问题时对东北果园虽略有提及[①]，但对其进行详尽研究的成果很少。本文拟对清代东北果园的设立与管辖、贡品与用途、私垦与清丈及其环境影响等问题进行研究，并力求拓展之[②]。

---

[*] 本文以《清代东北果园的设立与变迁》为题发表于《贵州社会科学》2020年第5期，编入本书时内容略有修改。

① 张云桥、张占斌：《东北土地制度的探讨》，载于《吉林师范大学学报（人文社会科学版）》1986年第2期；王革生：《清代东北官庄的由来和演变》，载于《中国社会经济史研究》1989年第3期；王革生：《清代东北土地制度史》，辽宁大学出版社1991年版；乌廷玉：《清朝盛京内务府官庄的几个问题》，载于《北方文物》1989年第3期；李树田：《清代东北土地制度研究》，吉林文史出版社1992年版；李珂珂、曹幸穗：《东北地区种植结构历史变迁研究》，载于《农业考古》2012年第6期。这些著述都不同程度谈到清代的东北果园。

② 土地等自然资源的开发和利用及其与自然环境的关系是开展区域环境史研究的主要内容。参见滕海键：《"东北区域环境史"研究体系建构及相关问题探论》，载于《内蒙古社会科学》2020年第2期。

一、清代东北果园的设立与管辖

清廷为保证各种果品的需用，在盛京地区设立了具有不同功效的果园，有隶属京师内务府（后改属盛京内务府）的辽东果园（又称盛京果园）和辽西果园（又称广宁果园），有隶属盛京礼部的果园，有隶属三陵衙门的果园，但各个果园因隶属机构不同，设立时间亦不同。

盛京果园和广宁果园的设立时间可从清代历史文献的些许记载中找到一些线索。据《钦定大清会典事例》载："国初定，广宁果园壮丁无定额，每年每丁征银三两。顺治初年定，盛京旧园丁三百五十一名，广宁旧园丁一百十七名，每丁岁征银三两，共旧丁四百六十八名。"① 这里在言盛京果园、广宁果园时提到的是"旧园丁"，足以表明盛京、广宁果园非顺治初年所设，而应是后金政权时期或皇太极时代的清朝就已存在。盛京果园分南、北两路，铁岭、开原界内果园为北路，辽阳、牛庄界内果园为南路。天命四年（1619 年）六月和七月，努尔哈赤率领后金军队分别攻下开原城和铁岭城，俘掠一空而去。经此一战，开原、铁岭城空人去、城毁地荒。三年后，这里既有迁来之人在城堡台站处居家耕田，又归为镶黄旗收管之地，毁城荒地重新有人居住耕种。据《铁岭县志》载："太祖龙兴之初，兵入残毁，抵今六十年所矣。世祖诞膺大命，混一区寓，从龙甲士，率入京师，其留业于此者，各旗果户外，千百余家耳。"② 虽然驻守铁岭的八旗兵士跟随顺治帝迁都北京，但各旗果户仍留守之，继续经理果园，可知铁岭地区果园应设立于顺治帝迁都北京之前。中华民国十年（1921 年），开原县知事文光在审理梅家寨（今辽宁省开原县内）控案中提及，"查此项山场名曰御果园，系前清

---

① 昆冈编：《钦定大清会典事例》卷一千一百九十七，（台北）新文丰出版有限股份公司 1976 年版，第 19034 页。
② 贾弘文修，董国祥纂：《铁岭县志》（卷上），引自金毓黻主编：《辽海丛书》（第二册），辽沈书社 1984 年版，第 765 页。

皇室贡山，有壮丁二十四名，每壮丁各附带花丁八名纳贡当差，垂三百余年"①。以此时间推算，梅家寨果园约设立于 1621 年，那么，在努尔哈赤率兵攻占开原、铁岭之后则设立了盛京北路果园。

天命六年（1621 年）三月二十日，努尔哈赤攻下辽东城（今辽宁省辽阳市），对辽阳以南的汉人采取收养之策，以利于各种农作物的种植和各类果品的培养。汗曰："攻辽东城时，我兵士亦多有死亡矣。如斯死战而得之辽东城人，竟待以不死，悉加豢养，使之安居如故。嗣海州、复州、金州人，遭遇非若辽东，尔等勿惧，杀则一日，食则一时矣！即加诛戮，而所得无几，顷刻即尽矣！若赦而养之，诸物咸出尔手，用之互市，更以佳物美果来献，则受益无穷也！"正因此策之实行，"汗"才有"佳物美果"享用。五月十八日，"园户送瓜及樱桃前来。向阳寺李秀义献杏一盘、樱桃二盘、王瓜二盘。十九日，张游击献王瓜一盘、樱桃一盘、杏二盘。刘游击献王瓜二盘、樱桃二盘。京立屯王英献樱桃一盘。二十日，张秀才献樱桃二斗。二十四日，向阳寺屯民黄秀兰献杏二筐，赵三屯献杏一筐，张侍梅屯献杏一筐，吴塔屯献杏一筥，向阳寺屯富士扣献杏一筥，太乐屯郭秀才献杏四百枚"②。"园户"一词可理解为专门经营果蔬园之户，出产的时令果蔬樱桃、杏子、瓜等纷纷供献给"汗"，据此，盛京南路果园即于此时设立。

天命七年（1622 年）正月，努尔哈赤率兵攻打广宁。广宁之战后，努尔哈赤强行迁移"锦州二卫的人，住在广宁。白土厂（人）率你们属下的人，带着犁移到广宁来住。锦州的人等待你们来，以便分田。清河的人，查明、率领你们属下的人、义州留存的人，带犁移到闾阳驿来住。镇安堡的人，你们属下的地方的人照旧居住。把边境的事放在你身上了。在边境上的

①　辽宁省档案馆馆藏资料，题名：奉天省长公署为总管内务府函皇室浮多地亩不得收归国有并请清理海岫山场果园事，全宗号 JC010，目录号 1，卷号 6626。

②　中国第一历史档案馆、中国社会科学院历史研究所译注：《满文老档》第二十册，天命六年四月初一日；第二十二册，天命六年五月十八、十九、二十、二十四日，中华书局 1990 年版，第 187～188、203～205 页。

台按旧例派人严密地监视。懂得栽培果树的人、和尚们到广宁来住，栽培汗能吃的果树"①。随后，努尔哈赤又命"陈游击，率领你属下的人，分关厢的房屋住下。任用栽培的巧匠看守汗吃的果树，恐怕随便地毁坏或烧掉，很好地嘱咐……"② 在努尔哈赤强迁的人户中就有为其栽培、看守果树的人，即园丁。依此推断，广宁果园设立时间应在天命七年，即后金政权时期，也就是满族人心目中的"国初"。

清朝的吏、户、礼、兵、刑、工六部设立于天聪五年（1631 年），顺治元年（1644 年）清廷迁都北京，六部承征等官也从龙入关。顺治十五年（1658 年）再设盛京礼部，礼部官庄随之而建，因官庄所出产品和纳租物的不同而分为田庄、瓜菜园、果园、山场、模口林及鱼泡六种，以供应东北三陵、寺庙祭祀所需的祭品。撰修于康熙二十年（1681 年）的《辽阳州志》记载：辽阳虽未设禁苑，但佳果供上，惟园是出，而各庄泽之利，何莫非天子之洪休钦。州内梨园系盛京礼部司之③。既然盛京礼部梨园已被记录，那可推定盛京礼部果园创设应早于康熙二十年，可以说是康熙朝初年。

清代东北三陵早称为兴京陵、东京陵和盛京陵，后准称为永陵、福陵和昭陵。为保证陵寝的守卫、祭祀和修缮，清廷设置三陵总管、掌关防和四品官等来统率所属官兵匠役负责之。祭祀官专门负责陵寝的典礼和祭品，永陵设于天聪八年（1634 年），昭陵、福陵设于顺治五年（1648 年），初为五品官，康熙八年（1669 年）升为四品官。三陵祭祀需备办祭品，清廷特设三陵庄地，有果园、瓜园等。三陵祭祀的时日和祭品种类各有规定，必须按时备办，从而可知三陵衙门果园至迟应设立于顺治年间。

康熙朝时，辽河以东有果园 90 处，盛京内务府司之；辽河以西有果园

① 辽宁大学历史系：《重译满文老档》（第二分册）第三十四卷，天命七年二月初三日，1979 年版，第 107 页。

② 辽宁大学历史系：《重译满文老档》（第二分册）第三十五卷，天命七年二月初七日，1979 年版，第 111～112 页。

③ 施鸿修、杨镳纂：《辽阳州志》（卷三），引自金毓黼主编：《辽海丛书》（第二册），辽沈书社1984 年版，第 728 页。

75 处，京师内务府司之①。两地共计 165 处。雍正十一年（1733 年），辽西果园改由盛京内务府掌仪司管辖。乾隆十年（1745 年），清廷下旨清厘盛京内务府掌仪司所属果园，当时为 105 处，辽阳界横□林子 55 处，辽阳岫岩牛庄等三界果子山场 71 处②。嘉庆朝时，盛京内务府掌仪司所属果园为 241 处。宣统三年（1911 年），掌仪司所属果园为 93 处③，分布于盛京、辽阳、开原、铁岭、广宁、义州、牛庄七界，但具体地点无从知晓。正如《广宁县志》所言："园无定处，有官掌之。"④ 这可理解为辽西果园是一圈定区域，在这个区域内都是果园，每处果园的具体位置、生产情况和园丁人数等只有掌理果园的官员知道。通过义州镶白旗佐领下六品顶戴委官领催福生阿于中华民国元年（1912 年）九月的呈文，能略知辽西果园初设状况："窃义州东极闾山，山势衣延。当开辟之初，地宽人少，有一种园丁先为占据，该园丁驻防广宁者多，驻防义州者少……"⑤ 说明在垦辟之初，义州地广人稀，园丁成为先占之人，并且园丁驻防广宁的多，驻防义州的少，这样可知辽西果园主体在广宁，少部分在义州。

盛京礼部果园初为七处，后扩为十处，多在辽阳界内。礼部所司果园有辽阳州梨园一，羊腊峪梨园一，三块石梨园一，邢镇抚屯梨园一，安平栗子园一，石桥子花红园一，樊胜堡花红园一⑥。之后，辽阳州果园一分为二，即外园和内园，还增加了千山和火连寨两处果园⑦。

三陵衙门果园只有三处，分别为福陵果园二，昭陵果园一⑧。

在果园里，园丁既承担着植树、浇水、施肥、锄草、嫁接、修剪、采

---

① 王河等修：《盛京通志》卷九"苑囿志·牧政附"，乾隆元年刻本。

② 阿桂等修：《盛京通志》卷三八"田赋二·旗田官庄税课附"，乾隆四十九年武英殿刻本。

③ 王革生：《清代东北官庄的由来和演变》，载于《中国社会经济史研究》1989 年第 3 期。

④ 张文治、项蕙修：《广宁县志》（卷一），引自金毓黻主编：《辽海丛书》（第四册），辽沈书社 1984 年版，第 2390 页。

⑤ 辽宁省档案馆馆藏资料，题名：内务府旗务处呈为查清内务府果园地亩办法与奉天巡抚的批，全宗号 JC10，目录 1，卷号 13062。

⑥ 伊把汉等修：《盛京通志》卷五"苑囿志"，康熙二十三年刻本。

⑦ 王河等修：《盛京通志》卷九"苑囿志·牧政附"，乾隆元年版。

⑧ 昆冈编：《钦定大清会典事例》卷 523，第 11981 页。

摘、养护和整修等差务，又担负着果园平常的警戒，而管理园丁和征纳租课的则是园头。盛京南路果园由八名园头分管，北路果园由四名园头分管①。至康熙四十五年（1706 年），盛京果园增设笔帖式二人、催总一人、领催三人、副领催六人，广宁果园设催总一人、领催三人，负责承催钱粮果品，这样就增强了对果园的督管。直到乾隆十三年（1748 年），盛京果园增新丁八十四名，广宁果园增新丁三名②。乾隆二十二年（1757 年）、三十五年（1770 年）和五十一年（1786 年），盛京、广宁分别新增丁七十四名、三十七名和七十七名③。盛京礼部果园有园丁一百六十八名，均属管千丁官管辖，其管千丁六品官、七品官各一人，由本部外郎、领催选充，稽查其岁输之数④。福陵果园有园头二名，园丁十名⑤。各个果园禁止外人进入，这是清王朝对果园管理的定制，果园无形之中成为禁地。在广宁西侧医巫闾山盛产香梨，为防止外人偷采，设园丁看守，香梨"城西闾山中多有之，其气香而味美。初食犹觉酸涩，贮久愈佳。国制设壮丁看守，每秋实日遣部吏采进，禁民私采"⑥。为防止外人入园割草打柴，医巫闾山西侧黑背沟一带被清廷封禁并派园丁看守。光绪二十八年（1902 年），掌仪司义州镶黄旗庆生佐领下园丁蔡钧天呈文称："因身先祖于国初蒙派看守闾山西面黑背勾〔沟〕一带纳贡山场，原为按年贡献榛子红梨银差等课，由蒙派之后，恐被刍荛滋扰，屡蒙封禁，历有卷册可证。"⑦"看守"一词表明园丁对果园负有监管之责。盛京礼部则责令果园园头"务须认真看管，不时巡查，培养树株，勿令

---

① "南满洲铁道株式会社"编纂：《满洲旧惯调查报告·内务府官庄》，大同印书馆 1936 年版，第 93 页。

② 昆冈编：《钦定大清会典事例》（卷一千一百九十七），第 19035～19036 页。

③ 辽宁社会科学院历史研究所、大连市图书馆文献研究室、辽宁省民族研究所历史研究室译编：《清代内阁大库散佚档案选编皇庄》（下），辽宁民族出版社 1989 年版，第 195、197、205 页。

④ 昆冈编：《钦定大清会典事例》卷四十，（台北）新丰出版有限股份公司 1976 年版，第 421 页。

⑤ "南满洲铁道株式会社"编纂：《满洲旧惯调查报告·皇产》，大同印书馆 1936 年版，第 220 页。

⑥ 张文治、项蕙修：《广宁县志》（卷三），引自金毓黻主编：《辽海丛书》（第四册），辽沈书社 1984 年版，第 2399 页。

⑦ 辽宁省档案馆馆藏资料，题名：盛京内务府咨请转饬义州将黑背勾（沟）至内果树榛秸严行封禁交众丁照旧培养以重贡献由，全宗号 JC10，目录 1，卷号 13128。

损伤，有误祭贡。不准附近居民等任意作践，偷斫树株，私垦园地等情。并谕每年于交差来省之节，即将所管官园有无盗典被占私垦以及损伤树株等情，出具押结，以凭存查。四至内认真看管，不准军民壮丁人等私伐果树，垦田砍柴结舍等情，更不准窃食祭果，倘有不遵者，即行指名呈报，定必严拿究办"①。园头担负起果园全方位的"看管"之责，不准有任何纰漏，必保果园无损。福陵、昭陵果园的管理亦如之。这有效地阻止了果木被人损害、山林被人樵采，有利于果园经济的复苏和发展。

清代东北果园以盛京为中心，主要分布在其北部、西部和南部的丘陵地带，广布于山谷沟岔中，栽种的果木既利用了山地又绿化了山林，培养的野果既开发了山林又繁育了树木，不自觉地踏上了人工栽种果木和自然繁育林木相结合之路，达到了经济发展和生态环境并重之效。

二、清代东北果园的贡品与用途

果园中的园丁每年要向所属机构交纳自己担负的钱粮果品赋额。盛京内务府果园园丁的钱粮果品赋额由园头征收后交与掌仪司，掌仪司初名钟鼓司，顺治十三年（1656 年）改为礼仪监，十七年（1660 年）改为礼仪院，康熙十六年（1677 年）改为掌仪司，掌果园之赋。掌仪司对盛京、广宁果园定量入贡果品进行价银核算后，当年终汇总销算钱粮时，将其入贡果品折合的银两冲抵该处园丁的地丁钱粮。康熙二十二年（1683 年）奏准："园头等岁交果品，各按其应交数目，核定价值，于地丁钱粮内抵除。"② 因定量入贡果品种类不同，称量单位亦不同，折合银两标准也不同。康熙四十九年（1710 年），"盛京送来之英俄瓣十六仓石二斗，每三斗六升以一两计，折银四十五两；晒干山梨三十二仓石四斗，每三斗六升以四钱计，折银三十六

① "南满洲铁道株式会社"编纂：《满洲旧惯调查报告·皇产》，大同印书馆 1936 年版，第 118 页。
② 昆冈编：《钦定大清会典事例》（卷一千一百九十七），（台北）新丰出版有限股份公司 1976 年版，第 19035 页。

两；榛子五十四仓石，每三斗六升以五钱计，折银七十五两；做蜜饯用鲜郁李子十四仓石四斗、山楂二百零五仓石二斗，每三斗六升以一钱计，折银六十一两；做蜜饯用接梨一千四百四十、鲜接梨八千、香水梨三千、冻梨一万九千八百十二，每个以一分计，折银三百二十二两五钱二分；野鸡三千，每只以五分计，折银一百五十两。广宁送来红肖梨三万四千八百，每两个以一分计，折银一百七十四两；榛子十仓石八斗，每三斗六升以四钱计，折银十二两"[1]。上述共折银八百七十五两五钱二分，将冲抵园丁应纳地丁钱粮，不足部分再向园丁征收。

盛京礼部果园初期供纳梨、栗子和花红，后增添了樱桃、杏子、李子和葡萄，按年定量输纳，"岁输樱桃一斗二升，杏子、李子各三百六十个，香雪梨一百六十个，葡萄十六斤，花红一斗，栗子二十斤，蜜渍花红六石二斗"[2]。

福陵、昭陵果园"岁输李、杏、樱桃、梨、山查〔楂〕"[3]，根据各种果品的成熟季节来交纳，六七月份交纳李子、杏子、樱桃，八九月份交纳白梨、山楂，每种果品各交二石[4]。

果园钱粮果品完纳的多或少由管理人员担责，清廷通过实施奖惩措施来考核果园经营情况。对于定项定量果品多送的催总、领催、园头给予物资奖赏，少于定项定量果品交纳的催总、领催、园头则按其亏欠程度受到鞭责、罚俸、革退、降级等惩处。为此，清廷规定了盛京果园纳赋限额和奖惩定例，限定每年向盛京果园征收榛子十五石、郁李子三石三金斗半五升、山楂三十坛。若比限额少山楂一坛、郁李子一金斗、榛子三金斗，则将亏欠之园头每项鞭二十七，该管诸领催每人鞭三十，大领催鞭四十。若比限额少山楂一坛、郁李子一金斗、榛子三金斗以上，则将园头各鞭七十，诸园领催鞭八

---

①　辽宁社会科学院历史研究所、大连市图书馆文献研究室、辽宁省民族研究所历史研究室译编：《清代内阁大库散佚档案选编皇庄》（上），辽宁民族出版社 1989 年版，第 261 页。

②　昆冈编：《钦定大清会典事例》卷四十，（台北）新丰出版有限股份公司 1976 年版，第 421 页。

③　昆冈编：《钦定大清会典事例》卷五百二十三，（台北）新丰出版有限股份公司 1976 年版，第 11981 页。

④　"南满洲铁道株式会社"编纂：《满洲旧惯调查报告·皇产》，大同印书馆 1936 年版，第 225 页。

十，大领催鞭九十。若一项有余，两项亏欠，则照定例鞭责。若一项亏欠，两项有余，则免予鞭责。若三年均被鞭责，则将园头鞭一百并予革退，充为额丁；园之诸领催、大领催，各鞭一百并予革退。每年任何一旗若亏欠山楂一坛、郁李子一金斗、榛子三金斗中任何一项，则将该旗下佐领罚俸三月。若亏欠山楂一坛、郁李子一金斗、榛子三金斗以上，则将佐领罚俸六月。若一二项有余、一二项亏欠，则综合衡量，若送来者多，则无罪；如有亏欠，则照定例罚俸。罚俸达三年，则降一级、罚俸一年。任何一旗若连续三年多送山楂及郁李子各三坛、榛子三石，则赏给多送之园头毛青布五，赏诸领催彭段各一，赏大领催缎袍一。任何一旗如三项果品俱得赏赐，则赏该管佐领面缎二、里缎二。如有一项亏欠，则不予赏赐。康熙三十五年（1696 年），盛京果园少送郁李子一石一斗五升、榛子十石三金斗，三十六年（1697 年）、三十七年（1698 年）分别少送郁李子六金斗半五升、一石三金斗半五升①。按奖惩定例，盛京果园诸园头各鞭七十，该管园领催各鞭八十，大领催鞭九十，佐领锡拉罚俸一年。雍正帝则对果园完纳钱粮好坏的奖惩措施实施量化，雍正九年（1731 年）奏准："每年应征钱粮数目，编为十分，其欠一分至十分者，官员领催处分有差。三年至六年全完者，官员纪录加级亦有差。均与粮庄例同。"② 这样有利于监管果园管理人员并增强其责任心。

　　果园里所产果品较多，纳贡果品有新鲜的，有晒干的，有蜜饯的，还有冰冻的（见表1），用于内廷祭祀和赏赐之用等。康熙五十年（1711 年），盛京、广宁果园送来之果品内，一年里奉先殿供奉与坤宁宫、阿哥房祭祀以及各处寺庙供奉诸佛，用过盛京接梨二百、香水梨一百、英俄瓣一仓石五斗八升四合，广宁地方红肖梨一千四百，广宁梨四百；内廷主分例上用过盛京接梨一千一百、冻接梨一万二千九百四十九，广宁地方红肖梨一万三千三百

————————

　　① 辽宁社会科学院历史研究所、大连市图书馆文献研究室、辽宁省民族研究所历史研究室译编：《清代内阁大库散佚档案选编皇庄》（上），辽宁民族出版社 1989 年版，第 257～258 页。

　　② 昆冈编：《钦定大清会典事例》（卷一千一百九十七），（台北）新丰出版有限股份公司 1976 年版，第 19036 页。

六十二；治备案桌用过盛京冻接梨六千九百六十五、英俄瓣十四仓石二斗一升一合、晒干山梨三十二仓石四斗；往口外赶送果品，用过盛京接梨一千五百、香水梨一千一百，广宁地方红肖梨六千八百，广宁梨一千；乾清宫之清茶房用过广宁地方红肖梨四百；已交付各该处做蜜饯用盛京接梨一千四百四十、鲜郁李子十四仓石四斗、山楂一百九十八仓石、野鸡三千、榛子五十四仓石，广宁地方榛子十仓石八斗；以上共用过盛京接梨二千八百、冻接梨一万九千九百十四、香水梨一千二百、做蜜饯用接梨一千四百四十、英俄瓣十六仓石二斗、晒干山梨三十二石四斗、榛子五十四仓石、做蜜饯用鲜郁李子十四仓石四斗、山楂一百九十八仓石、野鸡三千只；广宁地方红肖梨二万一千九百六十二、榛子十仓石八斗、广宁梨一千四百。此外，在全年贮存备用鲜果内，腐烂广宁地方红肖梨一万五千二百三十八①。送往内廷的果品有时错过祭祀时间，有时超过需用数量，这既耗损劳动力又浪费果品。在京城附近果园交纳的果品中发生了购买果品交纳之事，促使乾隆帝在乾隆二年（1737 年）对果园交纳果品实施改革："……除盛京、广宁等处所出山查〔楂〕、花红、榛子及香水梨等项果品，并京城果园头所进奉先殿佛前供鲜各样果品等项，仍令交纳折算钱粮外，其余果品停其交纳，即令征收丁地钱粮交纳广储司。其所用果品交与果房值年官员，量其所用数目，预行动支广储司银两，按时采买以备应用。如此庶日用果品不致有误，而钱粮亦属节省，则园头等各得按时农务，以免浮费，不致拖欠，于公于私，大有裨益。"② 经此次改革后，盛京、广宁果园交纳果品数量亦在逐渐消减，导致其冲抵的地丁钱粮亦减少，交纳银两的额度则增加，清政府对园丁征收的地丁钱粮逐渐从实物租税转向货币租税。

---

① 辽宁社会科学院历史研究所、大连市图书馆文献研究室、辽宁省民族研究所历史研究室译编：《清代内阁大库散佚档案选编皇庄》（上），辽宁民族出版社 1989 年版，第 267 ~ 271 页。

② 中国第一历史档案馆馆藏资料，题名：奏为查奏乾隆二年果园头所交果品折交银两办买较之交果品节省钱粮数目已经奏销在案事，清单 05 - 0029 - 033。

表1　盛京、广宁果园贡品类别和数量

年份	英俄藏	晒干山梨	榛子	蜜饯					香水梨	鲜接梨	冻梨	野鸡	梨	榛子	红肖梨
				鲜郁李子	山楂	接梨	香水梨	花红						（广宁）	
康熙四十六年	16.2	32.4	54	12.06	183.6	1440			1600	5000	19955	3000	12600	10.8	
康熙五十三年	16.2	32.4	54	14.4	198.33	1440			2000	8240	19800	3000	5000	10.8	44320
康熙五十七年	17.784	32.4	54	14.4	189	1440			1400	3564	21856	3000	5000	10.8	26780
雍正十二年	16.2	32.4	54		188.64	1440	360	14.4	2000	4400	9380	3000		10.8	6600
乾隆三年	16.2	32.4	54		188.64	1440	360	14.4	2000	4000	8745	3000		10.8	10200
乾隆二十二年	16.2	32.4	54		188.64	1440	360	14.4	1800	2000	1625	1000		10.8	600
乾隆二十五年	16.2	32.4	54		188.64	1440	360	14.4	1800	2000	1625	1000		10.8	600
乾隆三十九年	16.2	32.4	54		188.64	1440	360	14.4	1800	2000	1625	1000		10.8	600
乾隆五十一年	16.2	32.4	54		188.64	1440	360	14.4	1800	2000	1625	1000		10.8	600
嘉庆元年	16.2	32.4	54		188.64	1440	360	14.4	1800	2000	1625	1000		10.8	600
嘉庆二年	16.2	32.4	54		188.64	1440	360	14.4	1800	2000	1625	1000		10.8	600
嘉庆十九年	16.2	32.4	62.4488		188.64	1440	360	14.4	1800	2000	1625	1000		14.956	600
道光三年	16.2	32.4	72.3076		188.64	1440	360	14.4	1800	2000	1625	1000		18.44	600

注：英俄藏、晒干山梨、榛子、鲜郁李子、山楂、接梨、香水梨、鲜接梨、冻梨、梨、红肖梨计量单位为"仓石、斗、升、合、勺"，如62仓石4斗4升8合8勺表示为62.4488；野鸡计量单位为"只"；花红计量单位为"个"。

资料来源：依据辽宁省图书馆文献研究室、大连市图书馆历史研究所、辽宁省社会科学院历史研究所、辽宁省民族研究所历史文献研究室译编：《清代内阁大库散佚档案选编皇庄》（上、下），辽宁民族出版社1989年版，第259、272~274、277~279、181~182、185、191、197~200、205~206、210~212、216、223页绘制。

在清代东北果园中，清香四溢的果品不仅纳为清廷供奉祖先神灵的上品，而且唤醒了清宫帝王嫔妃的味蕾，还成为受赏王侯嘉宾的殊荣。果品既冲击着人们的味觉，又让人们满眼"留香"，一幅幅美景恰如常安《盛京瓜果赋》所写："……诸物繁盛鲜美，有两京无以�，南都不能逾者，实觇兴京为发祥之地，土膏丰厚所致……孕百产之精，以供食御；采芸生之类，以荐馨香，则有苹婆〔果〕、蒲〔葡〕萄、朱樱、银杏。山楂垂枝，海榴缀梗，郁李流芬，枸奈弄影；酸樱既美而却烦，干榛尤佳而味永，剥枣则丁香擅名，削瓜而银皮送冷。梨名香水，不数大谷之奇；槟号花红，洵压南天之境。至如菱芡争秀，普盘蔓生；松子巨实，候桃核成，果无花而间出，花多重而难名。莫不为虞衡之所掌，而入贡咸隶乎海城。是宜剥以竹杖，盛以筼筐，候味美于方熟，荐时食以先尝，或群侯之来享，或嘉宾之是将，堆玉盘以分赐，生金殿之辉光。"[①] 这首赋为我们展现了果园形象的动态美，棵棵果木点缀着处处山峦，异样的果枝、多彩的果色、芬芳的果味构成了异彩流光的画卷，让我们体悟到人工与自然浑然天成的生态美。

三、清代东北果园的私垦和清丈

为保护根本重地，嘉庆、道光、咸丰三朝继续遵奉东北的封禁政策，采取各种措施阻止流民出关，但因清政府对内需平定农民起义、对外要反抗外国的入侵，在此情形下，无暇顾及对东北的封禁，再加上柳条边墙渐颓和守边官员徇私舞弊，实际上是明禁暗弛，使流民得以纷纷出关。无论是从海路还是陆路而来的关内流民，首选的便是易于隐藏之处，果园山场无形之中成为他们的栖身之地，为求生存而对果园山场进行私占私垦。

盛京内务府所属的五十五处英额林子，在乾隆十四年（1749 年）时，"丈出私垦地亩，有碍地方，应即平毁。仍饬该管地方官，不时查察，毋许

---

① 金毓黻等纂：《奉天通志》（第五册）（卷二百三十二），东北文史丛书编辑委员会点校出版1983年版，第4947页。

私垦，从之"①。这可以证明在此之前英额林子就已被私垦，既然已进行丈量，可见私垦之地数量不小，被私垦时长亦不会太短，进而暴露了林子管理的弊端，即使清廷饬令地方官严查，不许私垦，亦将是枉然。纵然平毁了已被私垦的地亩，还能恢复原有的林子吗？还能阻止其被私垦的命运吗？至咸丰八年（1858 年），英额林子已出现十二处废林，无树闲荒三千六百余亩，经盛京将军庆祺奏请：盛京英额正林，树株繁盛，每年采取贡差，足敷周转，故将此废林试垦三年，从咸丰十一年（1861 年）起，按照等则一律征租，以充经费②。英额林子出现废林，那就意味着这里已是废置的林地，或是果木枯死未及时补植，或是私垦林地之人偷砍了果木，无论是林子的管理者还是私垦之人都难辞其咎。此时，英额林子剩下四十三处。至光绪三十四年（1908 年），英额林子仅为十九处，分别为小庄河、大庄河、沙沟、怀子窝、蒲河二处、双岔子二处、小平泡二处、菱角泡、白元泡、亮马坨二处、平泡、烟龙林子二处、大背河二处③。

福陵所属木厂果园在盛京城东，日俄战争后，果园树株"多有损失，虽补栽后亦未结果，凡应用供献果品，由该园役随时购买"④。经管果园之官请求将其归并到三陵衙门经管。

广宁果园园丁随意垦殖和占有园内土地，私典、盗卖果园的事情时有发生且无人问津。果园中存在的问题在义州镶白旗佐领下领催福生阿于中华民国元年呈文附带的说明书中得到印证："人稀地广时，间山一带旷土太多，不但园丁各有开辟，或垦地或栽树或养柴草，不一而足。其附近居民不论何项人等亦莫不开辟，一经成熟，该园丁倚恃老户又藉纳贡有名巧为吞并，则开地之人因无国课就不得不认与园丁纳租，年久弊深。现在该园丁除个人所

---

① 金毓黻等纂：《奉天通志》（第一册）（卷三十三），东北文史丛书编辑委员会点校出版 1983 年版，第 654 页。

② 金毓黻等纂：《奉天通志》（第一册）（卷四十），东北文史丛书编辑委员会点校出版 1983 年版，第 812 页。

③ 王革生：《清代东北官庄的由来和演变》，载于《中国社会经济史研究》1989 年第 3 期。

④ "南满洲铁道株式会社"编纂：《满洲旧惯调查报告·皇产》（附录参考书），大同印书馆 1936 年版，第 104～105 页。

占之山、个人所开之地概不计外，常年私收已讹外佃之租，为数不堪胜计，仍自己巧立名目，曰：抵纳丁差。想丁差乃园丁个人应纳之差，合群集资摊钱微末，即如先前民籍纳人丁、旗籍纳户口壮丁者一般。若再以公家之产任该园丁取租，而取租纳差以外仍有无数盈余，想公家何不征国课偏征之于丁差，何不征之于地户而偏征之于园丁，岂有以官地租为小民抵纳私丁差之理乎！是公也？是私也？是园丁霸地吞租不问而可知也。……近来间山之旷土皆为园丁所有，然园丁与园丁仍未分均匀，或甲占之山多，乙占之山少，或甲有而乙无，彼此互争讼端无息……"① 从上述文字中可以看出：一是园丁的所作所为。园丁不仅在果园中私占官山、私垦土地，扩大土地拥有量，而且还强行吞并他人开垦的土地，坐收租利。二是园丁的税赋极轻。园丁一面出租公家的土地、私收租银，一面将自己承担的丁差摊派给别人，使自己承担税赋微乎其微，这是清廷赋税征收体制给园丁提供了可乘之机，也可以说是国家对果园监管失控所致。三是果园的内部纠纷。由于园丁私自占山、私垦土地，出现有的园丁占得多，有的园丁占得少，彼此之间因占地不均而发生争执，极其不利于果园管理。身为园丁率先私垦私占，实属违禁，不但园丁之间为争地讼端不止，亦有外人滋扰园丁。医巫闾山西侧黑背沟一带山场由镶黄旗佐领下园丁蔡钧天经理，他给盛京内务府的呈文中说道："迨至光绪八年（1882 年），突有民人赵振东使令次子赵福龄在义州递呈，冒称身看守纳贡之山场系属余荒，后经身胞兄蔡均〔钧〕和投案呈诉，得蒙州查明封禁。由此赵振东挟谋霸未遂之恨，屡怀滋扰之心，不但纠率其子入山滋扰，所有附近人等均依赵振东为滋扰首领，已扰得身屡经控案，始蒙禁止不意。前岁赵振东病故，复有赵振东之子赵香龄，而赵香龄复唆令其子赵文惠，暗在督护两宪将此官场捏报为闲荒，得蒙督户两宪札饬义州查明详办。身于饬查之间得知赵文惠捏报之情，急赴义州具呈分诉。当经州尊斥身依恃贡差之势一味搅办，始致身隐忍不争有误贡献，在州争办被斥无益，是以迫

---

① 辽宁省档案馆馆藏资料，题名：奉天省公署为都京内务府咨广宁等处果园官地查明绘图送核事，全宗号 JC10，目录 1，卷号 13062。

身无奈只得叩乞案下，恩准赏饬义州旗民两署出示晓谕，妥为禁止则感大德矣。"随后，盛京内务府咨请转饬义州，将黑背沟至内果树榛秸严行封禁，交众丁照旧培养，以重贡献，"查黑背勾实系园丁等应管官山，不得被外人任意侵占，以致贡献有亏，众丁拖累，除径札义州城守尉、知州，遵即将黑背勾至内饬差严行封禁，交与众丁等照旧培养果树榛秸，禁止刍荛，并出示晓谕附近居民人等，勿准滋扰贡献之区。"① 果园内园丁与园丁间、园丁与外人间，为园内土地利用发生纠纷，并请官府处理，这说明果园已处于园丁和外人的私占私垦之中。广宁果园是这样，盛京果园亦难逃此运。

清代末期，内地各省协拨奉天的俸饷和兵饷等屡屡拖欠，造成地方政府财政窘迫，为增加财政收入，以图"开浚利源"，清政府同意清丈东北果园来收取租银，以解地方饷银之急。根据各果园实际情况，制定相应章程，对其实施清查，将以往隐匿、侵占、私典和盗卖等弊端一律厘清，划清园内属性，按照果园、山场和闲荒分别收费、收租和增课。中华民国成立后，对皇室财产予以清查和厘定后，查明了盛京、广宁果园山场的具体地点（见表2），并将其列为皇室财产，纳入"特殊保护"之中。但盛京礼部果园、福陵和昭陵果园因属官地，则被纳入丈放之列。1925 年，民国政府要求奉天省各县迅速查明清室及各王公未经清丈之田房山场果园林地等项产业，一律收归省有，以重公产。经此次查核，盛京、广宁果园被收为省属官产，归入丈放之中。

表 2　　　　　　　　　　　掌礼司所属坐落各城山场果园表

所属各城	数量	具体地点
牛庄	54	后山上、小峪、石头寨、张达子勾、刘大刚勾、西勾、庙子勾、南叉勾、邱家勾、板子屯东岭上、北勾、宝泉寺、东勾、广东寺、西山上、头排树、新勾、二排树、三角山白草洼、和金寨、庙后勾、三棵梨树勾、庙子勾、后山、王四勾、莫胡子勾、陈家勾、安家峪家南焦家峪、官峪、康家峪、陡子山、王官厂、三城洼、朱和尚峪、窑勾、权马勾、花红勾、王三贼勾、楼房后、倪子勾、楼房后勾、石灰窑勾、鸣钟寺、梨勾、大峪、家峪、孙官厂、骚达子勾、接文寨柳子峪、老爷庙、分水岭底下、腰岭、对子峪、营房

① 辽宁省档案馆馆藏资料，题名：盛京内务府咨请转饬义州将黑背勾（沟）至内果树榛秸严行封禁交众丁照旧培养以重贡献由，全宗号 JC10，目录 1，卷号 13128。

续表

所属各城	数量	具体地点
牛庄	13	沙河西、板子屯、乌庙屯、徐家园、牌楼屯、新城东、河西杨家园、安家峪、蟒疙瘩峪（4）、接文寨
义县	5	大籽粒屯东南黑背下寺、小籽粒屯东、旧站山、小峪山香山寺、大峪山盘桃寺
广宁	16	朝阳寺、灵山寺、三块石、双峰寺、鹰落山、通蒇罗堡、龙扒峪、鱼泉寺、观音阁、南山勾、三道勾、偏傍寺、二道勾、庙儿勾、刘裁缝勾、深勾
岫岩	4	大偏岭南勾、石桥子北勾、细峪南勾、松坨子北勾
铁岭	3	城东、帽儿山（2）
开原	14	梅家寨、妈妈火落村、妈妈火落村南、妈妈火落村东、朝阳寺、三家子、金家寨村北、红草石村西南、红草石村南、马家寨村北、马家寨坐落龙泉寺、大台村后、大台村中、大台村东
辽阳城外	41	三里庄、三块石、俞家勾、双树子、高家勾、北城外、高丽冲养鱼池、小庙台、白草洼、鹅房、糯米庄、孙家寨、七岭子、八家楼（4）、高占屯（3）、硝堡（9）、八里庄（6）、代罗屯（2）、陈香林子（2）、白塔寺（2）
辽阳界	13	钟楼勾（2）、朱和尚峪、刘家庵、小庙勾、宗会寺（2）、汤上、宁家峪、代安寺（2）、塔院（2）
辽阳城内	10*	
合计	173	

注：（1）表里括号中数字表明该地果园数量，如：蟒疙瘩峪（4），表示此地有4处果园。（2）＊辽阳城内10处果园：①一处：东至韩学成房，南至李家园，西至王二菜园，北至路。②一处：东至李万昌菜园，南至常家园，西至李万昌菜园，北至路。③一处：东至和尚地，南至常皂保家，西至张家菜园，北至李家园。④一处：东至张守成菜园，南至张尚义地，西至张仲选菜园，北至张守成场园。⑤一处：东至代明寺，南至刘玉善地，西至和尚地，北至城墙。⑥一处：东至路，南至和尚地，西至冯家菜园，北至街。⑦一处：东至崔家园，南至崔家院墙，西至于洪儒菜园，北至于洪儒家房。⑧一处：东至马自选菜园，南至马自选家房，西至马自选菜园，北至刘连菜园。⑨一处：东至金家墙，南至路，西至王家场园，北至金、王家地。⑩一处：东至马家园，南至付家地，西至金家场园，北至金家园。

资料来源：辽宁省档案馆馆藏资料，题名：奉天省公署为都京内务府咨广宁等处果园官地查明绘图送核事，全宗号JC10，目录1，卷号13062。

　　清代东北果园作为清廷的封禁之地，到清代末期只有封禁之名而无封禁之实，名为官有，实被私占。果园既有园丁疏于经理而导致果木的枯死或废置，又有园丁和民人的私占和私垦，使人工培植果树和天然繁育林木有机结合发展山林经济的模式被打破，果园中的耕地或荒地增多，随之失去植被呵护的山地承接雨水和风吹的能力会下降，山地的土壤亦会逐渐流失，失去了土壤的山地如同缺少肌肉裹护的人体，石骨嶙峋，呈现的则是光秃秃的山峦。如果从生态视角来看，清代东北果园的兴废与环境变迁有着密切的关系，是开展东北区域环境史和经济史研究的重要内容和主要维度之一①。

---

① 参阅滕海键：《论经济史研究的生态取向》，载于《史学集刊》2020 年第 2 期。

清代东北方志编修中的环境意识*

安大伟

环境思想史是环境史的重要研究内容之一。古代先民在长期的社会生活过程中，形成了丰富的环境思想。在相当长时期内，这种环境思想以朦胧的环境意识而存在，并反映在各种文献史料中。清代编撰了大量地方志，这些方志包含了丰富的环境史资料，包括环境意识。通过方志编纂来研究清代知识分子的环境意识，是一个全新而有学术价值的课题。

一、从方志编纂研究环境意识的可行性

宋代是方志的定型期，方志在这一时期发展成综合反映某一地区各方面情况的典籍。方志在古代长期被视为地理书，《四库全书总目》也将其置于史部地理类下。因其有关地理方面的资料甚多，故而成为环境史研究的重要史料。

与其他史料相比，方志对区域环境史研究具有诸多优势：一是具有集中性和广泛性特点，气候、山川、动植物、土地、自然灾害等是方志记载的基本内容，对了解和研究当地生态系统中多种自然要素之间的相互作用及其演变具有重要价值；二是具有客观性，方志资料源于地方档案、谱牒家传、金石碑刻等资料，多经过实地调查、采访、测绘获得，方志多由地方政府组织

* 本文以《清代东北方志编纂中的环境意识》为题发表于《郑州大学学报（哲学社会科学版）》2020 年第 3 期，编入本书时内容略有修改。

编修，用以了解地方情况，起到资治的作用，相对而言较为真实可靠；三是具有连续性和关联性，随着方志的不断续修，前后版本所记内容在时间上接续，又因方志的普遍纂修，一个区域各地方志的内容在空间上相互关联；四是具有稀见性，不少资料未见于实录、正史及其他史籍，而据以编修志书的档案等资料大多亡佚。充分挖掘方志中蕴含的环境史资料，是建立环境史史料学的重要组成部分。尤其是中国古代东北地方文献数量较少，而现存百余种清代东北方志是古代东北环境史研究的基本文献资料。

　　包括方志在内的文献并非只是历史研究的工具资料，文献本身也是一种值得研究的历史，从文献的产生、整理、流通和阅读可管窥国家、地区社会发展的历史变迁。方志也不能仅作为一种史料来看待，它与其他史籍一样，渗透着编者的价值观念，应该透过方志的编纂和书写，深入探讨方志编纂背后的观念意识，这也是近年来方志研究的热点问题①。方志不但包含着自然地理环境方面的诸多客观记述和信息，其中也蕴含着编纂者的环境意识。滕海键教授认为："环境史研究有四个维度：自然环境对人类社会的影响；人类对自然环境的反作用，以及这种作用引起的环境变化反过来对人类社会的影响；环境思想史；因环境问题衍生的广义上的社会关系史。"② 其中"环境思想史"正是以往环境史研究中的薄弱环节，利用方志来研究古人环境意识的学者则更少。通过方志来看编者的环境意识，进而了解方志所记时代人们的环境意识，是将方志学与环境史研究相结合，既可拓宽方志的研究视野，也可为环境史史料和环境思想史的研究提供新的角度。

二、清代东北方志编纂中的多重环境意识

　　环境意识的概念产生于 20 世纪 60 年代，作为一个综合体，"既包括对

---

① 周毅：《方志中的"历史书写"研究范式——一个方志研究的新取向》，载于《中国史研究动态》2019 年第 2 期。
② 滕海键：《环境史的研究内容和体系建构及相关问题刍议》，载于《贵州社会科学》2019 年第 10 期。

人与环境关系的认识论层次，又包括依据这种观点，正确处理人与环境关系的伦理道德层次、政策法律层次，还包括相应的行为规范和行为策略层次"①。清代东北方志中呈现出鲜明的环境经济、环境政治与环境生态意识。

（一）环境经济意识

"生态理念下的经济史研究，要求将'人类的经济系统'与'自然的生态系统'统一起来，不单关注生产力和生产关系、经济增长和经济发展等传统内容，还要关注和研究经济活动与环境变迁的互动关系，包括自然资源开发利用的环境影响和生态效应。"② 清代东北方志并非单纯描述地理环境，而是有意识地记录自然资源的开发方式和经济价值，展现出人类如何作用于生态环境，这正是方志编撰者环境经济意识的体现。

1. 重视自然资源的开发

首先，清代东北方志中包含重视资源开发的意识。如《黑龙江述略》载："全省辖境广博，视内省三倍五倍不等，土产之饶，南有粮食，北有金砂，诚使经理得人，野无旷土，矿无虚工，富可翘足而待。"③ 作者徐宗亮认为黑龙江地区具有丰富的资源，如能开发得当，必然会使一方富足。其次，记录了土地等资源开发情况。如《黑龙江乡土志·地理》第五十五至五十九课、第六十六课至六十九课分别记录了绰勒河、沿铁路、扎兰屯、免渡河、伊敏河垦务，以及铁路、航路的建设情况。最后，记录了开发自然资源的方法。如《宁古塔地方乡土志》记海眼"已午时始没，其出时，众鱼随之，皆浮水面，渔者因其出而网焉，必大获。"④ 在对物产的记录中，包含着采捕动、植物的方法。

此外，方志中还记录了自然资源分布的地点。如《（宣统）铁岭县志》中将山地分为"产金矿山""产银矿山""产煤矿山""无矿山"四部分，

---

① 王民：《环境意识概念的产生与定义》，载于《自然辩证法通讯》2000 年第 4 期。

② 滕海键：《论经济史研究的生态取向》，载于《史学集刊》2020 年第 2 期。

③ 徐宗亮撰，李兴盛、张杰点校：《黑龙江述略》，黑龙江人民出版社 1985 年版，第 40 页。

④ 岳西本修：《宁古塔地方乡土志》，引自《东北乡土志丛编》，辽宁省图书馆 1985 年版，第 793 页。

按照所具有的矿产资源对当地山脉分类记述，体现了以资源开发看待自然山川的社会视角。

2. 重视自然资源的利用

物产之所以成为方志必记的内容，是因为其与国计民生息息相关。所谓"谷粟关乎民天，药材以疗民疾，是物产之要者宜特详其他"[①]。再如《南金乡土志·物产》序载："兹特觐缕陈乙，欲使生斯土者，因利乘便，以各谋生理也。"[②] 此处资源利用意识非常明确，记物产就是为了让当地人"因利乘便"，以"各谋生理"。

清代东北方志中还记载了本地自然资源的多种用途，包括饮食、进贡、祭祀、商业、制作日常生活用品、药用等。《长白汇征录》单独设立"药品"一卷，专门记录和介绍本地物产的药用价值。

（二）环境政治意识

资治是方志的基本功能之一，官修方志就是统治者为了解地方情形而编修的，其中势必渗透着统治阶层的意识形态。东北地区是清朝统治阶层的发祥地，清代东北官修方志对东北自然环境进行符合统治者政治意图的书写。到了晚清，东北边疆危机严重，受到俄、日等列强的侵略，志书中表达出实边御侮思想，防范外国侵略者攘夺利权。

1. 对东北自然地理的政治书写

在清代东北官修方志中，清朝基业与东北山川总是紧密联系在一起的。《钦定盛京通志·山川》序载："岩岩长白，列伯益之经者，又本朝钟祥而受命者也。"[③] 直到清末宣统年间编修的《兴京乡土志·山水》仍言："我太祖以神武之德开基东土，所谓兴王之气聚于山川，其言诚可信欤！"[④] 言东

---

①　马俊显修，刘熙春纂：《（宣统）怀仁县志》，引自《中国地方志集成·辽宁府县志辑》第9册，凤凰出版社2006年版，第90页。

②　乔德秀纂：《（宣统）南金乡土志》，国家图书馆藏民国二十年石印本，第45页。

③　汪由敦等修：《（乾隆）钦定盛京通志》，乾隆十三年刻本，卷七《山川上》，第1页。

④　孙长青修，刘熙春纂：《（光绪）兴京厅乡土志·山水》，引自《乡土志抄稿本选编》第14册，线装书局2002年版，第317页。

北山川有"王气"，实际上就是在宣扬君权天授，指出清朝获得政权是天命所归。"传统环境政治思想的一大特点便是人为地将神化自然与神化王权相结合，将政治作为一种超自然、超社会力量的体现或外化，进而提出'君权神授''君权天授''尊天尊王''天王合一'等主张。"①

除了将自然山川神化，东北方志记山川、物产时还常常附记清朝开国战绩和历代皇帝诗文，尤以《盛京通志》和《吉林通志》最为明显。乾隆四十九年（1784年）本《钦定盛京通志》在《山川》一门中从《清实录》中增补清太祖、清太宗时期与明朝的战斗事迹。如记浑河，附载太祖天命六年（1621年）三月壬子征沈阳之事②。《吉林通志》记寿山："乾隆十九年（1754年）圣驾驻跸于此，亦恭遇万寿圣节，于幔城行庆贺礼，有御制八月十三日作诗。"③ 通过记东北山川而附载清帝御制诗文与开国战绩，以达到彰显清朝得国之正、强化统治权威的政治意图。

周琼教授认为："建基于传统史料基础上的环境史料不可避免地具有主观性特点，反映的历史时期生态环境及其变迁历程的信息也受记录者主观意志及其环境视野的影响。"④ 这一点在清代东北方志中体现得尤为充分，因东北是满族人故里，政治权力干预到方志环境内容的书写，怀有论证政权之合法性与神圣性、巩固清朝统治之目的。

2. 晚清志书中的实边御侮思想

鸦片战争后，中国沦为半殖民地半封建社会。列强侵华的进程中，东北边疆首当其冲。面对边疆危机，朝野有识之士主张移民实边、废除封禁、抵御外侮。如《黑龙江述略》载："积之岁月，则我之仓廪既充，兵饷益裕，而干城腹心之士，亦得因富而强，战守皆有可恃，虽在一隅，全局固可深固而不摇矣。"⑤ 作者主张废除封禁，招徕内地民人垦地拓荒，既可使粮食充

---

① 曹顺仙：《中国传统环境政治研究》，中国社会科学出版社2019年版，第274页。
② 阿桂等修，刘谨之等纂：《钦定盛京通志》，辽海出版社1997年版，第412页。
③ 长顺修、李桂林纂，李澍田等点校：《吉林通志》，吉林文史出版社1986年版，第340页。
④ 周琼：《环境史史料学刍论——以民族区域环境史研究为中心》，载于《西南大学学报（社会科学版）》2014年第6期。
⑤ 徐宗亮撰，李兴盛、张杰点校：《黑龙江述略》，黑龙江人民出版社1985年版，第60页。

足，国家也"因富而强"，才能有力地反击外国侵略势力，保卫边疆。

不但要大力开发土地资源，还要开发矿产资源。《呼兰府志》记矿物："已开办者，应力求进步，未开办者，应详加验视，集合钜本，广揽矿丁，则地无遗利矣。不然外人从而垂涎，或邀求开采，或投入资本金，则利权旁落，非国家前途之福也。"①　清末，政府财政紧张，资源开发能够增加财政收入，又可使地无余利留给外国，开发边疆与抵御外侮是一体两面的。

为应对外国侵略者对我国东北自然资源的掠夺，清政府曾采取了一系列措施。如安图县"沿岸警察扼要分布以防外人盗砍"②，防范林木为外国人盗伐。《长白汇征录》《怀仁县志》《奉天新志略》《承德县志书》均设《险要》一目，"膺阃外之权者，果能触类而旁通焉，则幸甚盼甚"③。这些记载了山川、地形中的险要位置，以资地方官员加强防御，防范侵略者攘夺利权，保护疆土与资源。

（三）环境生态意识

晚清东北方志中的环境生态意识，首先体现在编纂者认识到了自然资源的破坏问题。相应地，志书中倡导保护自然资源，表彰地方官员保护环境、治理灾害的功绩。

1. 对过度开发自然资源的记载

清末东北人口剧增，不合理的开发方式对生态环境造成了破坏。《呼兰府志》载："案呼兰全境初皆森林，巴彦苏苏则译言富有林木也。开垦以来不及数十年，腹地之木，芟夷尽矣……此数处者虽为森林区域，日斩月代，无保护之方、培养之策，迟之又久，吾见其濯濯未始有材已耳。"④　呼兰地

---

① 黄维翰纂：《（宣统）呼兰府志》，引自《中国地方志集成·黑龙江府县志辑》第1册，凤凰出版社2006年版，第201页。
② 刘建封修，吴元瑞纂：《（宣统）安图县志》，引自《中国科学院文献情报中心藏稀见方志丛刊》第16册，国家图书馆出版社2014年版，第239页。
③ 张凤台修，刘龙光等纂：《长白汇征录》，吉林文史出版社1987年版，第94页。
④ 黄维翰修纂：《（宣统）呼兰府志》，引自《黑水丛书·黑水郭氏世系录》卷十一《物产略》，黑龙江人民出版社2003年版，第1864页。

区（今黑龙江省哈尔滨市呼兰区）于清同治元年（1862年）才设行政建制，但短短数十年内森林大面积减少，知府黄维翰对此表达了深切的担忧。

除了本国百姓的过度开发外，清末帝国主义列强势力侵入东北，大量掠夺东北的自然资源，晚晴方志中相关记载颇多。如《黑龙江乡土志》载："俄人借地修铁道，伐当道森林，垫路起屋，又伐沿路森林以代煤。今道旁堆柴块如山，不见一树。"① 《黑龙江述略》载："俄人习于矿务，在黑龙江左岸开采有年，因勾结华民越江盗采，如漠河以东阿尔罕河、奇干河等处，纵横二、三百里，辄有坑穴。"② 《康平县乡土志》载："近为日俄交战，牛羊多为掳掠，生产较少。"③ 《抚顺县志略》载："千金寨、杨柏堡、老古台煤矿，日人采运，获利独厚。"④ 以上涉及列强对东北森林、矿产和动物资源的毁灭性掠夺。

2. 对保护环境、治理灾害的倡导

古代方志中蕴含有古人丰富的环境保护思想，晚清方志中这类内容明显增多，而且编纂者特别注意记述一些保护行为。如《怀仁县志·物产》序载："急应设法保护，统合此地所产，以赡此地之民。"⑤ 《辽阳乡土志》载："盖从前于林业无奖励保护等法，委诸天、产之自然，到处林木有荒废、无增植，其结果必至涸竭……及此设法讲求林业之盛，十年可以俟之。"⑥ 人们已经意识到了林木的荒废和无增植的后果。《辽中县乡土志》载："从前辽水涨发，下流每多溃决，辽河十数里内田禾恒被淹没。自减河既开，下游

---

① 林传甲纂：《黑龙江乡土志·格致》，清宣统刻本，第4页。

② 徐宗亮撰，李兴盛、张杰点校：《黑龙江述略》，黑龙江人民出版社1985年版，第64页。

③ 李绍刚、徐芳修：《（光绪）康平县乡土志》，引自《东北乡土志丛编》，辽宁省图书馆1985年版，第479页。

④ 程廷恒修，黎镜蓉纂：《（宣统）抚顺县志略》，引自《中国地方志集成·辽宁府县志辑》第10册，凤凰出版社2006年版，第184页。

⑤ 马俊显修，刘熙春纂：《（宣统）怀仁县志》，引自《中国地方志集成·辽宁府县志辑》第9册，凤凰出版社2006年版，第69页。

⑥ 洪汝冲修，白永贞纂：《（光绪）辽阳州乡土志》，引自《中国地方志集成·辽宁府县志辑》第4册，凤凰出版社2006年版，第641页。

一带水患亦因之而减。"① 这反映了辽河水患对农田的危害，肯定了疏浚河道以治理水患，指出了采取水患防范措施保护农作物的必要性。《呼兰府志》载："案呼兰各属以农产丰富号称于时，然人力未尽也。无沟洫、无堤防、无阡陌，有耕无耘，有苗不粪，水旱丰歉一听诸天，鹜广而荒，故其效未大著。假令旱涝有备，深耕易耨且厚粪之，则岁入又当倍蓰也。"② 作者指出，垦殖土地非唯依靠天时，更要发挥人的主观能动性，挖沟洫、筑堤防、精耕细作以防范自然灾害。

清末东北方志在对本地人物的记载中，将保护环境、防治灾害列为地方官员的一大政绩，设《政绩录》予以褒扬。如《安广县乡土志·政绩录》中对安广县同知孙自客、知县王济辉、王星榆，在光绪、宣统年间当地爆发自然灾害时能够及时蠲免钱粮、提供义食、疏浚河道的行为给予赞赏③。《靖安县乡土志·政绩录》中知县赵炳南"曾于上年冬，在于四外购买树秧数万株，藏之于窖，今春谷雨节令后，在围城十里以内种植，派人灌溉，以期成林"，又奏请"拨款修筑河堤，以卫民生"④。《海城县乡土志·政绩录》记三国王颀、金代移剌温，《开原县乡土志·政绩录》记辽代宗宁、明代徐便，均主要记其任职于地方时组织防范、抵御自然灾害的事迹。

三、清代东北方志中环境内容的演变及科学因素的萌生

传统方志中蕴含着环境意识久已有之，从横向维度可分为环境政治、经济、生态、伦理、军事等类别。从时间的纵向维度来看，到了晚清，环境意

---

① 马星衡修，李植嘉等纂：《（光绪）辽中县乡土志》，引自《东北乡土志丛编》，辽宁省图书馆1985年版，第39页。

② 黄维翰修纂：《（宣统）呼兰府志》，引自《黑水丛书·黑水郭氏世系录》卷十一《物产略》，黑龙江人民出版社2003年版，第1862页。

③ 佚名修：《（宣统）安广县乡土志》，引自《东北乡土志丛编》，辽宁省图书馆1985年版，第721页。

④ 赵炳南修：《（光绪）靖安县乡土志》，引自《东北乡土志丛编》，辽宁省图书馆1985年版，第732~733页。

识大大增强了。首先是志书门类内容拓宽，对自然环境的记载明显增多；其次是认识自然的科学性明显增强。

（一）方志中环境内容的演变

方志自宋代定型之后，体例逐渐完善，《图》《疆域形胜》《星野》《苑囿》《城池》《山川》《物产》《关梁》《风俗》《土地》《户口》《田赋》《御制》《艺文》等门类均与环境密切相关。《吉林通志·凡例》甚至认为"方志为地理之专书，故记述当以地理为本"[①]。此说法虽有待商榷，但突显出了有关地理的内容是方志记述的重点。

到了晚清，志书门类内容明显拓宽，出现了许多传统方志中少见的新类目。例如，《抚顺县志略》有经纬气候表、矿产表，《（宣统）昌图府志》有气候、畜牧，《（光绪）盘山厅志》有气候、地文，《（宣统）彰武县志》《（光绪）广宁县乡土志》有农业，《安东县志摘要》《（宣统）铁岭县志》有土性，《（光绪）宁远州志》有土性、林、矿，《（光绪）海城县乡土志》有渔业、蚕业、柞树栽培法、木炭制造法，《塔子沟纪略》有气候、蚕事，《承德县志书》有气候、农务，《（宣统）海城县志》有气候、农业、林业、矿业、渔业、蚕业、灾害，《（光绪）兴京乡土志》有赈务、农政，《（光绪）铁岭县乡土志》有矿务，《（光绪）开原县志》有度数，《（宣统）呼兰府志》有气候、矿务、历年灾祲赈恤蠲缓汇录，《（宣统）岫岩县乡土志》有矿物，《（宣统）安图县志》有林政志、矿产志，《奉天新志略》《（宣统）怀仁县志》《黑龙江乡土志》均有气候，《吉林通志》《黑龙江舆图说》均有天度。不论是新设的一级类目还是二级类目，都基本围绕着气候、土地、矿产、灾害、赈务及农林牧渔等几个方面，显示出晚清士人对调查、研究自然地理环境的热情，进而以方志来指导地方自然资源的开发与利用，反映了志书编撰者对自然环境及其与经济关系的重视，体现了环境意识的增强。

---

① 长顺修、李桂林纂，李澍田等点校：《（光绪）吉林通志》，吉林文史出版社1986年版，"凡例"第12页。

值得注意的是，晚清东北方志中《艺文》一门中环境类文章明显增多。方志《艺文》是地方文献的目录或汇编，但并非尽数收录而是有所选择。清前期以《盛京通志·艺文》对有关环境资料的收录较多，而晚清《（宣统）呼兰府志》《长白汇征录》《（咸丰）岫岩志略》《辽海志略》诸志中都有不少与环境密切相关的文章，列举如下：

康熙本《盛京通志》（各版本重复收入者不再列入）中有《英宗祷雨告北镇庙文》《宪宗告北镇庙文》《孝宗祷雨告北镇庙文》《御史周斯盛发帑救荒疏》《盖平知县骆云祈雨再告城隍文》《海城知县陈王星田猎赋》，乾隆元年（1736 年）本中有《祷雨》《喜雨》。乾隆十三年（1748 年）本中有《请辽东置畜牧司疏》。乾隆四十九年（1784 年）本中有《恭和御制松花江捕鱼元韵》（刘纶、汪由敦各一首）、《恭和御制采珠行元韵》（刘纶、汪由敦、金德瑛各一首）、《恭和御制观大凌河养息牧元韵》（和珅、谢墉、钱汝诚各一首）、《恭和御制射罴元韵》（刘纶、汪由敦各一首）、《恭和御制射熊元韵》（刘纶、汪由敦各一首）、《恭和御制行围即事元韵》、《恭和御制行围即事三首元韵》、《敬陈奉天边地情形疏》等。

《辽海志略》中有《请发帑救荒疏》《请辽东屯田疏》《条陈辽东救荒疏》《条陈开垦荒田八事疏》《条陈海岛情形疏》《条议屯田疏》。《（咸丰）岫岩志略》中有《劝捐救荒论》。《长白汇征录》中有《拟办龙华冈垦务禀》《拟办长郡森林以占利权禀》《与采木公司力辩采薪烧炭有违条约禀》《陈采木关系边要恳请预防后患禀》《禁阻韩民越江伐木禀》。《（宣统）呼兰府志》中有《议覆呼兰设立官庄折》《议覆呼兰增设官庄五所折》《议覆呼兰再增官庄五所折》《请开垦呼兰蒙古尔山间荒折》《安置呼兰旂屯营站官庄界内垦户片》《奏请分立网场折》《改订东省铁路公司购地伐木合同折》《吉黑公共之松花江俄无航权议》《呼兰内河外人无航权议》《呈报巴彦地方情形》《巴彦州山水记》。

以上涉及祈雨、救荒、田猎、畜牧、土地及动植物资源开发与保护，注重将与环境相关的文章收录入方志，从中可以看出晚清士人在方志编纂中环境意识的增强。

（二）晚清东北方志中的环境科学因素

传统方志中的科学因素比较淡薄，无论是地图测绘及山川、城池距离测量，还是物产利用方法等，都少有科学理论的指导，更多的是凭借经验，甚至有迷信的成分。如自然灾害在传统方志中一般附载于《星野》"祥异"之中。"地之分野何以上符天星乎？三才一理也。地与天配，人与天通。"① 古人思想意识中把自然灾害视为天人感应论中的灾异，非科学的环境意识。

晚清方志对环境的记载则带有较多的科学性，体现在诸多门类上。记天时，如《（光绪）开原县志》载："《天文》一门，虚而无著，故易以《度数》，庶确而有征。于气候、土质考察亦有所凭借。"② 其中提出对自然环境的观测要"确而有征"，而不能"虚而无著"。记气候，如《靖安县乡土志》所载："汉人居此地者，苦于地土严寒、雨不应时，开垦匪易，加以人工昂贵，无从得利，不但裹足不前，而且携家室回故里者，此汉户口之所以稀也。"③ 其中将人口流失与当地气候、土壤条件联系起来，意识到了气候对百姓生产和生活的重大影响及自然环境的重要性。开始记录华式表测量的气温，《（宣统）海城县志》载："验华氏表，夏季七十度，冬季三十。"④ 记土地，《（宣统）铁岭县志》将当地土性分为黑土、油沙土、黄土、黄沙土、沙土、鸡粪土。记动植物，《（宣统）海城县乡土志》将动物分为脊椎动物和无脊椎动物，植物分为显花植物和隐花植物。记疆域大小，《（宣统）铁岭县志》下专设《面积》一门。记某地位置，《呼兰府志》载："呼兰、巴彦、木兰均处于北纬四十六度一分至十分之间，高于北京六度、奉天省城四

---

① 隋汝龄纂：《辽海志略》，《傅斯年图书馆藏未刊稿抄本·方志》第 1 册，第 323 页。

② 保清修，罗宝书纂：《（光绪）开原县志》，《中科院文献情报中心藏稀见方志丛刊》第 15 册，第 9 页。

③ 赵炳南修：《（光绪）靖安县乡土志》，引自《东北乡土志丛编·户口》，辽宁省图书馆 1985 年版，第 737 页。

④ 管凤龢、陈艺修，张文藻等纂：《（宣统）海城县志》，引自《中国地方志集成·辽宁府县志辑五》，凤凰出版社 2006 年版，第 2 页。

度、吉林省城二度，故视诸地寒度较增、热度较减。"① 叙述一地位置能够采用经纬度的科学方法，而不只以山川城池作为边界来描述。画地图，《（光绪）广宁县乡土志》中的《北镇全境地图》明确标明使用"八十万分之一"的比例尺，地图中还有图例。

四、清代东北方志环境内容演变的社会 原因及其反映出的人地关系

环境意识的增强不只是生产经验积累的结果，更是社会变革的产物。晚清人口剧增的现实需求、西方科学知识的影响、实边御侮呼声高涨，都是志书环境内容演变的重要原因。方志对环境的记述，又反映出清代东北人地关系，前期较缓和，但以经济开发建设的迟滞为代价；后期较紧张，但推进了东北经济近代化进程。

（一）方志环境内容演变的社会原因

晚清方志的内容可谓"新旧杂陈"，既包括传统守旧的部分如维护皇权统治、推行理学教化的内容，又出现了许多前所未见的新气象。晚清东北方志记载的环境内容便在此时期呈现出转折性变化，其原因是多方面的。

首先，晚清东北人口激增对资源有极大需求。清康熙、雍正时期限制民人出关谋生，乾隆年间更实行封禁东北政策，东北人口增长总体比较缓慢，到咸丰九年（1860 年）东北人口约 370 万。而自咸丰十年（1861 年）开始东北局部地区弛禁放荒，光绪二十二年（1896 年）全面开禁后东北人口迅增，到了宣统三年（1911 年）人口已接近 2000 万②。人口的增加意味着更多的资源消耗，特别是自晚清以来伴随着工业化和城市化的迅速发展，自然

---

① 黄维翰修纂：《（宣统）呼兰府志》，引自《黑水丛书·黑水郭氏世系录》卷一《地理略·气候》，黑龙江人民出版社 2003 年版，第 1604 页。
② 赵英兰：《清代东北人口统计分析》，载于《人口学刊》2004 年第 4 期。

资源的开发也以前所未有的规模和速度展开。而落后的生产方式已不能满足人们对发展生产力的渴求。农业方面，"边塞农氓朴陋自安，于籽种、肥料、器具及一切播种新法瞢不研求。虽近年官设有试验分场亦从不过问，亦犹新种初布，尚无连阡累陌之望焉"①。畜牧业方面，"大户畜牛马羊者仍复十百为群，惟蹈常习故、不研求畜牧之学理，富者爱食牛乳，亦复储藏无法，滋可惜也"②。作者对百姓不研求耕地和畜牧的新方法、缺乏资源开发与利用的知识表示担忧，这在传统方志中是很少出现的。正是由于资源需求的大大增加，才使人们不得不认真考察研究气候、土壤、水文、资源等自然条件，进而总结出科学的环境理念。

其次，西方科学技术的传入促进环境科学意识的产生。"中国传统地理学从一开始就侧重于地理沿革的考订和社会历史的记述，而比较忽视对于地理环境本身的形态及其变化规律的探索。"③而晚清西方传教士及我国先进知识分子翻译的西方地理学著述，使国人得以接触并学习西方地理学知识。如咸丰四年（1854年）出版的英国传教士慕维廉著《地理全志》中，大量使用了明末清初西方耶稣会传教士所著地理学图书中的译词，如"地球""火山"等，又创造了新译词"地形""地质""方位"等，还使用更为妥当的"经度""纬度"等词以替代旧译词④。东北方志中使用的"气候""土性""面积""经纬度"等词汇都是由西方传入的，而这些专业词汇就是在晚清时期开始普遍使用的。这些词汇使人们对环境的表述更加准确、科学。此外，晚清东北方志中对农业、林业、渔业、畜牧等各经济部门的记述中，包含了很多西方传入的先进生产技术，它促使人们对自然环境有了新的认识，对资源开发有了科学知识的指导。

最后，晚清面对西方列强的侵略，实边御侮呼声高涨。东北方志中资源

① 洪汝冲修：《（宣统）昌图府志》，引自《中国地方志集成·辽宁府县志辑》第10册，凤凰出版社2006年版，第381页。
② 黄维翰修纂：《（宣统）呼兰府志》，引自《黑水丛书·黑水郭氏世系录》卷十一《物产略》，黑龙江人民出版社2003年版，第1865页。
③ 李泽厚：《中国近代思想史论》，人民出版社1979年版，第208页。
④ 邹振环：《晚清西方地理学在中国》，上海古籍出版社2000年版，第241~242页。

和环保意识在晚清时期大为增强并非偶然，这与当时国家衰败、列强侵华、社会各阶层救亡图存的时代背景密不可分。"反帝救国的民族主义是整个近代中国思想之压倒一切的首要主题。"① 面对领土丧失、边疆危机的局面，开发边疆、发展实业、御侮图存成为时代的要求。《呼兰府志》的作者认为："觇国者，以物产之盈虚，测民生之荣悴，故关于物产之调查，须区别其种类，考察其产地与效用，及施以人力而效用可以增长者，洪纤必具，以为振兴实业之张本。非如山经志异，博物搜奇，仅为学术上之研究已也。"② 之所以要对物产进行详细考察，是为了有效利用进而振兴实业。随晚清经世思潮的勃兴，方志编纂也更加切于实用。

（二）方志环境内容演变所反映的人地关系

清前期朝廷限制民人出关，东北地区地广人稀，人地关系总体缓和，但对边疆开发和建设的重视程度不够，导致经济落后、边防空虚。自道咸以降官方废除封禁，官招民垦、移民实边政策的实施，使关外人口大量增加，东北边疆的开发建设达到有史以来最高水平。然而，这也使人地关系趋于紧张，自然灾害频发，促使人们更加注重环境保护和资源合理化运用。

1. 清前期东北人地关系

康熙七年（1668 年）废止《辽东招民开垦例》后，清政府加强关口封锁和户籍编审，阻碍关内百姓出关。自乾隆五年（1740 年）开始正式封禁东北，除佣工、商贸外，不允许内地民人出关。清朝统治阶层企图独占东北的经济利益，在东北区域内又有旗地、官庄、围场、牧厂、贡江山、官河泡等各种禁地，是为"禁中之禁"。而由官方组织开发，由盛京内务府、打牲乌拉总管衙门、布特哈总管衙门负责管理，以进贡形式供皇室及王公大臣享用或解决东北旗人生计。如《钦定盛京通志》载："盛京、吉林民人私垦地

---

① 李泽厚：《中国近代思想史论》，人民出版社 1979 年版，第 309 页。
② 黄维翰修纂：《呼兰府志》，引自《黑水丛书·黑水郭氏世录》卷十一《物产略》，黑龙江人民出版社 2003 年版，第 1858 页。

亩，续经查出者，每亩岁征银八分，仍在旗仓纳米二升六合五勺五抄，以惩匿报之弊，著为令。"① 在《田赋》中附记关于民人私垦土地的禁令，禁止民户私自开发土地。《（咸丰）岫岩县志》记硝磺："岫岩城守卫衙门遣员前往巡查以防偷采。"② 《打牲乌拉志典全书》中记采捕东珠、松子、蜂蜜等，都是由官方发起的行为。《三姓乡土志》载："雅克什谟特布和卡伦十二道，均自仲春拣派弁兵连络戍守，以禁偷挖参枝人犯，秋尽撤回。"③ 不少志书都有《卡讯》一门，很多都为监督防范民人私自开发珍贵资源而设。此外，清前期禁止旗民交产，志书中旗地与民地通常是分开叙述的。清前期旗地在东北耕地中一直占据主导地位，民田的发展受到很大限制，这种封禁——资源垄断政策阻碍了东北地区的开发和建设，同时也造成边防空虚，成为晚清列强侵略东北的原因之一。

从另一个角度来看，"封禁"政策客观上使东北生态环境免于遭到破坏。如《呼兰府志》记载，当地"咸丰同治以前，郡属以参山珠河之禁，不准开垦，故游民极少。其时地方安谧，夜不闭户，牛马放牧于野，旬月不收亦不遗失"④。康熙、雍正时期关内人地矛盾还不甚尖锐，如非自然灾害等特殊原因，关内百姓也不愿来到气候严寒的东北。到乾隆年间又实行封禁政策，因此清前期东北地区地广人稀，生态环境状况总体良好。

2. 晚清东北人地关系

乾隆以后关内人口剧增，人地关系紧张，尤其是山东、山西、河南、河北一带出现大量的破产农民，需出关谋生。《黑龙江述略》载，咸丰年间，直隶、山东游民出关谋生者如"蚁聚蜂电，势难禁遏"⑤。清政府既为增加

---

① 阿桂等修，刘谨之等纂：《（乾隆）钦定盛京通志》，辽海出版社1997年版，卷三十七《田赋》，第659页。

② 台隆阿修，李翰颖纂：《（咸丰）岫岩县志》，《中国地方志集成·辽宁府县志辑十五》，凤凰出版社2006年版，第17页。

③ 富魁纂修：《三姓乡土志》，引自《东北乡土志丛编》，辽宁省图书馆1985年版，第821页。

④ 黄维翰修纂：《（宣统）呼兰府志》，《黑水丛书·黑水郭氏世系录》卷十《礼俗略》，黑龙江人民出版社2003年版，第1853页。

⑤ 徐宗亮撰，李兴盛、张杰点校：《黑龙江述略》，黑龙江人民出版社1985年版，第56页。

政府财政收入，也为抵御俄、日等列强侵略，推行了弛禁放垦、移民实边政策。咸丰十年（1860年），清政府在黑龙江和吉林的局部地区实行开荒放禁，招民开垦。光绪二十一年（1895年），东北废除封禁，全面放垦。东北地区在古代长期处于缓慢开发期，晚清伴随庞大的移民浪潮，生态环境也进入了急速变化的时期。

分解人口压力则必然要扩大垦殖，而"在低技术和低生产力条件下，农业基本上是以生态环境的破坏为代价来换取自然经济的微弱发展"①。清末东北地区资源的不合理开发造成生态环境恶化，导致自然灾害频发等一系列生态问题。《呼兰府志》中《历年灾祲赈恤蠲缓汇录》记从乾隆十五年（1750年）至宣统二年（1910年）间呼兰地区的自然灾害，绝大部分都发生于光宣时期。据《清代辽河、松花江、黑龙江流域洪涝档案史料》载，道光年间东北州县受灾127县次，光绪年间310县次，宣统年间102县次②。

但是，正是由于清末东北地区人地关系紧张，粗放式的耕作方式则开始显得不合时宜，改良农业技术、充分利用森林、矿物等自然资源，成为改善人地关系和促进经济发展的迫切要求。内地流民的到来使东北劳动力大大增加，使大规模经济开发成为可能，农业大发展带动其他经济行业的发展。东北地区出现了林业、矿业等新兴产业，相继设立若干农业试验机构、农牧垦殖公司、林业公司和渔业公司。西方先进科技、生产设备和经营手段也传入东北，传统手工业开始向机器生产过渡。

一定的文化是一定社会的政治和经济的反映，经济近代化促进文化近代化，表现在人的观念的革新。从方志门类、内容的演变能够看出清代东北地区人地关系和人们环境意识的变化。从《土地》《赋税》到《土性》《农业》《赈务》，从《山川》《景物》《形胜》《物产》到《水文》《农业》《林业》《矿业》《渔业》《蚕业》《畜牧》等，可以清晰地看出晚清时期东北知

---

① 吴滔：《关于明清生态环境变化和农业灾荒发生的初步研究》，引自《农业考古》1999年第3期。

② 水利电力部科技司、水利水电科学研究院编：《清代辽河、松花江、黑龙江流域洪涝档案史料》，中华书局1998年版，第9~12页。

识分子环境意识的进步，即从把自然环境当作客体来描述，到有意识地利用和改造自然为人类服务。晚清东北方志中包含有丰富的垦田、植树、开矿、养殖、畜牧等方面的内容，志书成为记录、传播生产知识的一种媒介，清末方志教化的效用更显突出。从方志对生态环境的书写，可以看出晚清知识分子环境意识的觉醒。

五、结　语

现存旧方志有 1 万余种，有关地理的内容是方志中稳定的组成部分，因此方志是收集和研究环境史资料的重点。近十年来，《中国地方志历史文献专辑·灾异志》《地方志灾异资料丛刊》《中国地方志分类史料丛刊·地理类》相继问世，说明学界已注意到方志对环境史研究的史料价值。但综观既往研究，学界对方志中蕴含的环境意识还没有充分重视。可以从纵、横两个维度考察方志中的环境意识，横向可以分为环境经济、政治、伦理、生态、军事等意识，纵向即从时间的角度考察不同时代环境意识的变化。以清代东北方志为例，晚清时期环境意识不但明显增强而且发生了较大变化，由此也引发我们对这种变化的背景和原因的思考。东北方志只是个案，在更大的时空范围中探讨方志及其他类型历史文献编纂过程中所包含的环境意识，或可成为未来环境史史料研究的一个重要方向。

知识史视域下的清代东北方志物产志[*]

安大伟

历史学具有人文性与科学性双重属性。环境史主要研究人与自然的互动关系，"爬梳历史上自然—经济—社会—文化—政治之间的复杂关系，探究其内在演变的机制和规律"①。从研究内容上看，环境史充分体现出人文与科学的有机结合。在方志各门类中，物产志集中记载了历史时期各地自然资源的基本情况，反映了人们的物质生活，呈现出人与自然的联系与互动。古人在长期农业社会的历史发展中，积累了丰富的自然知识。而知识具有历史性，随着清末的社会变革，知识分子对于自然的认识也发生了变化，集中体现在方志物产志中。本文并不着意于对物产本身的研究，而是将方志学、知识史与环境史的研究相结合，透过现存百余种清代东北方志对物产的记载与书写，管窥清代知识分子对自然环境的认知及其变化。

一、以方志物产志为切入点的环境知识史考察

以往学界对方志物产志的研究比较薄弱，主要将之作为农史、经济史的研究资料看待。方志物产志集中体现了中国古代、近代知识分子的自然知识

---

* 本文以《知识书写与社会变迁——清代东北方志物产志研究》为题发表于《辽宁大学学报（哲学社会科学版）》2020 年第 3 期，编入本书时内容略有修改。

① 滕海键：《"东北区域环境史"研究体系建构及相关问题探论》，载于《内蒙古社会科学》2020 年第 2 期。

水平，可以其为切入点来考察古代知识分子的环境知识及其近代转型。

（一）方志物产志研究概述

民国以前记录我国自然资源的典籍以农书和方志为主，现存古农书有2000余种，而旧志有1万余种。方志这一史书体裁在宋代趋于成熟，体例始备，《物产》一门集中载录了一地有关自然资源的资料，对地方志物产资料的收集、整理与利用，对于区域环境史研究十分重要。方志物产资料历来为农史学者所重视，在研究过程中多有引用，但专门研究"方志·物产"的成果并不多。就笔者所见，较有代表性的有：衡中青《地方志知识组织及内容挖掘研究——以〈方志物产·广东〉为例》[①] 对《方志物产·广东》物产载述概况、分类、异名别称以及引书概况和模式进行了研究。李昕升等《农史研究中"方志·物产"的利用——以南瓜在中国的传播为例》[②] 梳理了"方志·物产"的沿革、利用和价值。芦笛《近代地方志中的物产概念和文本信息组织——以上海官修方志为中心》[③] 认为，近代上海官修方志的物产信息既沿用了传统方志中的物产概念和分类体系，又在西方自然科学知识的影响下发生了新的变化。王新环《方志中的物产史料价值探究——以河南地方志为例》[④] 说明了河南方志中的物产内容，及其对研究当地农业种植、民生日用、开发利用方面的史料价值。徐清华《明清海南方志中〈物产志〉的研究》[⑤] 论述了明清海南方志《物产志》的体例、内容、价值和不足。

资料汇编方面的主要成果如下：20世纪50年代，中国农业遗产研究室从8000多部地方志中摘抄整理物产门目资料，汇编成431册《方志物产》；

[①] 衡中青：《地方志知识组织及内容挖掘研究——以〈方志物产·广东〉为例》，安徽师范大学出版社2012年版。

[②] 李昕升、丁晓蕾、王思明：《农史研究中"方志·物产"的利用——以南瓜在中国的传播为例》，载于《青岛农业大学学报（社会科学版）》2014年第1期。

[③] 芦笛：《近代地方志中的物产概念和文本信息组织——以上海官修方志为中心》，载于《地方文化研究》2014年第5期。

[④] 王新环：《方志中的物产史料价值探究——以河南地方志为例》，载于《史志学刊》2015年第2期。

[⑤] 徐清华：《明清海南方志中〈物产志〉的研究》，海南大学硕士学位论文，2018年。

60 年代出版了《上海地方志物产资料汇辑》《江西地方志农产资料汇编》；90 年代出版了《广西方志物产资料选编》《山西方志物产资料综录》；2019年出版了北京师范大学历史学院主编的《中国地方志分类史料丛刊·物产卷》。以上对方志物产资料的整理成果对于农业史、经济史、生物学史、生态环境史等方面的研究都有较高的史料价值。

（二）从方志物产志看古代知识分子的环境知识及其近代转型

文献不只是史料，更是记录知识的载体，文献本身就是为了利用才产生的，知识性是文献的基本属性。从这个角度来讲，文献的编纂、流通和阅读的过程，实际上就是知识的生产、传播和接受的过程。

王利华提出了"生态认知系统"概念，指"人类在与自然交往过程中对周遭世界各种自然事物和生态现象的感知和认识，既包括感知和认识的方式，也包括所获得的经验、知识、观念、信仰、意象乃至情感等"[①]。而知识不是人先天就有的，是通过长期实践累积而成的，人类的生存与发展离不开对自然资源的开发与利用，这促使人们对环境知识进行不断的探索。传统中国是农业社会，农业为民生之本，因此方志多数都有《物产》一门，成为我们今天了解中国古代、近代知识分子自然环境知识的重要来源。

许卫平认为近代方志学的上限在光绪后期[②]，笔者赞同这一观点。鸦片战争之后虽然中国社会性质发生了变化，但真正开眼看世界、学习西方的只是少数先进知识分子。对于方志来说，无论是修志指导思想还是体例内容都未发生明显变化。甲午战败之后，社会各阶层普遍意识到中国面临亡国灭种的危险，进而掀起了救亡图存运动，开始学习西方科技与思想文化。19 世纪末 20 世纪初是中国社会经历剧变的时期，西方思想文化和科学技术对修志产生了较大影响，方志编修思想、体例内容都呈现出转折性变化，东北方

---

① 王利华：《"生态认知系统"的概念及其环境史学意义——兼议中国环境史上的生态认知方式》，载于《鄱阳湖学刊》2010 年第 5 期。

② 许卫平：《中国近代方志学》，江苏古籍出版社 2002 年版，第 9 页。

志物产志的知识认知由博物观趋向经世致用，知识内涵由生产经验总结趋向吸收西方科学思想，知识书写由强化清朝统治趋向培养爱国情怀。在文化的近代化过程中，传统的一面仍然在较长的历史时期中存在，因此光绪后期以前物产志的知识特征在清末仍然存在，但知识转型的趋向已鲜明可见。

二、物产志的知识认知——从博物趋向实用

中国古代士人追求博闻多识、通晓众物，方志物产志内容丰富，引书广泛。清末知识分子知识结构发生了重大变化，物产志中物产概念与文本书写也发生了变化，知识的博物性转向实用性。

（一）传统的博物观念

东北森林覆盖率较高，历来是物产丰饶之地。早在魏文帝时，挹娄便向中原王朝进贡毛皮。《晋书·四夷传》载："周武王时，献其楛矢、石砮。逮于周公辅成王，复遣使入贺。尔后千余年，虽秦汉之盛，莫之致也。及文帝作相，魏景元末，来贡楛矢、石砮、弓甲、貂皮之属。"① 现存最早的有物产志的东北方志是明嘉靖本《辽东志》，在《地理志》中下设《物产》一门。通观《辽东志》《全辽志》与清康熙年间的府州县志，对物产的记录基本是简单罗列，几无介绍，体现出对物产不够重视。从《（康熙）盛京通志》开始，物产书写模式逐渐形成，考证与注释也日益丰富。物产志分谷之属、蔬之属、草之属、木之属、花之属、果之属、药之属、禽之属、兽之属、水族之属、虫豸之属、货之属十二子目，光绪后期以前东北方志物产志大体遵循了这个分类体系。这种复合型分类体系本身体现出古代士人的博物观念：谷、菜、草、木、花、果以植物属性为分类依据；药是以动植物经济用途为依据；禽、兽是以是否被驯化为依据；水族是以动物生活环境为依据。乾隆元年（1662年）本《盛京通志》有言："志中所载物产，充贡赋

---

① 房玄龄等：《晋书》卷九十七列传第六十七《四夷》，中华书局1975年版，第2535页。

者，微物必详。经见闻者，所知皆记。考古证今，删繁摘要，物增于前，文减于旧。"① 康熙以后，多数东北方志对物产的记述都比较详细，虽然志书续修内容基于前面的版本，但仍然根据生态环境的变化，增补了大量资料，物产志丰富的内容反映出编纂者广博的知识。

《昌图府志》载："盖以物土所宜，详考其名称、性质，亦吾中国古学之所尚也。"② 记物产名称、品种、形貌、分布、用途是物产志最主要的内容。东北方志物产志详记别名俗称、物产品种、品种来源、品种优劣，考证物种名称，描述形貌，说明用途。

除这些基本内容之外，部分志书还记述了自然资源的数量、生长过程、生活习性、动物迁徙、开发方式、种植情况、贸易往来及相关历史典故等。

清代东北方志物产志引书也十分广泛。总体观之，经书引用《尔雅》《礼记》《诗经》《周易》的频率最高，医书引《本草经》很普遍，方志中《大明一统志》《盛京通志》、字书中《说文解字》引用比较多。此外，还有乾隆四十九年（1784 年）本《钦定盛京通志》引《后汉书》《晋书》《北史》《新唐书》《宋会要》《金史》《契丹国志》《大金国志》等。《吉林通志》引《后汉书》《三国志》《魏书》《旧唐书》《册府元龟》《通艺录》《柳边纪略》《绝域纪略》《宁古塔纪略》《东华辑要》《扈从东巡日录》等。《黑龙江外记》引《月令章句》《吕览》《异域录》《元史》《本草集解》《梦溪笔谈》《清文汇书》等。《长白汇征录》引《广雅》《通雅》《埤雅》《释名》《正字通》《字说》《易卦通检》《禽经》《齐民要术》《农政全书》《群芳谱》《说文解字》《拾遗记》《陷虏记》《荆州志》《风俗通》《乾宁记》等。《吉林外纪》引《述异记》《本草经疏》《本草纲目》《临海志》《管子》《博物志》等。《岫岩州乡土志》引《酉阳杂俎》《运斗枢》《春秋说题辞》《后燕录》等。《义州乡土志》引《山海经》《农书》《说文义证》

① 吕耀曾等修，魏枢等纂：《盛京通志》，清咸丰二年补刻乾隆元年本，"凡例"，八。
② 洪汝钟等修：《（宣统）昌图府志》，引自《中国地方志集成·辽宁府县志辑》第 10 册，凤凰出版社 2006 年版，第三章《实业志》，第 409 页。

等。涉及经书、农书、字书、正史、方志、文集、类书、笔记等各类历史文献，既有先秦古书，也有本朝著述，既有官修方志，也有私人笔记，既有诗词歌赋，也有民谚俗语。如《盛京通志》所言，"著其方言，区其种类，以俟博物者详考云"①。物产志编纂过程中参考了大量典籍，将有价值的资料汇集于此，以考证辨析物产的名称、种类，并对其习性、特征及相关典故做补充说明。物产志可以作为衡量古人自然知识和博物观念的一面镜子。

（二）清末实用思想的勃兴

在晚清内忧外患的形势下，经世学风再度兴起，追求民族独立和国家富强成为国人奋斗的目标，因此各类文献中有关社会经济和自然环境的内容大为增加。另外，清末物产志中致用意识的显著提高也是中国传统知识的内变与西学之引介共同作用的结果。经世致用本身是中国传统文化的一大特征，物产志历来多记自然资源的利用方式。在西方科技与思想的影响下，人们利用自然、改造自然的愿望更加强烈。晚清时期，随着内地民人大量涌入，东北土地开发取得了前所未有的进展，开启了经济近代化进程，形成了近代产业，方志物产志更加注重记录用途，"用"与"实业"成为高频词汇，从传统博物学式的资料汇编转向资源开发与利用的实用性指南。

首先，清末方志编修者认识到了物产对于国计民生的重要性。如《长白汇征录》载言："竭天地自然之利，储国家于不涸之源。"②《承德县志书》载称："物产之盛衰可以觇国计民生之贫富，知物产之于地方尤关重且要也。"③

《绥中县乡土志·物产》小序载："物产，社会上之要素也。凡地理学、实业学家，罔不以物产为研究之一大宗。乃中国儒者，以门户相高，以书痴

---

① 伊把汉等修，哲备等纂：《（康熙）盛京通志》卷二十一《物产》，二十八。
② 张凤台修，刘龙光等纂：《长白汇征录》卷五《物产》，吉林文史出版社1987年版，第129页。
③ 金正元等修，张子瀛等纂：《承德县志书》，《中国地方志集成·辽宁府县志辑》第1册，第六类《物产志》，凤凰出版社2006年版，第35页。

相尚。以研究物理、调查生产为鄙俚行，竟不语田野物，不知草木、鸟兽之名。若是者，只知有朝廷历史，而不知有社会历史。赋税者，物产之子息也；物产者，赋税之元素也。赋税为朝廷历史，而物产即为社会历史。故无论飞、潜、动、植，皆宜研究其性情，考察其体用。"[1]

物产不只是朝廷赋税，更是影响社会发展的重要因素，物产志也不只是博物之书，应详考其"体"与"用"，为实业家和学者提供参考资料。

其次，"物产"在此前志书中主要指天然出产，清末物产志中将人工制造品同样视为物产。这反映出人们从单纯向自然索取生产生活资料，到重视加工自然资源制作产品。《（光绪）开原县志》载："旧志纪物产而不详慎天然、人工之别，于人为进化之理殊背。兹特区以别焉，使人之用物不知患穷，而患不能造。"[2]《呼兰府志·物产略》有"工业品""商业品"二类，言："食肉寝皮，不解制作，我以为生货而贱鬻于人，人制为精器而贵售于我，利权外溢，滋可惜也。"[3] 均强调本国制造品之重要。《昌图府志》未设《物产志》，直接在《实业志》下记当地谷类、植物、畜牧、禽兽鳞豸，作为发展实业之资源。

最后，"物产"在此前志书中主要指动植物，对矿物的记述比较少，矿物原本放在"货之属"下，或如《吉林通志》和乾隆四十九年本《钦定盛京通志》置于"宝藏"下，总之将之视作财物。清末志书突出矿物的地位，看到了矿产资源对工业发展的重要性，为进一步开发矿产资源提供了指南。如《（光绪）宁远州志》《抚顺县志略》《呼兰府志》《安图县志》《辉南厅志》均有"矿物"一类，体现出指导地方矿产资源的开发和利用的目的。

清末乡土志与府州县志在体例与内容的变化趋势上是一致的，光绪三十一年（1905年）清学部颁布的《乡土志例目》载："物产：分天然产、制造

① 佚名修：《绥中县乡土志·物产》，引自《东北乡土志丛编》，辽宁省图书馆1985年版，第216页。
② 保清修、罗宝书纂：《（光绪）开原县志》，引自《中科院文献情报中心藏稀见方志丛刊》第15册，国家图书馆出版社2014年版，"凡例"，第10页。
③ 黄维翰修：《（宣统）呼兰府志》，引自《中国地方志集成·黑龙江府县志辑》第1册，凤凰出版社2006年版，卷十一《物产略》，第199页。

产二端，动物、植物、矿物是也。……均应分大宗、常产、特产而注记之。又有本境之天然而在他境制造者，或他境之天然而在本境制造者，尤应分别详载。"① 清末东北乡土志基本都遵循此体例，突出了人工制造品、矿物和特产的地位。如《新民府乡土志》载："寻常之品物又不胜毛举，兹就动、植、矿三物之重要及可为制造品之原料者，列表于左。"②《辽阳乡土志》天然产中有蚕桑、林业、矿产，制造产列表展示出其工厂、岁额、销场、原料。《（光绪）海城县乡土志》"动物制造"后附蚕业和渔业，"植物制造"后附柞树栽培法、木炭制造法。这些乡土志着重记述了对经济发展有重要价值的物产、植物栽培技术和矿物利用方式以及近代产业发展的实际情况。

三、物产志的知识内涵——从经验趋向科学

传统方志物产志中对物产的介绍，不论述其形貌、习性还是用途，大多源于人们日常生产生活中的观察和经验的总结。随着晚清时期西方科学技术的传入，人们开始用科学的眼光看待自然环境，自觉地将生物学研究成果呈现在物产志之中，以资更好地开发和利用自然资源。

（一）生产生活经验的总结

光绪末以前编修的方志物产志，虽也记录了不少自然资源开发与利用方面的知识，但大多属于百姓日常生产生活经验的总结。《（康熙）辽阳州志》小序载："谷以养民，菜实佐之，木作器用，药以疗疾。山珍水错，货财所殖，皆以资民用也。至花草亦地气之秀丽，足供文人吟咏，可或阙欤？"③

---

① 《乡土志例目》，引自王兴亮《"爱国之道，始自一乡"——清末民初乡土志书的编纂与乡土教育》，复旦大学博士学位论文，2007年，第27页。
② 郑葆琛等修：《新民府乡土志·物产》，引自《东北乡土志丛编》，辽宁省图书馆1985年版，第20页。
③ 杨镳等修：《（康熙）辽阳州志·物产》，《中国地方志集成·辽宁府县志辑》第2册，凤凰出版社2006年版，第23页。

记录顺序按先植物后动物及其与人的生活关系密切程度排列。

自然知识更需要实地考察。《吉林通志》标明哪些知识由采访获得，如记大豆，"又小白豆，丛生，子赤色，和蜀黍炊饭极佳（《采访册》）"①。部分志书在编纂过程中借鉴农书的体例，如《吉林通志》载："今略仿《南方草木状》之例，称名辨物，别性类情，无取泛滥，亦不敢失之荒陋。"② 古代方志除名志外，其他一般只在相应区域内传播，以资地方官员治理地方，如《塔子沟纪略》载："汇而载之，亦以广耳目、充识见云尔。"③ 士子阅读物产志更多是为了增长见闻，缺乏进行科学研究的动因。

记物产用途，有作饲料或肥料之用，有人们衣食住行之用，此皆日常使用经验的总结。

记动植物生长之习性，如《锦县乡土志》记蟹："出海中，逢立夏至小满多而且美，逾时则不见矣。"④《承德县志书》记草："此细微之物，亦足见气候之寒暖、地脉之肥瘠焉。"⑤ 清末以前方志物产志对动植物的记载，只是通过生产生活中的观察和利用而形成经验性的知识，并没有对物种本身进行科学的研究。其中有些还属于带有迷信色彩的认识，达不到知识的高度。如《锦西厅乡土志》记喷云虎："尝于晴时吐气如云，顷刻上升甘霖下降，农人以为占雨之验。"⑥ 对昆虫的记述带有传奇色彩。

（二）清末科学知识的萌生

甲午战争后，外国资本竞相进入东北，设厂开矿，近代科学技术、生产

① 长顺等修，李桂林等纂：《吉林通志》，吉林文史出版社 1986 年版，卷三十三《物产上》，第581 页。

② 长顺等修，李桂林等纂：《吉林通志》，吉林文史出版社 1986 年版，"凡例"，第 14 页。

③ 哈达清格等修：《塔子沟纪略·土产》，《中国地方志集成·辽宁府县志辑二十三》，凤凰出版社2006 年版，第 644 页。

④ 田征葵等修：《（光绪）锦县乡土志·动物产》，引自《乡土志抄稿本选编》第 15 册，线装书局2002 年版，第 108 页。

⑤ 金正元等修，张子瀛等纂：《承德县志书·物产》，引自《中国地方志集成·辽宁府县志辑一》，凤凰出版社 2006 年版，第 37 页。

⑥ 于凌霄等修：《（光绪）锦西厅乡土志·物产》，引自《北京大学图书馆藏稀见方志丛刊》（第47 册），国家图书馆出版社 2013 年版，第 549 页。

设备和经营手段传入东北。清末东三省大规模丈放官荒，设立了一批实业、试验研究机构，从事西方近代生产技术和设备的引进、试验、推广工作。在近代社会转型和知识革命的时代背景下，方志物产志中出现了科学知识。

从分类中清晰可见西方生物学知识对清末方志编修的影响。如《（光绪）海城县乡土志》动物分脊椎动物和节足动物，脊椎动物下分哺乳类、鸟类、鱼类，节足动物下分甲壳类、昆虫类、多足类。《靖安县志》"土性"与"物产"合为一门，"土性"一词本身就是晚清由西方传入中国的科学名词，这说明作者看到了土性对物产生长的重要意义。《（光绪）开原县志》载："是书之纪疆域则地理也，纪人事则历史也，纪物产则格致也。"① 物产与自然科学密切相关。

清末西方自然科学知识广泛传播，传统志书中关于物产的不经记载在很大程度上得到更正，科学知识日益增多，人们对于自然界的认识水平显著提高。如《昌图府志》载："近世物理学东来，精于格致之家类，能察众卉原质以显其功用。"② 开始运用科学知识对植物进行研究。《长白汇征录》载："白山一带产虎为多，据日本调查谓与孟加拉地方之虎同种。"③ 作者借鉴外国研究成果，说明东北虎与孟加拉虎属同一物种。

光绪三十年（1904 年）"癸卯学制"实行后，"格致"成为初等小学堂所教授的八个科目中的一个。"格致要义在使知动物植物矿物等类之大略形象质性，并各物与人之关系，以备有益日用生计之用。"④ 乡土志作为小学教科书，更注意近代科学知识的传授，起到了开启民智的作用。如《彰武县乡土志》载："边外地气较寒，不宜养蚕，且系平原沙漠，亦无虎豹等

---

① 保清等修，罗宝书等纂：《（光绪）开原县志》，国家图书馆出版社 2014 年版，田开宇序，第 7 页。

② 洪汝钟等修：《（宣统）昌图府志》第三章《实业志》，引自《中国地方志集成·辽宁府县志辑十》，凤凰出版社 2006 年版，第 409 页。

③ 张凤台修，刘龙光等纂：《长白汇征录》卷五《物产》，吉林文史出版社 1987 年版，第 148 页。

④ 《光绪二十九年十一月二十六日（1904.1.13）奏定初等小学堂章程》，引自朱有瓛主编：《中国近代学制史料》（第二辑上册），华东师范大学出版社 1987 年版，第 179 页。

物。"① 作者认识到气候、土壤对动物生长的影响。《（光绪）海城县乡土志》
记蚊："产卵水中，其幼虫为孑孒（倒跂虫），夏令人饮凉水入腹，若有此
虫，能传染病之媒介。"通过对虫类、鼠类的记录，预防疾病传播②。记鸠：
"达尔文养鸠研究，其种变以主淘汰说。"③ 这里说明鸠由于人的饲养而出现
变种。达尔文物种进化论给清末中国知识界以极大震动，促使人们以"进化
观"来认识生物。

四、《物产志》的知识书写
——从巩固清朝统治趋向爱国爱乡

教化是方志的基本功能之一，清末以前教化是围绕维护本朝统治展开
的，官修方志是传达统治者意志的工具。清末方志着意培养百姓的乡土之
情，进而由爱乡而爱国。

（一）巩固清朝统治

在清代，东北地区具有崇高的地位。因东北是清朝统治阶层的发祥地，
被清朝统治者视为"根本之地"。除了地方行政制度与内地不同外，政府还
以限制资源开发的方式垄断东北经济利益，阻碍关内百姓出关。对于珍贵自
然资源，除非官府发给凭证，否则不允许民人私采，而由盛京内务府、打牲
乌拉总管衙门组织旗丁统一采集，或由边疆各部落进贡，供王公贵族、八旗
驻兵和官府衙门享用。这在物产志中均有明确标注。如《（康熙）盛京通

---

① 章宗源等修：《（宣统）彰武县乡土志》，引自《东北乡土志丛编》，辽宁省图书馆 1985 年版，
第 328 页。
② 管凤龢等修，王壬林等纂：《（光绪）海城县乡土志·物产》，引自《辽宁省图书馆藏稀见方志
丛刊》（第 4 册），国家图书馆出版社 2012 年版，第 143 页。
③ 管凤龢等修，王壬林等纂：《（光绪）海城县乡土志·物产》，引自《辽宁省图书馆藏稀见方志
丛刊》（第 4 册），国家图书馆出版社 2012 年版，第 138 页。

志》记银："今为我国家发祥重地，不复采取，以护元气也。"①《岫岩志略》记硝磺："岫岩城守尉衙门，遣员前往巡查以防偷采。"②《吉林外纪》记东珠："每年乌拉总管分别派官兵，乘船裹粮，溯流寻采。"③《吉林通志》"土贡"独立于"物产"之外，形成一个三级类目。凡须进贡的特产，在志书中往往都有标注，如《墨尔根志》记野猪"每年捕之入贡"④。

进贡的土特产一为饮食之用，一为穿戴日用。满人对东北的珍珠、毛皮、野味情有独钟："国朝品官坐褥冬用皮，有定制：一品用狼，二品用獾，三品用貉，四品用山羊，五品以下用白羊皮。公、侯极品用虎豹皮。"⑤物产象征王朝的等级制度，也象征着满人的生活方式与习俗。如果将满族文化分物质文化和精神文化，那么物产志中所记录的满族贵族对东北野生动植物资源的索取和利用，则体现出鲜明的满族物质文化特征。

在清代东北方志物产志的书写中，物产的丰饶源自清朝统治的昌明。如《（康熙）开原县志》载："今开原为圣天子发祥之地，其珍异所出，草木禽鱼皆应运而兴以资用。"⑥《奉化县志》载："钦维列圣缔造经营，仁风远被，茂对时育，迈隆古焉。故奉化荒寒边徼，本貂地也。古者唯黍生之，今则五谷殖、庶类蕃矣。"⑦不仅是官修志书，私修志书也流露出对本朝统治的颂扬，如励宗万《盛京景物辑要·物产》按语云："谨别芸生，并详品性，庶见圣朝位育之隆，王基风土之厚，且以备博物之一端云。"⑧在中国古代儒

---

① 伊把汉等修，哲备等纂：《（康熙）盛京通志》卷二十一《物产》，日本早稻田大学图书馆藏咸丰二年补刻乾隆元年本，第 27 页。

② 台隆阿等修，李翰颖等纂：《（咸丰）岫岩志略·物产》，引自《中国地方志集成·辽宁府县志辑十五》，凤凰出版社 2006 年版，第 17 页。

③ 萨英额撰，史吉祥、张羽点校：《吉林外纪·物产》，吉林文史出版社 1986 年版，第 109 页。

④ 佚名修：《（光绪）墨尔根志》卷十四《物产志》，黑龙江人民出版社 1989 年版，第 372 页。

⑤ 岳西本等修：《（光绪）宁古塔地方乡土志·物产》，引自《东北乡土志丛编》，辽宁省图书馆 1985 年版，第 800 页。

⑥ 刘起凡等修，周志焕等纂：《（康熙）开原县志·物产志》，引自《中国地方志集成·辽宁府县志辑十二》，凤凰出版社 2006 年版，第 72 页。

⑦ 钱开震等修：《（光绪）奉化县志》卷十一《物产》，引自《中国地方志集成·吉林府县志辑九》，凤凰出版社 2006 年版，第 167 页。

⑧ 励宗万纂：《盛京景物辑要》卷十一《物产》，辽宁大学出版社 2017 年版，第 396 页。

家政治思想中，政权合法性的一个重要来源便是"天"的意志，将方志中物产的丰富多样归功于王朝统治，正是巩固清朝统治的一种政治文化策略。

此外，清帝东巡途中作了不少歌咏东北风物的诗篇，在志书中附注于相应物产之后，在《盛京通志》和《吉林通志》中表现得尤为明显。如《钦定盛京通志》记人参："乾隆十九年有《御制人参诗》，四十三年有《御制盛京土产诗》三曰《人参》。俱恭载《天章门》。"① 本来该诗已经收录于《天章》一门，又标记于此，同样也是方志编纂中强化清朝统治的表现。

（二）清末的爱国爱乡情感

鸦片战争后，中国不再是想象中"天下"的中心，国人的国家观念开始由王朝国家转变为近代主权国家。近代的地方意识是国家意识的产物，"对地方志的书写，就是对'国家'如何在'地方'存在的历史的叙述"②。随着晚清知识分子"国家"观念的觉醒，地方乡土意识也得到强化。如《辽阳乡土志》中提出："乡且不爱，何有于国。欲知爱乡，必先使人知此乡之历史沿革，及往事现势之经营缔造，人事天产皆足宾爱。"③ 爱国始于爱乡，而爱乡的前提是知乡，不但知晓人事，还要了解本地物产。《（光绪）开原县志》"务求合于鼓吹人民爱国进化之利器为目的。"④ 志书编修的目的即为激起爱国之心。

晚清东北地区饱受列强侵害，大量资源被掠夺。如《昌图府志》载："府治向用牛马极夥，经日俄之战损伤，至今犹无起色。"⑤《（宣统）东平县

---

① 阿桂等修，刘谨之等纂：《钦定盛京通志》卷一百七《物产二》，辽海出版社1997年版，第1573页。
② 许纪霖：《家国天下——现代中国的个人、国家与世界认同》，上海人民出版社2017年版，第394页。
③ 洪汝钟等修：《（光绪）辽阳乡土志》，引自《中国地方志集成·辽宁府县志辑四》，凤凰出版社2006年版，王永江序，第602页。
④ 保清等修，罗宝书等纂：《（光绪）开原县志》，引自《中国地方志集成·辽宁府县志辑十二》，凤凰出版社2006年版，保清序，第4页。
⑤ 洪汝钟等修：《（宣统）昌图府志·实业志》，引自《中国地方志集成·辽宁府县志辑十》，凤凰出版社2006年版，第410页。

乡土志》载："牛自乙巳年日俄构兵，俄人入境，搜食殆尽，现间有之。"①
《抚顺县志略》载："财源外溢不能遏止，恨国势之太弱，誓来轸之方长，
当思所以挽回之策而为自强之基也。"②《物产志》记录了清末东北自然资源
被掠夺的情况，意在激发地方百姓爱国爱乡意识，以图自立自强。

五、结　　语

　　环境思想史是目前国内环境史研究较薄弱的领域，在思想意识层面揭示
人与自然环境的历史关系是十分有意义的课题。方志物产志对于区域环境
史、经济史、农史、医疗史、饮食史研究均具有重要的史料价值。同样也可
以将之视作知识载体，从知识史角度出发，考察不同时代知识分子对自然环
境的认识。本文从方志物产志的编纂角度来看清末知识分子在知识认知、知
识内涵、知识书写方面的变化和转型。还可从目录书、丛书、类书、政书、
近代教科书等其他类型历史文献看其中的环境知识及其变化，将文献学、环
境史与知识史研究相结合。近年来书籍社会史研究方兴未艾，从书籍的流通
与阅读角度考察自然环境知识的传播与接受，也有较大的探索空间。

---

　　① 赵国熙等修：《（宣统）东平县乡土志·物产》，引自《中国地方志集成·吉林府县志辑七》，凤
凰出版社 2006 年版，第 716 页。
　　② 程廷恒等修：《（宣统）抚顺县志略》第二十《矿产表》，引自《中国地方志集成·辽宁府县志
辑十》，凤凰出版社 2006 年版，第 184 页。

后　记

　　《东北环境史专题研究》是国家社会科学基金重大项目"东北区域环境史资料收集、整理与研究"（项目编号：18ZDA174）的中期成果。以"东北环境史专题研究"命名，这在学术界应为首次。该书收入的文章也存在着不少问题，粗陋浅薄，文字表达和知识表述错谬颇多，但是这样的探索行动毕竟开始了，这条路崎岖而漫长。本书分为四个部分：第一部分尝试从宏观上思考何为环境史、如何建构环境史及东北区域环境史的研究体系；第二部分对国内外学界东北环境史相关研究进行概述，了解已有的研究成果及其特点并尝试分析其存在的局限；第三部分讨论如何开展东北区域环境史资料的收集、整理和研究工作及其重要意义，并以宋人出使辽金行程录和盛京通志为例来发掘其中的环境史资料并探讨其价值；第四部分为几个实证研究。

　　本书的作者情况：滕海键，辽宁大学环境史与经济社会可持续发展研究院教授；关亚新，辽宁社会科学院历史所研究员；武玉梅，辽宁大学历史学部教授；周琼，中央民族大学历史文化学院教授；孙伟祥，辽宁大学历史学部副教授；安大伟博士，北京市社会科学院；万文杰，辽宁大学历史学部博士研究生；王艳婷，辽宁大学经济学部博士研究生；马业杰，辽宁大学历史学部博士研究生；侯佳岐，吉林大学考古学院博士研究生；王滢，辽宁省抚顺市第二中学高级教师。

　　各部分具体分工情况如下：

　　《环境史——历史研究的生态取向》——滕海键

　　《环境史的研究框架和研究体系》——滕海键

《边疆环境史学的现代价值》——周琼　徐艳波

《"东北区域环境史"研究体系建构及相关问题》——滕海键

《先秦东北环境史研究》——侯佳岐

《辽金东北环境史研究》——滕海键

《渤海国环境史研究》——马业杰　滕海键

《明清东北环境史研究》——万文杰　滕海键

《近代东北环境史研究》——王艳婷　滕海键

《"东北区域环境史"资料收集、整理与研究及相关问题》——滕海键

《宋人使辽语录中的环境史料》——孙伟祥

《宋人使金语录中的环境史料》——马业杰　滕海键

《〈盛京通志〉所反映的清代东北环境状况》——武玉梅

《辽朝林木资源的开发与保护》——孙伟祥

《清代朝鲜贡使在盛京地区经历的沙尘天气》——关亚新　王滢

《清代东北果园的设立与变迁》——关亚新

《清代东北方志编修中的环境意识》——安大伟

《知识史视域下的清代东北方志物产志》——安大伟

滕海键

2024 年 1 月